高职高专"十三五"规划教材

单片机项目教程——C语言版

(第2版)

周 坚 编著

北京航空航天大学出版社

内容简介

以 80C51 系列单片机为主，本书详细介绍单片机的工作原理、编程方法和实际应用等知识，内容包括单片机结构、C 语言编程和典型接口器件等。

本书融进了作者多年教学、科研实践所获取的经验及实例，是作者在单片机课程教学改革的基础上编写而成的，采用"项目引领、任务驱动"的教学模式来编排，视各个课题为一个项目，每个项目又由多个任务组成，读者通过完成各个任务而掌握本课题的所有知识。全书以读者的认知规律为主线，充分体现了以人为本的指导思想。本书是再版书，相比旧板，对部分内容进行了更新。

作者为本书的写作开发了实验仿真板，设计了实验电路板，并且通过作者个人网站提供作者所设计的实验仿真板、实验电路板的原理图和印刷线路板图及书中所有例子等。读者获得的不仅是一本文字教材，更是一个完整的学习环境。

本书可作为职业技术学院、中高等职业学校、专业技术学校、单片机培训机构等的教学用书，也是电子爱好者自学单片机的很好教材。

除了本书之外，作者有成熟的教学方法可以交流，并可提供与之配套的实验器材、教学课件，从而构成单片机教学的完整解决方案。

图书在版编目(CIP)数据

单片机项目教程 ：C 语言版 / 周坚编著. -- 2 版
. -- 北京 ：北京航空航天大学出版社，2019.7
ISBN 978-7-5124-3030-3

Ⅰ. ①单… Ⅱ. ①周… Ⅲ. ①单片微型计算机－C 语言－程序设计－教材 Ⅳ. ①TP368.1②TP312.8

中国版本图书馆 CIP 数据核字(2019)第 125974 号

单片机项目教程——C 语言版(第 2 版)
周　坚　编著
责任编辑　胡晓柏　张　楠
*
北京航空航天大学出版社出版发行
北京市海淀区学院路 37 号(邮编 100191)　http://www.buaapress.com.cn
发行部电话：(010)82317024　传真：(010)82328026
读者信箱：emsbook@buaacm.com.cn　邮购电话：(010)82316936
涿州市新华印刷有限公司印装　各地书店经销
*
开本：710×1 000　1/16　印张：18.25　字数：389 千字
2019 年 9 月第 2 版　2019 年 9 月第 1 次印刷　印数：3 000 册
ISBN 978-7-5124-3030-3　定价：49.00 元

第2版前言

《单片机项目教程——C语言版》第1版出版以后，得到了读者的支持与肯定，有一些读者陆续向作者提出修订的要求。

随着技术的不断进步，第1版中采用的一些技术已有更新和发展；第1版发行后，读者反馈了大量的建议和意见；同时作者在教学实践过程中也积累了更多的教学经验，所采用的"任务教学法"逐步完善。为更好地服务于读者，作者对《单片机项目教程C语言版》一书进行了修订。第2版延续了第1版的写作风格，保留了轻松易懂的特点，并在以下几个方面做了修改：

(1) 重新设计了实验电路板。随着技术的飞速发展，第1版中采用的实验电路板技术已落后。第2版对原电路板进行了改进，设计了一块底板和CPU板分离的实验电路板，在保持与第1版兼容的同时，增加了更多的功能，尤其能充分利用现有的各类功能模块，使其能紧跟技术的发展。本电路板由CPU板和实验母板组合而成，实验母板提供了按钮、显示、驱动等各个系统，其中输入部分由8位独立按键、16位矩阵键盘、PS2键盘接口、旋转编码器等组成；显示部分由8位LED以及8位数码管、1602字符型液晶、12864点阵型液晶、OLED等组成；串行接口器件部分包括AT24C02、93C46、DS1302、74HC595等；驱动部分包括继电器、电机驱动及转速采样接口等；模拟量部分由PT100测温电路、PWM平滑滤波等组成；实验母板还提供了丰富的接口，可与市场上常见的各种功能模块(如Wi-Fi、蓝牙、超声波测距、一线制接口器件、红外遥控接口)直接连接，充分利用现有的嵌入式学习环境。实验母板通过2条40芯插座与CPU板相连，CPU是51、PIC、STM32等各类嵌入式系统的CPU。作者提供AT89C51、STC15系列等多种51兼容CPU板。

(2) 对各章内容与文字均进行了细致的修改，以使读者更容易理解。

(3) 跟随新出现的技术，对书中各个部分进行修改。如针对新版的Keil软件增加的功能加以说明等。

(4) 根据重新设计后的实验电路板重新编写了实验仿真板，保证实验仿真板与硬件实验电路板的一致。

(5) 根据读者的反馈及技术的发展,作者增加了点阵型液晶、交通灯控制、多模块编程等部分较深入但很常用的知识点。

本书安排与第1版基本相同,但又略有调整,具体内容安排如下。

课题1介绍了单片机及C语言入门,分为两部分,第一部分介绍了单片机的发展、计算机数据表示、计算机中常用基本术语和存储器的工作原理及分类;第二部分介绍了C语言入门和C语言中的数据表示等知识。

课题2是单片机学习环境的建立,分为硬件环境建立和软件环境建立两部分。介绍了自制实验电路板、让实验电路板具有仿真功能 、认识和使用成品实验电路板等方法来建立硬件实验环境;还介绍了 Keil 软件的安装与使用、实验仿真板的特点及使用。

课题3是I/O口介绍,通过使用I/O口控制LED、用单片机发声、用指拨开关设置音调、用单片机制作风火轮玩具这4个任务来学习单片机I/O口相关知识。

课题4是80C51的中断系统,通过紧急停车控制、通过外部信号来控制风火轮等2个任务来学习中断相关知识。

课题5是定时/计数器应用,通过包装流水线中的计数器、用单片机来唱歌这2个任务来学习80C51单片机中的定时/计数器功能、工作原理、编程方法等知识。

课题6是80C51的串行接口与串口通信,通过使用串行口扩展并行口、单片机与PC通信这2个任务来学习80C51中串行接口的结构、工作原理、工作方式,并学会相应的编程方法。

课题7是显示接口,通过一位计数器、银行利率屏制作、秒表、小小迎宾屏这4个任务,分别学习单个LED数码管显示数据,静态方式点亮多个LED数码管、动态方式点亮多个LED数码管、字符型液晶显示的使用等知识与编程技术。

课题8是键盘接口,通过键控风火轮、可预置的倒计时钟、智能仪器的键盘这3个任务,学习几种常用键盘的连接方式及编程方法。

课题9是模拟量接口,通过数字电压表的制作,学习模拟量与数字量的区别,学习A/D转换器的工作原理、TLC0831芯片的编程方法,通过数字化波形发生器任务来学习D/A转换器的工作原理、TLC5615芯片的编程方法。

课题10是I^2C总线与SPI接口,通过制作一个AT24C01A编程器任务来学习I^2C接口及编程技术;通过制作一个手动X5045编程器的任务来学习SPI接口、X5045芯片的应用技术。读者在掌握了这些知识后,就可以开始做一些实际的项目开发工作,并在开发中继续学习。

课题11是应用设计举例,引导读者从入门到开发。本课题的2个任务是2个较为完整的程序,读者可以利用它们来做一些比较完整的"产品",以便了解单片机项目开发的完整过程。

本书特点

作者为本书的写作开发了实验仿真板，设计了实验电路板，并且通过个人网站(http://czlyzhj.pc.evyundata.cn/)为读者提供作者设计的实验仿真板、实验电路板的原理图和印刷线路板图及书中所有的例子等。读者不仅能获得一本文字教材，更能得到一个完整的学习环境。

本书安排的例子大部分是由作者编写的，有些是参考一些资料改写的，全部程序都由作者调试并通过。对于例子的使用说明也尽量详细，力争让读者“看则能用，用则能成”，保证读者在动手过程中常常体会到成功的乐趣，而不是经常遇到挫折。

在提供文字教材的同时又通过网络为广大读者提供服务，欢迎读者与作者探讨。

本书由“常州市职教电子技术周坚名教师工作室”组织编写。课题 1～4 由周坚编写，课题 5 由江苏省天目湖中等专业学校范维老师编写，课题 6～9 分别由江苏省溧阳中等专业学校的姚坤福、张庆明、杨志新、童如山等老师编写，课题 10 和课题 11 由企业工程师华颖编写，全书由周坚统稿。

陈素娣、周瑾、周勇、徐培等参与了多媒体制作、插图绘制、文字输入及排版等工作，在此表示衷心的感谢。

周　坚

2019 年 7 月

目　录

课题 1

认识单片机及 C 语言

计算机是应数值计算要求而诞生的，在相当长的时期内，计算机技术都是以满足越来越多的计算量为目标来发展的；但是当单片机出现后，计算机就从海量数值计算进入到智能化控制领域。从此，计算机就开始了沿着通用计算领域和嵌入式领域两条不同的道路发展。

1.1 单片机的发展

单片机自问世以来，以极高的性能价格比，越来越受到人们的重视和关注。目前，单片机被广泛地应用于智能仪表、机电设备、过程控制、数据处理、自动检测和家用电器等方面。

1.1.1 单片机名称的由来

无论规模大小、性能高低，计算机的硬件系统都是由运算器、存储器、输入设备、输出设备以及控制器等单元组成。在通用计算机中，这些单元被分成若干块独立的芯片，通过电路连接而构成一台完整的计算机。而单片机技术则将这些单元全部集成到一块集成电路中，即一块芯片就构成了一个完整的计算机系统。这成为当时这一类芯片的典型特征，因此，就用 Single Chip Microcomputer 来称呼这一类芯片，中文译为“单片机”，这在当时是一个准确的表达。但随着单片机技术的不断发展，“单片机”已无法确切地表达其内涵，国际上逐渐采用 MCU（Micro Controller Unit，微控制单元）来称呼这一类计算机，并成为单片机界公认的、最终统一的名词。但国内由于多年来一直使用“单片机”的称呼，已约定俗成，所以目前仍采用“单片机”这一名词。

1.1.2 单片机技术的发展历史

20 世纪 70 年代，美国仙童公司首先推出了第一款单片机 F-8，随后 Intel 公司推出了 MCS-48 单片机系列，其他一些公司如原 Motorola、Zilog 等也先后推出了自己的单片机，取得了一定的成果，这是单片机的起步与探索阶段。总体来说，这一阶段的单片机性能较弱，属于低、中档产品。

随着集成技术的提高以及CMOS技术的发展,单片机的性能也随之改善,高性能的8位单片机相继问世。1980年Intel公司推出了8位高档MCS-51系列单片机,性能得到很大的提高,应用领域大为扩展。这是单片机的完善阶段。

1983年Intel公司推出了16位MCS-96系列单片机,加入了更多的外围接口,如模/数转换器(ADC)、看门狗(WDT)、脉宽调制器(PWM)等,其他一些公司也相继推出了各自的高性能单片机系统。随后许多用在高端单片机上的技术被下移到8位单片机上,这些单片机内部一般都有非常丰富的外围接口,强化了智能控制器的特征,这是8位单片机与16位单片机的推出阶段。

近年来,Intel、NXP等公司又先后推出了性能更为优异的32位单片机,单片机的应用达到了一个更新的层次。

随着技术的进步,早期的8位中、低档单片机逐渐被淘汰,但8位单片机并没有消失,尤其是以80C51为内核的单片机,不仅没有消失,还呈现快速发展的趋势。

目前单片机的发展有这样的一些特点:

CMOS化 由于CHMOS技术的进步,大大地促进了单片机的CMOS化。CMOS芯片除了低功耗特性之外,还具有功耗的可控性,使单片机可以工作在功耗精细管理状态。

低电压、低功耗化 单片机允许使用的电压范围越来越宽,一般在3～6 V范围内工作,低电压供电的单片机电源下限已可达1～2 V,1 V以下供电的单片机也已问世。单片机的工作电流已从mA级降到μA级,甚至1 μA以下;低功耗化的效应不仅是功耗低,而且带来了产品的高可靠性、高抗干扰能力以及产品的便携化。

大容量化 随着单片机控制范围的增加,控制功能的日渐复杂,高级语言的广泛应用,对于单片机的存储器容量提出了更高的要求。目前,单片机内ROM最大可达256 KB以上,RAM可达4 KB以上。

高性能化 通过进一步改进CPU的性能,加快指令运算速度和提高系统控制的可靠性。采用精简指令集(RISC)结构和流水线技术,可以大幅度提高运行速度。现指令速度高者已达100 MIPS(Million Instruction Per Seconds,即兆指令每秒)。

小容量、低价格化 以4位、8位机为中心的小容量、低价格化是单片机的另一发展方向。这类单片机的用途是把以往用数字逻辑集成电路组成的控制电路单片化,可广泛用于家电产品。

串行扩展技术 在很长一段时间里,通用型单片机通过三总线结构扩展外围器件成为单片机应用的主流结构。随着低价位OTP及各种类型片内程序存储器技术的发展,加之外围接口不断进入片内,推动了单片机"单片"应用结构的发展。特别是I^2C、SPI等串行总线的引入,可以使单片机的引脚设计得更少,单片机系统结构更加简化及规范化。

ISP技术 ISP(In-System Programming,在系统可编程)是指可以通过特定的编程工具对已安装在电路板上的器件编程写入最终用户代码,而不需要从电路板上取下器件。利用 ISP 技术不需要编程器就可以进行单片机的实验和开发，单片机芯片可以直接焊接到电路板上，调试结束即成为成品，免去了调试时由于频繁地插入取出芯片对芯片和电路板带来的不便。

IAP 技术　IAP(In－Application Programming)是指在用户的应用程序中对单片机的程序存储器进行擦除和编程等操作，IAP 技术应用的一个典型例子是可以较为容易地实现硬件的远程升级。

在单片机家族中，80C51 系列是其中的佼佼者。Intel 公司将 80C51 单片机的内核以专利互换或出售的方式转让给其他许多公司，如原 Philips、Atmel、NEC 等，因此，目前有很多公司在生产以 80C51 为内核的单片机，这些单片机在保持与 80C51 单片机兼容的基础上，改善了 80C51 单片机的许多特性。这样，80C51 就成为有众多制造厂商支持的、在 CMOS 工艺基础上发展出上百品种的大家族，现统称为 80C51 系列。

这一系列单片机包括了很多种，其中 STC89C51 就是近年来流行的单片机，它由宏晶公司开发生产，其特点是内部有可以多次重复编程的 Flash ROM，可以通过单片机芯片自身的串口进行在系统编程，使用方便。

1.2　计算机数据表示

计算机用于处理各种信息，首先需要将信息表示成为具体的数据形式。选择什么样的数制来表示数，对机器的结构、性能和效率有很大的影响。二进制是计算机中数制的基础。

所谓二进制形式，是指每位数码只取二个值，要么是“0”，要么是“1”，数码最大值只能是 1，超过 1 就应向高位进位。为什么要采用二进制形式呢？这是因为二进制最简单，它仅有二个数字符号，这就特别适合于用电子元器件来实现。制造有两个稳定状态的元器件比制造具有多个稳定状态的元器件容易得多。

计算机内部采用二进制表示各种数据，对于单片机而言，其主要的数据类型分为数值数据和逻辑数据两种，下面分别介绍数制概念和各种数据的机内表示、运算等知识。

按进位的原则进行计数，称为进位计数制，简称“数制”。数制有多种，在计算机中常使用的有十进制、二进制和十六进制。

1.2.1　常用的进位计数制

1. 十进制数

按“逢十进一”的原则进行计数，称为十进制数。十进制的基为“10”，即它所使用的数码为 0～9，共 10 个数字。十进制各位的权是以 10 为底的幂，每个数所处的位置不同，它的值是不同的，每一位数是其右边相邻那位数的 10 倍。

对于任意一个十进制数，都可以写成如下的式子：

$$D_3D_2D_1D_0=D_3\times10^3+D_2\times10^2+D_1\times10^1+D_0\times10^0$$

上述式子各位的权分别是个、十、百、千，即以10为底的0次幂、1次幂、2次幂和3次幂，通常简称为0权位、1权位、2权位、3权位等，上式称为按权展开式。

例：$3525=3\times10^3+5\times10^2+2\times10^1+5\times10^0$

2. 二进制数

按“逢二进一”的原则进行计数，称为二进制数。二进制的基为“2”，即其使用的数码为0、1，共2个数字。二进制各位的权是以2为底的幂，任意一个4位二进制数按权展开式如下：

$$B_3B_2B_1B_0=B_3\times2^3+B_2\times2^2+B_1\times2^1+B_0\times2^0$$

由此可知，4位二进制中各位的权是：

2^3	2^2	2^1	2^0
8	4	2	1

例：$(1011)_2=1\times2^3+0\times2^2+1\times2^1+1\times2^0=(11)_{10}$

3. 十六进制数

按“逢十六进一”的原则进行计数，称为十六进制数。十六进制的基为“16”，即其码共有16个：0、1、2、3、4、5、6、7、8、9、A、B、C、D、E、F。其中A、B、C、D、E、F所代表的数的大小相当于十进制的10，11，12，13，14和15。十六进制的权是以16为底的幂，任意一个四位的十六进制数的按权展开式为：

$$H_3H_2H_1H_0=H_3\times16^3+H_2\times16^2+H_1\times16^1+H_0\times16^0$$

例：$(17F)_{16}=1\times16^2+7\times16^1+15\times16^0=(383)_{10}$

由于十六进制数易于书写和记忆，且与二进制之间的转换十分方便，因而人们在书写计算机语言时多用十六进制。

4. 二—十进制编码

计算机中使用的是二进制数，但人却习惯于使用十进制数，为此需要建立一个二进制数与十进制数联系的桥梁，这就是二—十进制。

在二—十进制中，十进制的十个基数符0，1～9用二进制码表示，而计数方法仍采用十进制，即“逢十进一”。为了要表示10种状态，必须要用4位二进制数(3位只能表示1—7，不够用)。4位二进制一共有16种状态，可以取其中的任意10种状态来组成数符0～9，显然，最自然的方法就是取前10种状态，这就是BCD码，也称之为8421码，因为这种码的4个位置的1分别代表了8，4，2和1。

学习BCD码，一定要注意区分它与二进制的区别，表1-1列出几个数作为比较。

从表1-1中不难看出，对于小于10的数来说，BCD码和二进制码没有什么区别，但对于大于10的数，BCD码和二进制码就不一样了。

表 1-1　二进制、十进制、十六进制数、BCD 码的对应关系

十进制数	十六进制	二进制	BCD 码	十进制数	十六进制	二进制	BCD 码
0	0	00000000	00000000	10	A	00001010	00010000
1	1	00000001	00000001	11	B	00001011	00010001
2	2	00000010	00000010	12	C	00001100	00010010
3	3	00000011	00000011	15	F	00001111	00010101
4	4	00000100	00000100	100	64	110,0100	1,0000,0000

1.2.2　二进制的算术运算

二进制算术运算的规则非常简单,这里介绍常用的加法和乘法规则。

加法规则

0 + 0 = 0

0 + 1 = 1

1 + 0 = 1

1 + 1 = 10

乘法规则

0 × 0 = 0

0 × 1 = 0

1 × 0 = 0

1 × 1 = 1

例 1: 求 11011+1101 的值

```
    1 1 0 1 1
+     1 1 0 1
-------------
  1 0 1 0 0 0
```

例 2: 求 11011×101 的值

```
        1 1 0 1 1
  ×         1 0 1
        1 1 0 1 1
      0 0 0 0 0
    1 1 0 1 1
-----------------
  1 0 0 0 0 1 1 1
```

1.2.3　数制间的转换

将一个数由一种数制转换成另一种数制称之为数制间的转换。

1. 十进制数转换为二进制数

十进制转换为二进制采用“除二取余法”，即把待转换的十进制不断地用2除，一直到商是0为止，然后将所得的余数由下而上排列即可。

例1：把十进制数13转换为二进制数

```
2 | 13 ················ 1   低位
    2 | 6 ·············· 0    ↑
       2 | 3 ············ 1    |
          2 | 1 ·········· 1   高位
               0
```

结果是十进制数$(13)_{10}$ 等于二进制数$(1101)_2$

2. 二进制数转换为十进制数

二进制数转换为十进制数采用“位权法”，即把各非十进制数按权展开，然后求和。

例2：把$(1110110)_2$ 转换为十进制

$(1110110)_2=1\times2^6+1\times2^5+1\times2^4+0\times2^3+1\times2^2+1\times2^1+0\times2^0=(118)_{10}$

3. 二进制转换为十六进制

十六进制也是一种常用的数制，将二进制数转换为十六进制数的规则是“从右向左，每4位二进制化为一位十六进制，不足部分用零补齐”。

例3:将$(1110000110110001111)_2$ 转化为十六进制

把$(1110000110110001111)_2$ 写成下面的形式：

0111 0000 1101 1000 1111

因此$(1110000110110001111)_2=(70D8F)_{16}$

4. 十六进制转换为二进制

十六进制化为二进制的方法正好和上面的方法相反，即一位十六进制数化为4位二进制数。

例4：将$(145A)_{16}$ 转化为二进制数

将每位十六进制数写成4位二进制数，就是:0001 0100 0101 1010

即十六进制数$(145A)_{16}$ 等于二进制数$(1010001011010)_2$

1.2.4 数的表示方法及常用计数制的对应关系

1. 数的表达方法

为了便于书写，特别是方便编程时书写，规定在数字后面加一个字母以示区别，二进制后加B，十六进制后加H，十进制后面加D，并规定D可以省略。这样102是指十进制的 102，102H 是指十六进制的 102，也就是 258，同样 1101 是十进制 1101，而 1101B 则是指二进制的 1101，即 13。

2. 常用数制对应关系

表 1－2 列出了常用数值 1～15 的各种数制间的对应关系，这在以后的学习中经常要用到，要求熟练地掌握。

表 1－2　常用数制的对应关系

十进制	二进制	十六进制	十进制	二进制	十六进制
0	0000B	0H	8	1000B	8H
1	0001B	1H	9	1001B	9H
2	0010B	2H	10	1010B	0AH
3	0011B	3H	11	1011B	0BH
4	0100B	4H	12	1100B	0CH
5	0101B	5H	13	1101B	0DH
6	0110B	6H	14	1110B	0EH
7	0111B	7H	15	1111B	0FH

1.2.5　逻辑数据的表示

为了使计算机具有逻辑判断能力，就需要逻辑数据，并能对它们进行逻辑运算，得出一个逻辑式的判断结果。每个逻辑变量或逻辑运算的结果，产生逻辑值，该逻辑值仅取“真”或“假”两个值。判断成立为“真”，判断不成立为“假”。在计算机内常用 0 和 1 表示这两个逻辑值，0 表示假，1 表示真。

最基本的逻辑运算有“与”、“或”、“非”3 种。这 3 种运算分别描述如下：

1. 逻辑“与”

逻辑“与”也称之为逻辑乘，最基本的与运算有两个输入量和一个输出量。它的运算规则和等效的描述电路如图 1－1 所示。

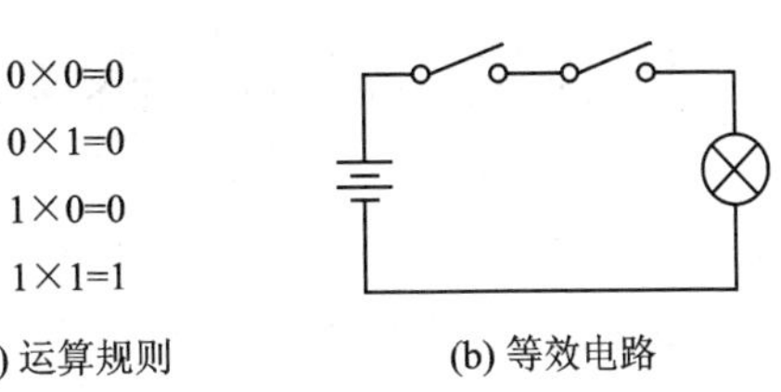

图 1－1　逻辑“与”的运算规则

逻辑“与”可以用两个串联的开关来等效。用语言描述就是：只有两个输入量都是“1”时，输出才为 1，或者说“有 0 为 0，全 1 出 1”。

2. 逻辑“或”

逻辑“或”也叫逻辑“加”，最基本的逻辑或有两个输入量和一个输出量。它的运算规则等效的描述电路如图 1-2 所示。

逻辑"或"可用两个并联的开关来等效。用语言描述就是:只有两输入量都是"0"时,输出才为"0",或者可以这样说"有 1 为 1,全 0 出 0"。

3. 逻辑"非"

逻辑"非"即取反,它的运算规则等效的描述电路如图 1-3 所示。

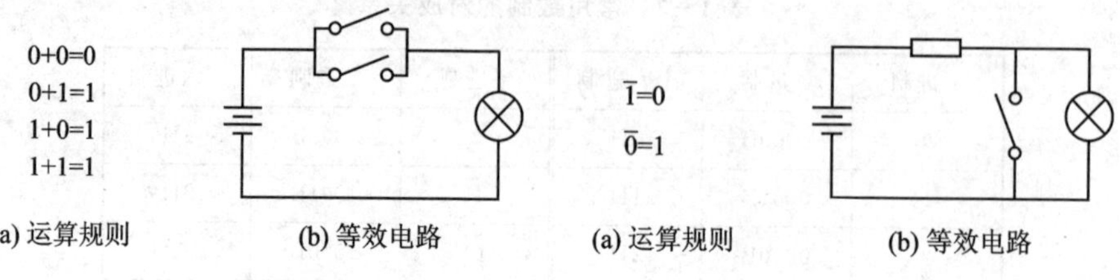

图 1-2 逻辑"或"的运算规则　　图 1-3 逻辑"非"的运算规则

逻辑"非"可以用灯并联关来等效,用语言描述就是:1 的反是 0,0 的反是 1。

若在一个逻辑表达式中出现多种逻辑运算时,可用括号指定运算的次序,无括号时按逻辑"非"、逻辑"与"、逻辑"或"的顺序执行。

巩固与提高

1. 用十六进制数表示下列二进制:
   10100101B,11010111B,11000011B,10000111B
2. 将下列十进制转换为二进制:
   28D,34D,19D,33D
3. 将下列十六进制转换为二进制:
   35H,12H,8AH,F3H
4. 单片机内部采用什么数制工作?为什么?

1.3 计算机中常用的基本术语

在介绍概念之前,先看一个例子。

用于照明的灯有两种状态,即"亮"和"不亮",如果规定灯亮为"1",不亮为"0",那么两盏灯的亮和灭的状态可列于表 1-3 中。

表 1-3 两盏灯的亮灭及数值表示

状　态	○	○	○	●	●	○	●	●
表　达	0	0	0	1	1	0	1	1

注:"○"表示灯不亮;"●"表示灯亮

从表 1－3 中可以看到，两盏灯一共能够呈现 4 种状态，即“00”、“01”、“10”和“11”，而二进制数 00、01、10、11 相当于十进制数的 0、1、2、3，因此，灯的状态可以用数学方法来描述，反之，数值也可以用电子元件的不同状态的组合来表示。

1. 位

一盏灯的亮和灭可以分别代表两种状态：0 和 1。实际上这就是一个二进制位，一盏灯就是一“位”。当然这只是一种帮助记忆的说法，位(bit)的定义是：位是计算机中所能表示的最小数据单位。

2. 字节

一盏灯可以表示 0 和 1 两种状态，两盏灯可以表达 00、01、10、11 共 4 种状态，也就是可以表示 0、1、2 和 3，计算机中通常把 8 位放在一起，同时计数，可以表达 1～255 一共 256 种状态。相邻 8 位二进制码称之为一个字节(byte)，用 B 表示。

字节(B)是一个比较小的单位，常用的还有 KB 和 MB 等，它们的关系是：

1 KB＝1 024 B

1 MB＝1 024 KB＝1 024×1 024 B

3. 字和字长

字是计算机内部进行数据处理的基本单位。它由若干位二进制码组成，通常与计算机内部的寄存器、运算器、数据总线的宽度一致，每个字所包含的位数称为字长。若干个字节定义为一个字，不同类型的微型计算机有不同的字长，如 80C51 系列单片机是 8 位机，就是指它的字长是 8 位，其内部的运算器等都是 8 位的，每次参加运算的二进制位只有 8 位。而以 8086 为主芯片的 PC 是 16 位的，即指每次参加运算的二进制位有 16 位。

字长是计算机的一个重要的性能指标，一般而言，字长越长，计算机的性能越好，下面通过例子作个说明。

8 位字长，其表达的数的范围是 0～255，这意味着参加运算的各个数据不能超过 255，并且运算的结果和中间结果也不能超过 255，否则就会出错，但是在解决实际问题时，往往有超过 255 的要求，比如单片机用于测量温度，假设测温范围是 0～1 000℃，这就超过了 255 所能表达的范围了，为了要表示这样的数，需要用两个字节组合起来表示温度。这样，在进行运算时就需要花更长的时间，比如做一次乘法，如果乘数和被乘数都用一个字节表示，只要一步(一行程序)就可以完成，而使用两个数组合起来，做一次乘法可能需要 5 步(五行程序)或更多才能完成。同样的问题，如果采用 16 位的计算机来解决，它的数的表达范围可以是 0～65 535，所以只要一次运算就可以解决问题，所需要的时间就少了。

1.4 存储器

存储器是任何计算机系统中都要用的，通过对存储器的工作原理的了解，可以学习计算机系统的一些最基本和最重要的概念。

在计算机中存储器用来存放数据。存储器中有大量的存储单元，每个存储单元都可以有“0”和“1”两种状态，即存储器是以“0”和“1”的组合来表示数据，而不是放入的如同十进制 1、2、3、4 这种形式的数据。

图 1-4 是一个有 4 个单元的存储器的示意图，该存储器一共有 4 个存储单元，每个存储单元内有 8 个小单元格(对应一个字节 8 个位)。有 D0～D7 共 8 根引线进入存储器的内部，经过一组开关，这组开关由一个称之为“控制器”的部件控制。而控制器则有一些引脚被送到存储器芯片的外部，可以由 CPU 对它进行控制。示意图的右侧还有一个称之为“译码器”的部分，它有两根输入线 A0、A1 由外部引入，译码器的另一侧有 4 根输出线，分别连接到每一个存储单元。

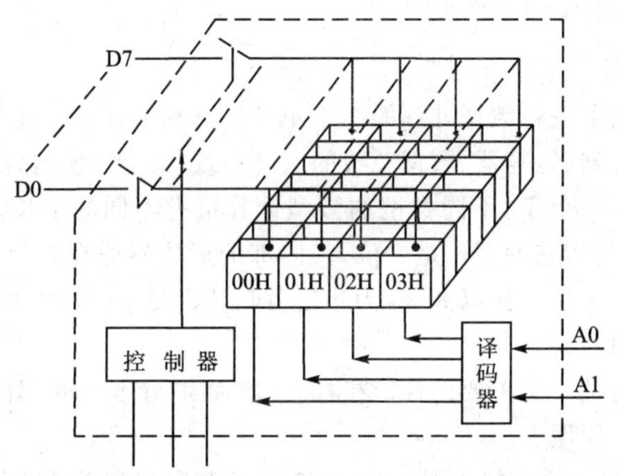

图 1-4 存储器单元示意图

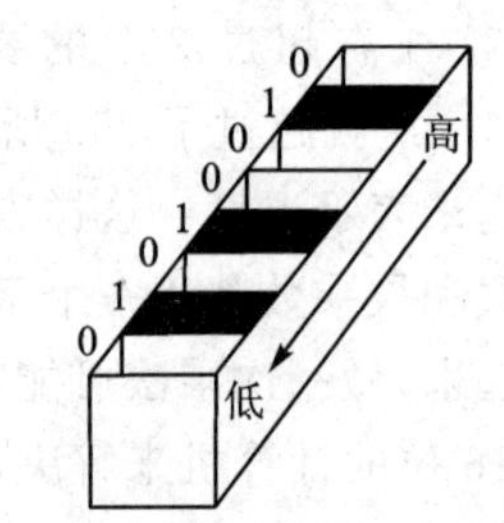

图 1-5 一个存储单元的示意图

为说明问题，把其中的一个单元画成一个独立的图，如图 1-5 所示，如果黑色单元代表“1”，白色单元代表“0”，则该存储单元的状态是 01001010，即 4AH。从图 1-4 可以看出，这个存储器一共有 4 个存储单元，每个存储单元的 8 根线是并联的，在对存储单元进行写操作时，会将待写入的“0”、“1”送入并联的所有 4 个存储单元中，换言之，一个存储器不管有多少个存储单元，都只能放同一个数，这显然不是所希望的，因此，要在结构上稍作变化。图 1-5 是带有控制线的存储单元示意图，在每个单元上有根控制线，CPU 准备把数据放进哪个单元，就送一个“导通”信号到这个单元的控制线，这个控制线把开关合上，这样该存储单元中的数据就可以与外界进行交换了。而其他单元控制线没有“导通”信号，开关打开着，不会受到影响，这样，只要控制不同单元的控制线，就可以向各单元写入不同的数据或从各单元中读出不同的数据。这个控制线应当由一个系统中的主机（CPU 或单片机）进行控制，因为 CPU（或单片机）是整个计算机系统的“大脑”，只有它才能确定什么时候该把数据放在某一个单元中，什么时候该从哪一个单元中获取数据。为了使得数据的存储不发生混淆，要给每个存储单元分配一个唯一的固定编号，这个编号就称为存储单元的地址。

为了控制各个单元而把每个单元的控制线都引到集成电路的外面是不可行的。上述存储器仅有 4 个存储单元，而实际的存储器，其存储单元数很多。比如，27C512 存储器芯片有 65 536 个单元，需要 65 536 根控制线，不可能将每控制根线都引到集成电路的外面来，因此，在存储器内部带有译码器，译码器的输出端即通向各存储单元的控制线，译码器的输入端通过集成电路外部引脚接入，被称之为地址线。由于 65 536 根控制线在任一时刻只有一根起作用，即 65 536 根线只有 65 536 种状态，而每一根地址线都可以有 0 和 1 两种状态，n 根线就有 2^n 种状态。因为 $2^{16}=65\ 536$，因此，只需要 16 根引线就能确定 27C512 的每一个地址单元。带有控制线的存储单元如图 1－6 所示。

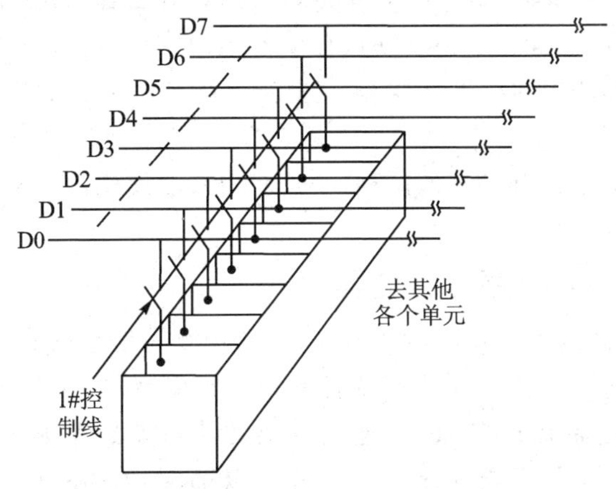

图 1－6　带有控制线的存储单元示意图

半导体存储器按功能可以分为只读、随机存取存储器和可现场修改的非易失存储器 3 大类。

1. 只读存储器

只读存储器又称为 ROM，其中的内容在操作运行过程中只能被 CPU 读出，而不能写入或更新。它类似于印好的书，只能读书里面的内容，不可以随意更改书里面的内容。只读存储器的特点是断电后存储器中的数据不会丢失，这类存储器适用于存放各种固定的系统程序、应用程序和表格等，所以人们又常称 ROM 为程序存储器。

只读存储器又可以分为以下这些品种:

(1) 掩膜ROM:由器件生产厂家在设计集成电路时一次固化,此后便不能被改变,它相当于印好的书。这种ROM成本低廉,适用于大批量生产。

(2) PROM,称之为可编程存储器。购买来的PROM是空白的,由使用者通过特定的方法将自己所需的信息写入其中。但只能写一次,以后再也不能改变,要是写错了,这块芯片就报废了。

(3) 紫外线可擦除的PROM(EPROM),这类芯片的上面有一块透明的石英玻璃,透过玻璃可以看到芯片。在一定的紫外线的照射后能将其中的内容擦除后重写,紫外线就像“消字灵”,可以把写在纸上字消掉,然后再重写。

(4) 电可擦除的PROM(EEPROM),这类芯片的功能和EPROM类似,写进去的内容可以擦掉重写,而且不需要紫外光照,只要用电学方法就可以擦除,所以它的使用要比EPROM方便一些。EEPROM芯片虽然能用电的方法擦除其内容,但它仍然是一种ROM,具有ROM的典型特征,断电后芯片中的内容不会丢失。

不管是EPROM还是EEPROM,其可擦除的次数都是有限的。

2. 随机存取存储器

随机存取存储器又称为RAM,其中的内容可以在工作时随机读出和存入,即允许CPU对其进行读、写操作。由于随机存储器的内容可以随时改写,所以它适用于存放一些变量、运算的中间结果、现场采集的数据等。但是RAM中的内容在断电后消失。

RAM可以分为静态和动态的两种,单片机中一般使用静态RAM,其容量较小,但使用比较方便。

3. 可现场改写的非易失存储器

随着半导体存储技术的发展,各种新的可现场改写信息的非易失存储器逐渐被广泛应用,且发展速度很快。主要有快擦写Flash存储器、新型非易失静态存储器NVSRAM和铁电存储器FRAM。这些存储器的共同特点是:从原理上看,它们属于ROM型存储器,但是从功能上看,它们又可以随时改写信息,因而作用相当于RAM。所以,ROM、RAM的定义和划分已逐渐开始融合。由于这一类存储器技术发展非常迅速,存储器的性能也在不断发生变化,难以全面、客观介绍各种存储器,这里仅对单片机领域中广泛使用的快擦写存储器Flash作一个简介。

Flash存储器是在EPROM和EEPROM的制造基础上产生的一种非易失存储器。其集成度高、制造成本低,既具有SRAM读/写的灵活性和较快的访问速度,又具有ROM在断电后不丢失信息的特点,所以发展迅速。Flash存储器的擦写次数是有限的,一般在万次以上,多者可达100万次以上。目前,有很多单片机内部带有Flash存储器。

巩固与提高

1. 为什么需要用ROM和RAM来组成微机系统的存储器？
2. 什么是单片微型计算机，它与一般的微型计算机有哪些不同？
3. 存储器有哪几种类型？存放程序一般用哪种存储器？

1.5　C语言入门

随着单片机开发技术的不断发展，目前已有越来越多的人从普遍使用汇编语言到逐渐使用高级语言开发，其中主要是以C语言为主，市场上几种常见的单片机均有其C语言开发环境。本教材使用C语言来编写80C51单片机程序，下面首先来了解一下有关C语言的基本知识。

1.5.1　C语言的产生与发展

C由早期的编程语言BCPL(Basic Combind Programming Language)发展演变而来，1970年美国贝尔实验室的Ken Thompson根据BCPL语言设计出B语言，并用B语言写了UNIX操作系统。1972年至1973年间，贝尔实验室的D. M. Ritchie在B语言的基础上设计出了C语言。

随着微型计算机的日益普及，出现了许多C语言版本，由于没有统一的标准，使得这些C语言之间出现了一些不一致的地方。为了改变这种情况，美国国家标准研究所(ANSI)为C语言制定了一套ANSI标准，成为现行的C语言标准。

1.5.2　C语言的特点

C语言发展非常迅速，成为最受欢迎的语言之一，主要因为它具有强大的功能，归纳起来C语言具有下列特点：

1. 与汇编语言相比

(1) C语言是一种高级语言，具有结构化控制语句。

结构化语言的显著特点是代码及数据的分隔化，即程序的各个部分除了必要的信息交流外彼此独立。这种结构化方式可使程序层次清晰，便于使用、维护以及调试。

(2) C语言适用范围大，可移植性好。

和其他高级语言一样，C语言不依赖于特定的CPU，其源程序具有很好的可移植性。只要某种CPU或MCU有相应的C编译器，就能使用C语言进行编程。目前，主流MCU都有C编译器。对于嵌入式系统的开发者，这一点尤为重要。目前可供选用的MCU型号极多，这些MCU各有特点，开发者在做项目时往往需要选用不同品种的MCU以各尽其能，但要熟悉每一种MCU的汇编语言并能写出高质量的程序并非易事。如果使用C语言编程,借助于C语言的可移植性,只要熟悉所用MCU的特性即可编程,这可节省大量的时间,将精力专注于所要解决的问题上面。

作者经常进行项目开发工作,不同客户往往会提出一些具体的要求,其中就有使用特定MCU的要求。实际上项目开发中往往能够重复利用一些代码,特别是算法代码。因此,作者编程时一般都会注意,将算法部分和I/O驱动部分分离开来编写。这样,一旦需要移植,只要改写I/O驱动部分就可以了,十分快捷和方便。

2. 与其他高级语言相比

(1) 简洁紧凑、灵活方便。

C语言一共只有32个关键字,9种控制语句,程序书写自由,主要用小写字母表示。它把高级语言的基本结构和语句与低级语言的实用性结合起来。

(2) 运算符丰富。

C的运算符包含的范围很广泛,共有种34个运算符。C语言把括号、赋值、强制类型转换等都作为运算符处理,从而使C的运算类型极其丰富、表达式类型多样化,灵活使用各种运算符可以实现其他高级语言中难以实现的运算。

(3) 数据结构丰富。

C的数据类型有:整型、实型、字符型、数组类型、指针类型、结构体类型、共用体类型等,能用来实现各种复杂数据类型的运算。

(4) C语言程序设计自由度大。

对数组下标越界不做检查,由编程者自己保证程序的正确;对变量的类型使用比较灵活,整型、字符型等各种变量可通用。

(5) C语言允许直接访问物理地址,可以直接对硬件进行操作。

因此C语言既具有高级语言的功能,又具有低级语言的许多功能,能够像汇编语言一样对位、字节和地址进行操作。

(6) C语言程序生成代码质量高,程序执行效率高。

用C语言编写的程序,编译后一般只比有丰富经验的汇编编程人员所写的汇编程序效率低10%~20%。

1.5.3 C语言入门知识

下面将通过一些实例介绍C语言编程的方法,这里采用80C51系列单片机的C编译器Keil软件作为开发环境,关于Keil软件的具体用法将在第2章作详细介绍。

图1-7所示电路图使用STC89C52单片机作为实验用芯片,这种单片机性属于80C51系列,其内部有8 KB的Flash ROM,可以反复擦写,并有ISP功能,支持在线下载,不需要反复拨、插芯片,非常适于做实验。如图1-7所示89C52的P1引脚上接8个发光二极管,下面一些例子的任务是让接在P1引脚上的发光二极管按要求发光。

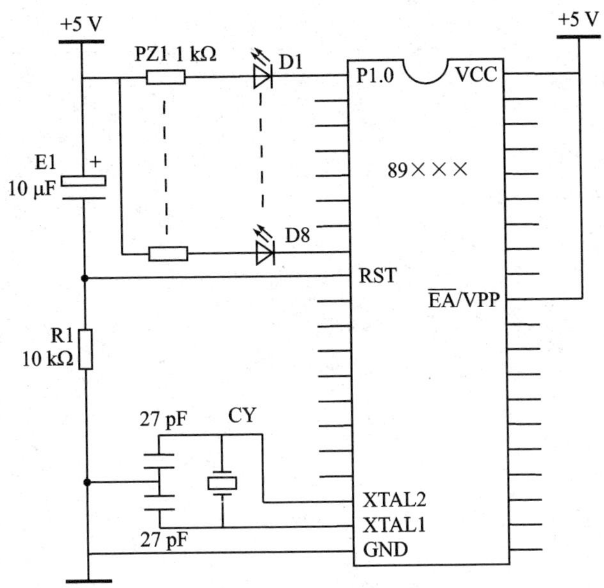

图 1-7　接有 LED 的单片机基本电路

例 1-1： 让接在 P1.0 引脚上的 LED 发光。

```
#include  "reg51.h"
sbitP1_0 = P1^0;
void main()
{   P1_0 = 0;
    for(;;);
}
```

这个程序的作用是让接在 P1.0 引脚上的 LED 点亮。下面来分析一下这个 C 语言程序包含了哪些信息。

(1) "文件包含"处理

程序的第一行是一个"文件包含"处理。

所谓"文件包含"是指一个文件将另外一个文件的内容全部包含进来，所以看起来这个程序只有 4 行，但 C 编译器在处理这段程序时却要处理几十或几百行。这段程序中包含 REG51.h 文件的目的是为了要使用 P1 这个符号，即通知 C 编译器，程序中所写的 P1 是指 80C51 单片机的 P1 端口而不是其他。这是如何做到的呢？

打开 reg51.h 可以看到这样的一些内容：

```
/* -----------------------------------------------
REG51.H
Header file for generic 80C51 and 80C31 microcontroller.
Copyright(c)   1988 - 2001 Keil Elektronik GmbH and Keil Software, Inc.
```

```
All rights reserved.
-------------------------------------------------------------------------*/
/*  BYTE Register  */
sfr P0   = 0x80;
sfr P1   = 0x90;
sfr P2   = 0xA0;
sfr P3   = 0xB0;
......
/*  SCON  */
sbit SM0  = 0x9F;
sbit SM1  = 0x9E;
sbit SM2  = 0x9D;
sbit REN  = 0x9C;
sbit TB8  = 0x9B;
sbit RB8  = 0x9A;
sbit TI   = 0x99;
sbit RI   = 0x98;
```

可以看到，sfr P1　=0x90;这样一行程序，其中0x90是C语言中十六进制数的表示方法，它表示的是地址，即P1这个符号与单片机内部0x90这个位置对应。而这个位置在设计80C51这块芯片时被确定为P1寄存器，其他如P0、P2、P3等符号也有类似的作用。这些符号是什么含义将在后面各章中逐一介绍，至于为什么它们与这些地址对应，这是由当初设计80C51的INTEL公司的工程师决定的，并一直沿用到现在。

定义符号使用了一个关键词：sfr。这不是标准C语言的关键字，而是Keil C编译器为了能够直接访问80C51中的SFR提供了一个新的关键词，其用法是：

```
sfr 变量名 = 地址值。
```

例如：

```
sfrP1 = 0x90;
```

即定义了P1这个名称与0x90这个地址的对应关系。通过这种方法，可以自行定义新的特殊功能寄存器(SFR)。随着技术的不断发展，新的80C51系列单片机层出不穷，这些新的80C51单片机通常会增加一些SFR以增强功能。通常每一种新的单片机出来之后，Keil软件都会升级以支持这种单片机，但即便编程人员不能及时升级自己的Keil软件，也没有关系，可以通过sfr关键字自行定义SFR符号与其地址的对应关系，以便能使用这种新的MCU。

例如，89S系列单片机中增加了看门狗定时器，其数据手册上的名称为WMCON，地址为96H，因此，如果编程人员手边的Keil软件中找不到现成的头文件，那么可以在 reg51.h 中或者程序开头增加下面的一行：

```
sfr WMCON   = 0x96;
```

这样就可以在程序中使用 WMCON 这个符号了。

(2) 符号 P1_0 用来表示 P1.0 引脚

为了使用单片机的引脚，设计 80C51 的工程师给每个引脚起了名字，如 P1.0、P1.1 等。但在 C 语言里如果直接写 P1.0，C 编译器并不能识别，而且 P1.0 也不是一个合法的 C 语言标识符，所以得给它另起一个名字，这里起的名为 P1_0，可是 P1_0 是不是就是 P1.0 呢？C 编译器可不这么认为，所以必须给它们之间建立联系，这里使用了 Keil C 新增的关键字 sbit 来定义，sbit 的用法有 3 种：

①：sbit 位变量名＝地址值；

②：sbit 位变量名＝SFR 名称^变量位地址值；

③：sbit 位变量名＝SFR 地址值^变量位地址值。

如定义 PSW 中的 OV 可以用以下 3 种方法：

```
① sbit OV = 0xd2     //0xd2 是 OV 的位地址值
② sbit OV = PSW^2    //PSW 必须先用 sfr 定义好
③ sbit OV = 0xD0^2   //0xD0 就是 PSW 的地址值
```

因此这里用：

```
sbit P1_0 = P1^0;
```

就是用符号 P1_0 来表示 P1.0 引脚，如果愿意也可以用 P10 之类的名字，只要程序中所有 P1_0 都要随之更改就行了。

Keil 软件在 AT89X52.H 中已定义了各引脚的变量，如果包含了这个文件，就不需要自己定义了，这个文件在 keil\c51\inc\atmel 文件夹下。

以下是 AT89X52.H 的有关内容：

```
/*--------------------------------------------------------------------------
AT89X52.H

Header file for the low voltage Flash Atmel AT89C52 and AT89LV52.
Copyright(c)  1988-2002 Keil Elektronik GmbH and Keil Software, Inc.
All rights reserved.
--------------------------------------------------------------------------*/

#ifndef __AT89X52_H__
#define __AT89X52_H__

/*------------------------------------------------
Byte Registers
```

```
---------------------------------*/
    ………与上述头文件相同

/*--------------------------------
P0 Bit Registers
--------------------------------*/
sbit P0_0  =  0x80;
sbit P0_1  =  0x81;
sbit P0_2  =  0x82;
sbit P0_3  =  0x83;
sbit P0_4  =  0x84;
sbit P0_5  =  0x85;
sbit P0_6  =  0x86;
sbit P0_7  =  0x87;
这是有关 P0 引脚的定义,其他定义可自行打开该文件查看。
⋮
#endif
```

(3) 主函数 main

每一个 C 语言程序有且只有一个主函数,函数后面一定有一对大括号“{}”,在大括号里面书写其他程序。

通过上面的分析了解到部分 C 语言的特性,下面再看一个稍复杂一点的例子。

例 1-2: 让接在 P1.0 引脚上的 LED 闪烁发光

```
#include "reg51.h"
#define uchar unsigned char
#define uint  unsigned int
sbitP1_0 = P1^0;

/*延时程序,由 Delay 参数确定延迟时间*/
void mDelay(uint Delay)
{  uint i;
   for(;Delay>0;Delay--)
   {  for(i=0;i<76;i++)
      {;}
   }
}
void main()
{  for(;;)
   {  P1_0 = !P1_0;            //取反 P1.0 引脚
      mDelay(1000);
   }
}
```

程序分析： main 函数的第一行暂且不看，第二行是“P1_0＝!P1_0;”，在 P1_0 前有一个符号“!”，符号“!”是 C 语言的一个运算符，就像数学中的“＋”、“－”一样，是做一种运算的符号，它所做的运算是“取反”，即将该符号后面的那个变量的值取反。如果原来 P1.0 是低电平(LED 亮)，那么取反后，P1.0 就是高电平(LED 灭)，反之，如果 P1.0 是高电平，取反后，P1.0 就是低电平，这条指令被反复地执行，接在 P1.0 上灯就会不断“亮”、“灭”。

main()函数中第三行程序是：mDelay(1000);，这行程序的用途是延时 1 s，由于单片机执行指令的速度很快，如果不进行延时，灯亮之后马上就灭，灭了之后马上就亮，亮、灭之间的间隔时间非常短，人眼根本无法分辨。

这里 mDelay(1000)并不是由 Keil C 提供的库函数，如果在编写其他程序时写上这么一行，会发现编译通不过。那么这里为什么又能正确编译呢？注意观察，可以发现这个程序中有 void mDelay(…)开始的一段程序行，可见，mDelay 是编程者自己起的名字，并且为此编写了一些程序行，如果程序中没有这么一段程序行，那就不能使用 mDelay(1000)了。那可不可以把这段程序复制到其他程序中，然后就可以在那个程序中用 mDelay(1000)了呢？回答是：那当然就可以了。还有一点需要说明，mDelay 这个名称是由编程者自己命名的，可自行更改，但一旦更改了名称，main()函数中的名字也要作相应的更改。

mDelay 后面有一个小括号，小括号里有数据(1000)，该 1000 被称之“参数”，用它可在一定范围内调整延时时间的长短，这里用 1 000 来要求延时时间为 1 000 ms。要做到这一点，必须由自己编写 mDelay 程序来决定，具体的编写方法将在以后介绍。

这里的两行程序：

```
P1_0 = ! P1_0;            //取反 P1.0 引脚
mDelay(1000);
```

会被反复执行的关键就在于 main 函数中的第一行程序：for(;;)，这里不对此作详细的介绍，读者暂时只要知道，这行程序连同其后的一对大括号“{}”构成了一个无限循环语句，一旦程序开始运行，该大括号内的语句会被反复执行，直到断电为止。

1.5.4　C 程序特性分析

通过上述的几个例子，可以得出一些结论：

(1) C 程序是由函数构成的。一个 C 源程序至少包括一个函数，一个 C 源程序有且只有一个名为 main()的函数，也可能包含其他函数，且一个实用程序中通常都有大量的函数，函数是 C 程序的基本单位。main 函数通过直接书写语句和调用其他函数来实现有关功能，这些其他函数可以是由 C 语言本身提供的(这样的函数称之为库函数)，也可以是用户自己编写的(这样的函数称之为用户自定义函数)。库函数与用户自定义函数的区别在于，使用Keil C语言编写的任何程序，都可以直接调用C的库函数，调用时只需要包含具有该函数说明的相应的头文件即可，Keil C提供了100多个库函数供用户直接使用；自定义函数则是完全个性化的，是用户根据自己需要而编写的有关代码。

(2) 一个C语言程序，总是从main函数开始执行的，而不管物理位置上这个main()放在什么地方，例1-2中就是放在了最后。

(3) 程序中的mDelay如果写成mdelay就会编译出错，即C语言区分大小写。

(4) C语言书写的格式自由，可以在一行写多个语句，也可以把一个语句写在多行。没有行号(但可以有标号)，书写的缩进没有要求。但是建议读者按一定的规范来写，可以给自己带来方便。

(5) 每个语句和定义的最后必须有一个分号，分号是C语句的必要组成部分。

(6) 可以用/＊......＊/的形式为C程序的任何一部份作注释，在“/＊”开始后，一直到“＊/”为止的中间的任何内容都被认为是注释，所以在书写特别是修改源程序时要注意，如果无意之中删掉一个“＊/”，结果，从这里开始一直要遇到下一个“＊/”中的全部内容都被认为是注释了。

Keil C也支持C++风格的注释，就是用“//”引导的后面的语句是注释，例：

```
P1_0=! P1_0          //取反 P1.0
```

这种风格的注释，只对本行有效，不会出现上述问题，而且书写比较方便，所以在只需要一行注释的时候，往往采用这种格式。本书的源程序中，这两种注释的方式都会出现。

1.6 C语言中的数据

数据是计算机处理的对象，计算机要处理的一切内容最终将以数据的形式出现，因此，程序设计中的数据有着很多种不同的含义，它们往往以不同的形式表现出来；而且这些数据在计算机内部进行处理、存储时有着很大的区别，所以本节介绍C语言数据类型的有关知识。

1.6.1 数据类型概述

C语言常用的数据类型有整型、字符型、实型等。

C语言中数据有常量与变量之分，它们分别属于以上这些类型。由以上这此数据类型还可以构成更复杂的数据结构，在程序中用到的所有的数据都必须为其指定类型。图1-8列出了C语言的数据类型。

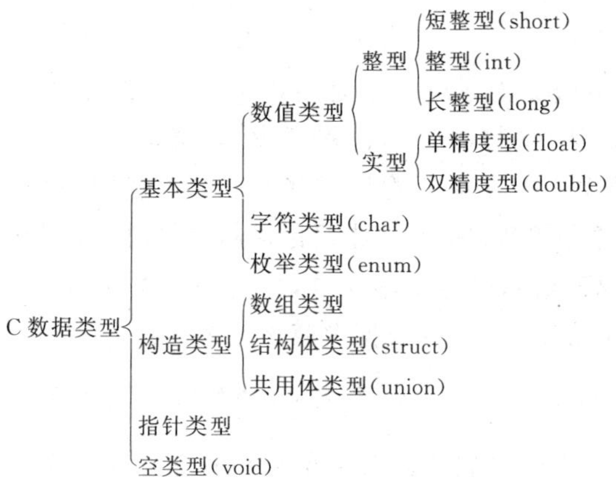

图 1-8　C 语言的数据类型

1.6.2　常量与变量

在程序运行过程中，其值不能被改变的量称为“常量”；在程序运行中，其值可以改变的量称之为“变量”。

使用常量时可以直接给出常量的值，如 3、5、0xfe 等，也可以用一些符号来替代常量的值，这称之为“符号常量”。

使用符号常量的好处是：

(1) 含义清楚。在书写程序时，有一些量是具有特定含义的，如某单片机系统扩展了一些外部芯片，每一块芯片的地址即可用符号常量定义，如：

```
#define PORTA 0x7fff
#define PORTB 0x7ffe
```

程序中可以用 PORTA、PORTB 来对端口进行操作，而不必写 0x7fff、0x7ffe。显然，这两个符号比两个数字更能令人明白其含义。在给符号常量起名字时，尽量要做到“见名知意”以充分发挥这一特点。

(2) 在需要改变一个常量时能做到“一改全改”。如果由于某种原因，端口的地址发生了变化(如修改了硬件)，由 0x7fff 改成了 0x3fff，那么只要将所定义的语句改动一下即可：

```
#define PORTA 0x3fff
```

不仅方便，而且能避免出错。设想一下，如果不用符号常量，要在成百上千行程序中把所有表示端口地址的 0x7fff 找出来并改掉可不是件容易的事，特别是如果程序中还有其他量正好也是 0x7fff 时，极易引起混淆而产生错误。

变量就是在运行中能够发生变化的量。

例 1-2 中用到了延时程序，其中 main 函数中调用延时程序时这么写：

```
mDelay(1000);
```

这其中括号中参数 1 000 决定了延时时间,也就决字了灯流动的速度。这个 1 000 是常量,在编写程序时确定了,在程序编译、链接产生目标代码并将目标代码写入芯片后,这个数据不能在应用现场被修改。如果使用中有人提出希望改变流水灯的速度,那么只能重新编程、编译、产生目标代码,再将目标代码写入芯片才能更改。

如果在现场有修改流水灯速度的要求,括号中就不能写入一个常数。为此可以定义一个变量(如 Speed),main 函数据中应该这么写:

```
mDelay(Speed);
```

然后再编写一段程序,使得 Speed 的值可以通过按键被修改,这样,流水灯的速度就可以在现场修改了,在这个应用中,就需要用到变量了。

每个变量都有变量名和变量值两个属性,编程时通过变量名来使用变量的值。如上述例子中 Speed 就是变量名,执行 mDelay(Speed);语句时使用的是其数值。变量必须保存在单片机内部的随机存取存储器(RAM)中,这样才能实现在运行中随时发生变化。

在 C 语言中,要求对所有用到的变量作强制定义,也就是“先定义,后使用”。

1.6.3 整型数据

C 语言中使用整型常量,也使用整型变量。

1. 整型常量

整型常量即整常数。C 整常数可用以下 3 种形式表示:

① 十进制整数。如 100,-200,9 等。

② 八进制整数。用数字“0”开头的数是八进制数。如 0224 表示八进制数 224,即$(224)_8$,其值为 $2\times8^2+2\times8^1+4\times8^0=128+16+4=148$。-023 表示八进制数-23,即$-(23)_8$,相当于十进制的-19。

③ 十六进制整数。以数字“0”和字母“x”开头的数是十六进制数,如 0x224,即$(224)_{16}$,其值为 $2\times16^2+2\times16^1+4\times16^0=512+32+4=548$。-0x23 表示十六进制数-23,即$-(23)_{16}$,相当于十进制的-35。

2. 整型变量

整型变量的基本类型是 int,可以加上有关数值范围的修饰符。这些修饰符分两类,一类是 short 和 long,另一类是 unsigned,这两类修饰符可以同时使用。

在 int 前加上 short 或 long 用来表示数的范围。对于 Keil C 来说,加 short 和不加 short 是一模一样的(在有一些 C 语言编译系统中是不一样的),所以,short 就不讨论了。如果在 int 前加上 long 的修饰符,那么这个数就被称之为“长整数”,在 Keil C 中,长整数用 4 个字节来存放,而基本 int 型用 2 个字节。显然,长整数所能表达的范围比整数要大，一个长整数表达的范围为：$-2^{31} \leqslant x \leqslant 2^{31}-1$，即：$-2\ 147\ 483\ 648 \leqslant x \leqslant 2\ 147\ 483\ 647$。

而不加 long 修饰的 int 型数据的范围是－32 768～32 767。

第二类修饰符是 unsigned，即无符号的意思。加上这个修饰符，说明其后的数是一个无符号的数。无符号数、有符号数的区别在于数的范围不一样。对于 unsigned int 而言，仍是用 2 个字节（16 位）表示一个数，但其数的范围是 0～65 535，对于 unsigned long int 而言，仍是用 4 个字节（32 位）表示一个数，但其数的范围是 $0 \sim 2^{32}-1$。

下面以 Keil C 为例，将整型数据做个总结，见表 1－4。

表 1－4　整型变量的数据类型

数　系	符　号	说　明	字节数/byte	数据长度/bit	表示形式	数值范围
整数型	带符号	基本型	2	16	int	－32 768～＋32 767
		短整型	2	16	short	－32 768～＋32 767
		长整型	4	32	long	－2 147 483 648～＋2 147 483 647
	无符号	基本型	2	16	unsigned int	0～65 535
		短整型	2	16	unsigned short	0～65 535
		长整型	4	32	unsigned long	0～4 294 967 295

C 语言中的变量均需先定义，后使用，定义整型变量的方法是：

修饰符 变量名

定义整型变量用的修饰符是 int，可以在其前面加上表示长度和符号的修饰符。

例：

```
int  a,b;                       /*定义两个整型变量 a 和 b*/
long   a1,b1;                   /*定义两个长整型变量 a1 和 b1*/
unsigned   int  x;              /*定义无符号的整型变量 x*/
unsigned   long  int x1;        /*定义无符号的长整型变量 x1*/
```

1.6.4　字符型数据

C 语言中有字符常量，也有字符型变量。

1. 字符常量

C 语言中的字符常量是用单引号括起来的一个字符。如‘a’、‘x’、‘1’等都是字符常量，注意，‘a’和‘A’不是同一个字符。

查看 ASCⅡ字符表，可以发现，有一些字符没有“形状”，如换行（ASCⅡ值为 10）、回车（ASCⅡ值为 13）等，有一些虽有“形状”，却无法从键盘上输入，如 ASCⅡ值大于 127 的一些字符等,还有一些字符在 C 语言中有特殊用途,无法直接输入,如单引号"'"用于界定字符常量,但其本身就没法用这种方法来表示了。如果 C 语言的程序中要用到这一类字符,可以用 C 语言提供的一种特殊形式进行输入,就是用一个"\"开头的字符序列来表示字符。如用"\r"来表示回车,用"\n"来表示回车。

常用的以"\"开头的特殊字符见表 1-5。

表 1-5　转义字符及其含义

字符形式	含　义	ASCⅡ字符(十进制)
\n	换行,将当前位置移到下一行开头	10
\t	水平制表(跳到下一下 TAB 位置)	9
\b	退格,将当前位置移到前一列	8
\r	回车,将当前位置移到本行开头	13
\f	换页,将当前位置移到下页开头	12
\\	反斜杠字符"\"	92
\'	单引号字符	39
\"	双引号字符	34

除此之外,C 语言还规定,用反斜杠后面带上八进制或十六进制数字直接表示该数值的 ASCⅡ码,这样,不论什么字符,只要知道了其 ASCⅡ码,就可以在程序中用文本书写的方式表达出来了。

例如:可以用"\101"表示 ASCII 码八进制数为 101(即十进制数 65)的字符"A"。而"\012"表示八进制的字符 012(即十进制数 10)的字符换行(\n)。用\376 表示图形字符"■"。

2. 字符变量

字符型变量用来存放字符常量,一个变量只能存放一个字符。

字符变量的定义形式如下:

修饰符 变量名

字符型变量定义的修饰符是 char。例:

```
char c1,c2;
```

它表示 c1 和 c2 为字符型变量,各可以放一个字符。可以使用下面的语句对其进行赋值:

```
c1 = 'a';
c2 = 'b';
```

将一个字符型常量放到一个字符型变量中,实际上是将该字符的 ASCⅡ码放到存储单元中。如:

```
char c = 'a';
```

定义一个字符型的变量c,然后将字符a赋给该变量。进行这一操作时,将字符“a”的ASCⅡ码值赋给变量c,因此,完成后c的值是97。

既然字符最终也是以数值来存储的,那么和以下的语句:

```
int  i = 97;
```

究竟有多大的区别呢?对于使用这个值的对象来说,它们没有区别;只是它们在内存中的存储方式来说是有区别,c在内存中用一个字节保存,而i在内存中需要2个字节保存。如果确切地知道某变量小于255,那么不论用i还是用c来保存这个变量,使用效果都是一样的。C语言字符型数据作这样的处理使用得程序设计时增大了自由度。

由于51系列单片机是8位机,做16位数的运算要比做8位数的运算慢很多,因此在使用单片机的C语言程序设计中,只要预知其值的范围不会超过8位所能表示的范围,就用char型数据来表示。

字符型变量只有一个修饰符unsigned,即无符号的。对于一个字符型变量来说,其表达的范围是−128～+127,而加上了unsigned后,其表达的范围变为0～255。

使用Keil C编写程序时,不论是char型还是int型,要尽可能采用unsigned型数据,因为在处理有符号的数时,程序要对符号进行判断和处理,运算的速度会减慢;单片机工作于实时状态,任何提高效率的方法都要考虑。

课题 2

80C51 单片机学习环境的建立

在学习单片机之前，首先要做好一些软、硬件准备工作，有一个学习环境才能有比较大的收获。

学习单片机离不开实践操作，因此准备一套硬件实验器材非常有必要。但作为一本教材而言，如果使用某一种特定的实验器材又难以兼顾一般性。为此，本书作了多种安排。第一种方法使用万能板自行制作，由于大部分课题涉及的电路都较为简单，如驱动 LED、串行接口芯片的连接等，因此使用万能板制作并不因难；第二种方案是作者提供 PCB 文件，读者自行制作印刷线路板，并利用此线路板安装制作实验电路板；第三种方案是使用作者提供的成品实验电路板。

任务 1　使用 STC89C51 单片机制作实验电路板

该任务通过一块万能板来制作一个简单的单片机实验电路板，其中使用的主芯片为 STC89C52。这是一块 80C51 系列兼容芯片，并具有能使串行口直接下载代码的特点，因而不需要专门的编程器，这使得使本实验板来做实验的成本很低。

2.1.1　电路原理图

图 2-1 所示电路板是一个实用的单片机实验板，其安装了 8 个发光二极管，接入了 4 只按钮，加装了 RS232 接口。利用该 RS232 接口，STC89C52 芯片可以与计算机通信，将代码写入芯片中。

利用该电路可以学习诸多单片机的知识，并预留有一定的扩展空间，将来还可以在该电路板上扩展更多的芯片和其他器件。

元件选择：U1 使用 40 脚双列直插封装的 STC89C52RC 芯片；U2 使用 MAX232 芯片；D1～D8 使用 Φ3mm 白发红高亮发光二极管；K1～K4 选用小型轻触按钮；PZ1 为 9 脚封装的排电阻，阻值为 10 kΩ；Y1 选用频率为 11.059 2 MHz 的小卧式晶振；J1 为 DB9(母)装板用插座；电解电容 E1 为 10 μF/16 V 电解；R1～R9 为 1 kΩ 电阻；C6 和 C7 为 27 pF 磁片电容；其余电容均为 0.1 μF 电容；S1 和 S2 为 8 位拔码开关；JP1 是一个 2 引脚的跳线端子。

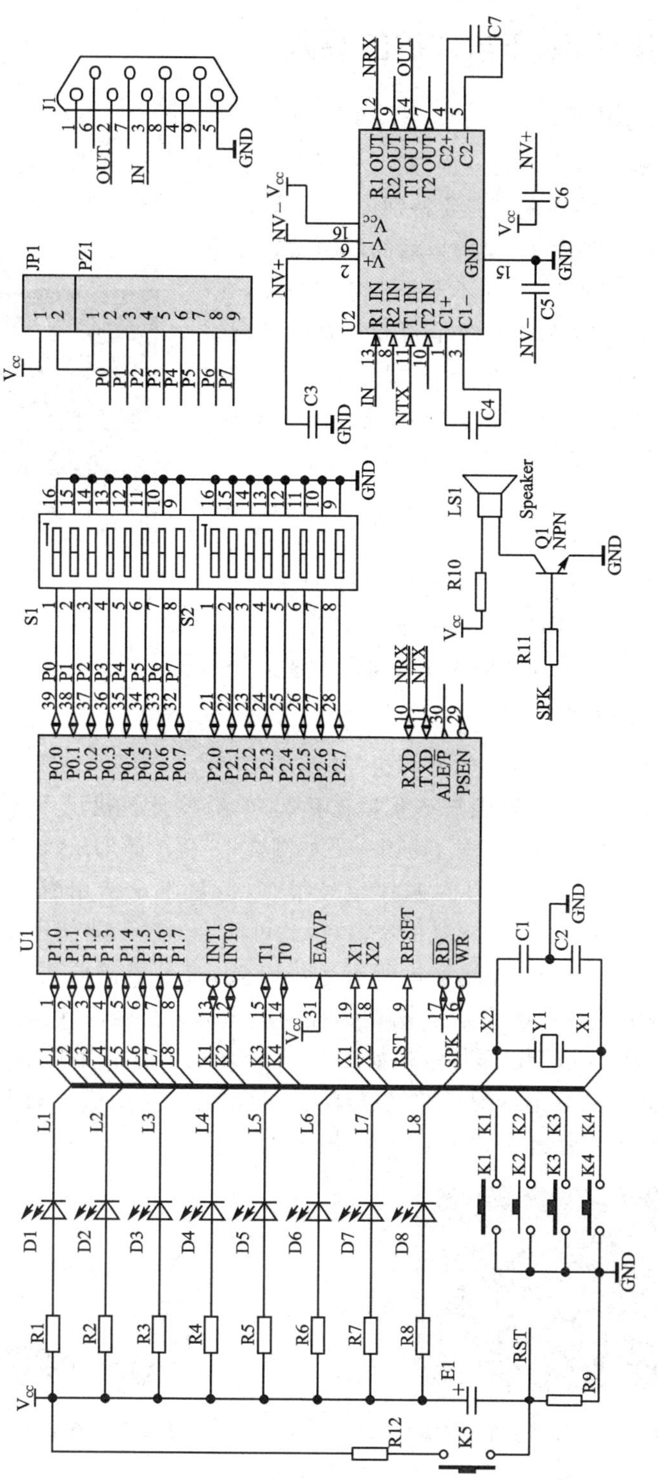

图 2-1　单片机实验电路板原理图

2.1.2 电路板的制作与代码的写入

1. 电路板的制作

先安排一下板上各元件的位置，然后根据元件的高度由低到高分别安装，集成电路的位置安装集成电路插座。需要特别说明的是，D1～D8不要安装成一列，而是安装成一圈，如图2-2所示，这是为以后的课题做好准备。

所有元件安装完成以后，先不要插上集成电路，在通电之前检测 V_{CC} 和GND之间是否有短路的情况。如果没有短路，可以接上5 V电源，注意电源的正负极不要搞错，然后测量U1的40脚对地是否为5 V电压，9脚对地是否为0 V电压，U2的16脚对地是否为5 V电压。如果一切正常，可以将万用表调至50 mA电流档，黑表棒接地，用红表棒逐一接P1.0～P1.7各引脚，观察LED是否被点亮？如果8个LED分别点亮，可以进入下一步，否则应检查并排除故障；一切正确后，断开电源，将U1和U2插入集成电路插座。

图2-2　成圆环状安装的发光二极管

2. 串口工具准备

对于带有DB9型串行接口的计算机(如图2-3所示)而言，仅需要一根9芯串口线(如图2-4所示)将计算机与实验板连接起来；有些计算机已不再配有串行接口，那就要复杂一些。大部分时候，使用一根如图2-5所示的USB转串口线就足以使用了。用来进行USB转串口的芯片型号很多，但是不论使用哪种芯片制作的USB转串口线都是一个“虚拟”出来的串口，因此可能会出现不能使用或者不稳定的情况。这种情况比较复杂，与计算机所有系统有关，有可能需要更换不同型号的USB转串口线或者重装系统等方法来解决，此时理想的方法是为计算机增加真正的串行接口。对于台式机，可以添加一块如图2-6所示的PCI转串口卡；对于笔记本计算机，可以根据自己笔记本配置的接口，添置一个如图2-7所示的EXPRESS转串口卡或者如图2-8所示的PCMICA转串口卡。

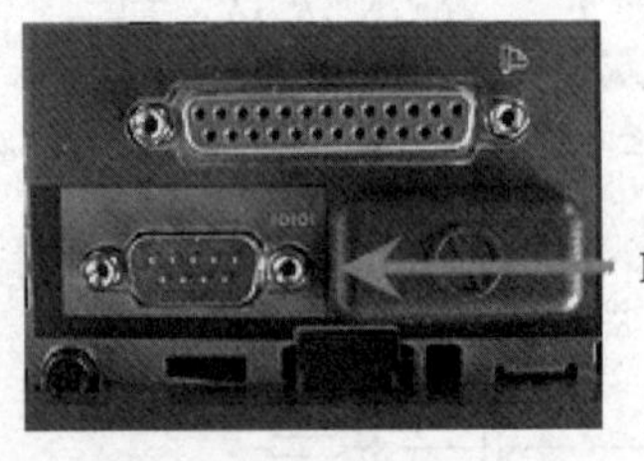

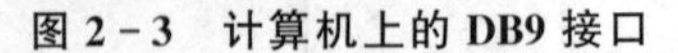

图2-3　计算机上的DB9接口

图2-4　串口线

图 2－5　USB 转串口线

图 2－6　PCI 接口的串口卡

图 2－7　EXPRESS 转串口卡

图 2－8　PCMICA 转串口卡

仿真机的品种很多,价格从百余元的入门级产品一直到数千元甚至上万元的高档产品都有销售,可以根据各人自身的经济条件选择。

3. 代码的写入

将代码写入单片机芯片,也称为芯片烧写、芯片编程、下载程序等,通常必须用到编程器(或称烧写器)。但是随着技术的发展,单片机写入的方式也变得多样化了。本制作中所用到的 STC89C52 单片机具有自编程能力,只需要电路板能与 PC 机进行串行通信即可。

芯片烧写需要用到一个专用软件,该软件可以免费下载。下载的地址为:http://www.stcmcu.com,打开该网址,找到关于 STC 单片机 ISP 下载编程软件的下载链接。下载、安装完毕运行程序,出现如图 2－9 所示界面。

单击"OpenFile/打开文件"按钮,开启一个打开文件对话框,如图 2－10 所示,找到课题 1 中所生成的 ex02.hex 文件。

打开文件后,还可以进行一些设置,如所用波特率、是否倍速工作、振荡电路中的放大器是否半功率增益工作等,这些设置暂时都可取默认值。确认一下此时电路板尚未通电,然后单击"Download/下载"按钮,下载软件就开始准备与单片机通信,如图 2－11 所示。

暂时还不给电路板通电,稍过一会,出现如图 2－12 所示界面,提示软件与单片机通信失败,并给出了可能的各种原因,要求使用者自行检查。此时软件仍在不断尝试与单片机硬件通信,因此,不必对软件进行操作。

此时给电路板通电,如果电路板制作正确,就会有如图 2－13 所示界面出现。

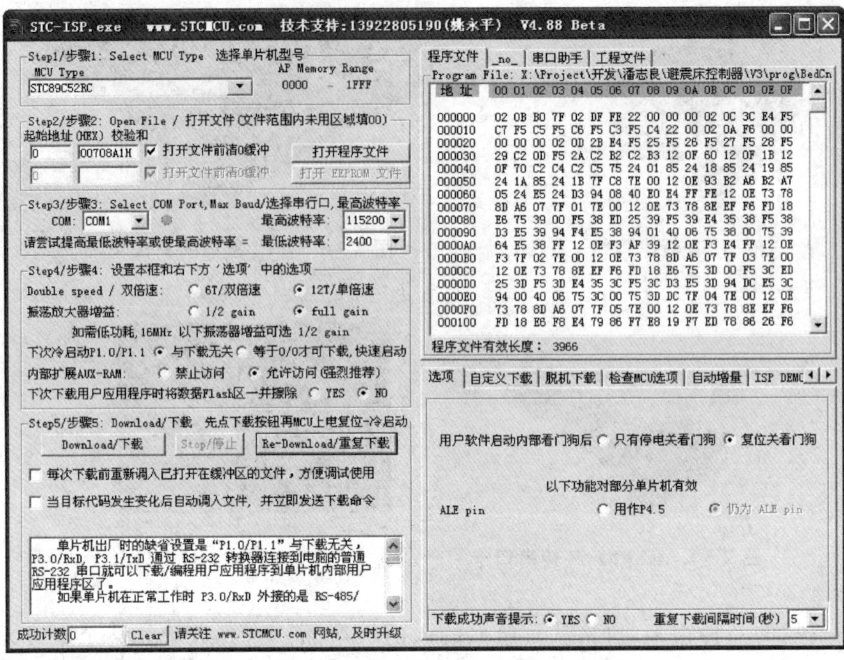

图 2－9　打开 STC 单片机 ISP 下载软件

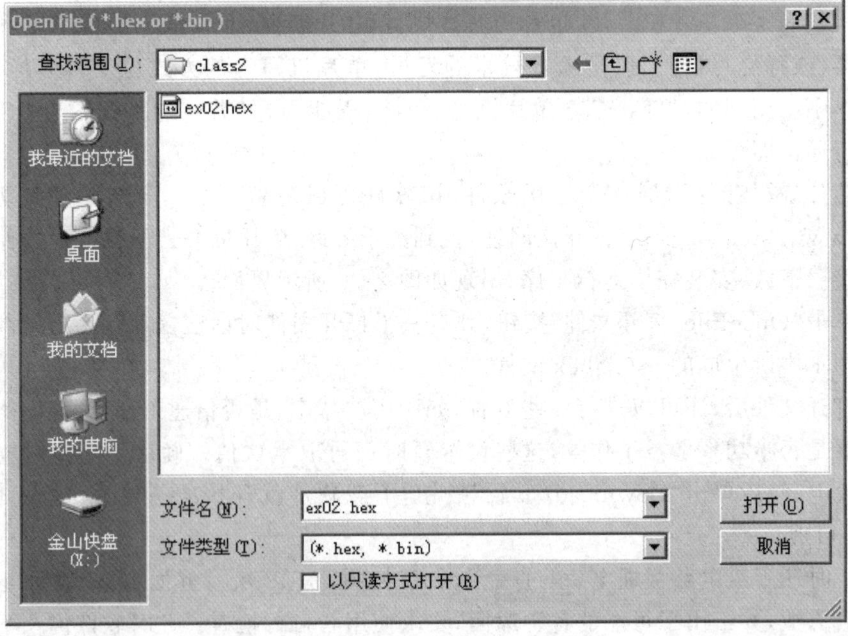

图 2－10　找到待写入芯片的文件

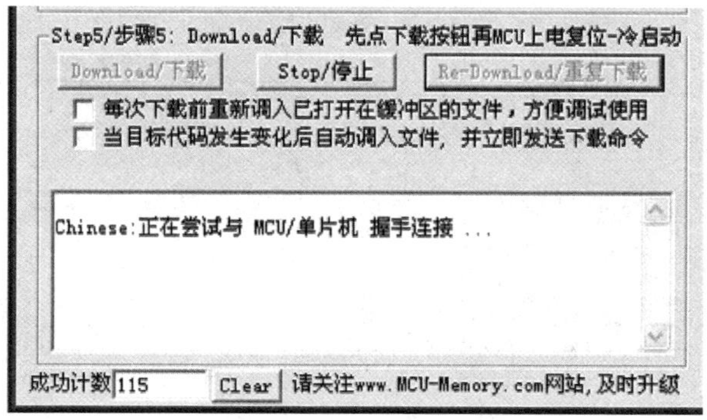

图 2-11　开始下载代码

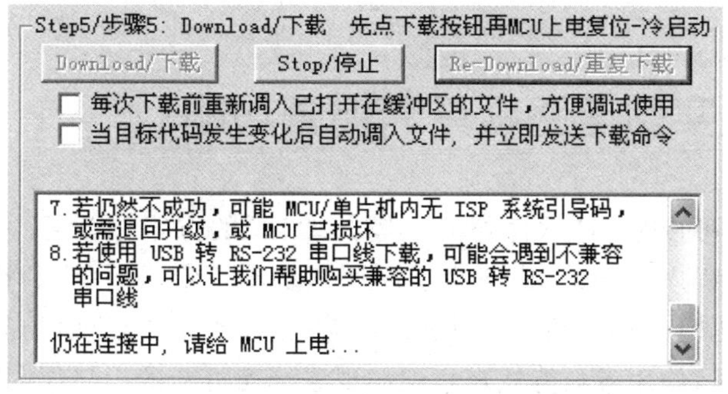

图 2-12　下载失败出现的提示

说明：由于 ex02.hex 文件太短，编程时间很短，很多提示信息看不到，因此图 2-13 是在下载一段较长代码时截取的。

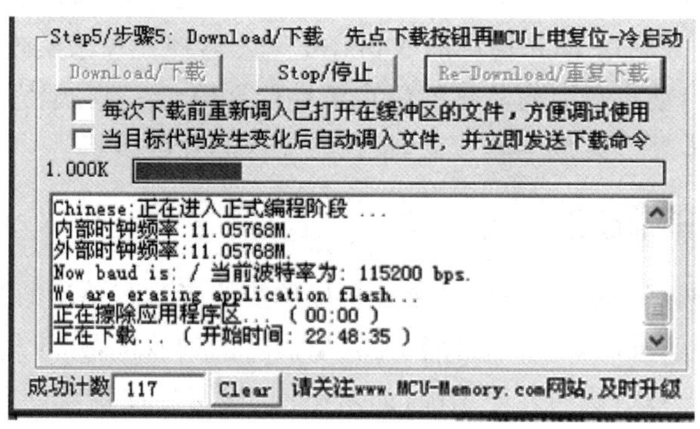

图 2-13　开始下载程序

下载完成后，结果如图 2-14 所示，显示代码已被正确下载。

此时硬件电路板上 P1.0 所接 LED 应该被点亮。

如果给电路板通电后并未有如图 2-13 及图 2-14 所示现象出现，而仍是停留

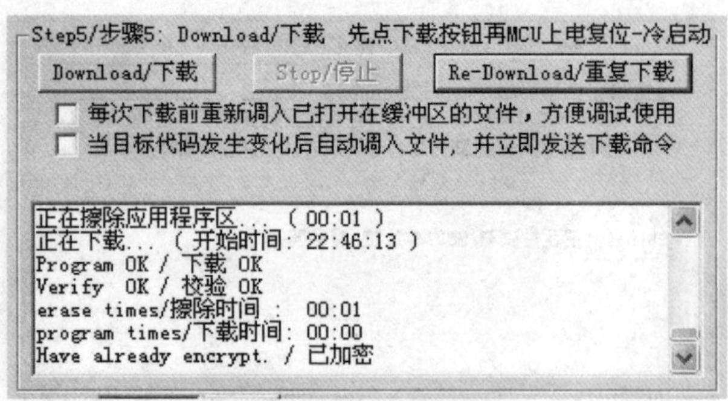

图 2-14 正确下载程序后的提示

在图 2-12 所示界面时，不必着急，可以按照图 2-12 中所提示的各种可能性进行检查，直到正确为止。STC 单片机的下载很可靠，只要硬件正确，就一定能成功。

任务 2 让实验电路板具有仿真功能

上述电路板可以采用“软件仿真+写片验证”的方案来学习单片机，也就是在 Keil 软件中进行程序的调试，当认为程序调试基本正常以后，为验证是否确实能够工作，将程序代码写入单片机芯片中观察。在一些工作中，这种方案并不完善。例如，当程序出错时，使用者只能凭观察到的现象猜测可能的出错原因，到 Keil 软件中修改源程序，然后再写片验证，效率较低；又如，当硬件电路有数据输入时，无法通过计算机来监测输入值。这种方法适宜于初学者做验证性实验，也适宜于熟练的开发者进行程序开发工作，但不适宜于初学者的探索性学习及开发工作。

单片机程序开发时，通常都需要使用仿真机来进行程序的调试。商品化的仿真机价格较高，本任务利用 Keil 提供的 Monitor-51 监控程序来实现一个简易的仿真机。该仿真机比目前市场上商品化的仿真机性能要略低一些，但完全能满足学习和一般开发工作的需要。其成本非常低，仅仅是一块芯片的价格。

2.2.1 仿真的概念

仿真是一种调试方案，它可以让单片机以单步或者过程单步的方式来执行程序，每执行一行程序，就可以观察该程序执行完毕后产生的效果，并与写该行程序时的预期效果比较，如果一致，说明程序正确；如果不同，说明程序出现问题。因此，仿真是学习和开发单片机时重要的方法。

2.2.2 仿真芯片制作

制作仿真芯片需要用到一块特定的芯片，即 SST 公司的 SST89E554RC 芯片，关于该芯片的详细资料，可以到 SST 公司的网站 http://www.sst.com 查看。

取下任务 2 中所制作实验板中的 STC89C52 芯片，插入 SST89E554RC 芯片，即完成了硬件制作工作。接下来要使用软件将一些代码写入该芯片，这里所使用的软件是 SST EASYISP。

运行软件，出现如图 2－15 所示界面。

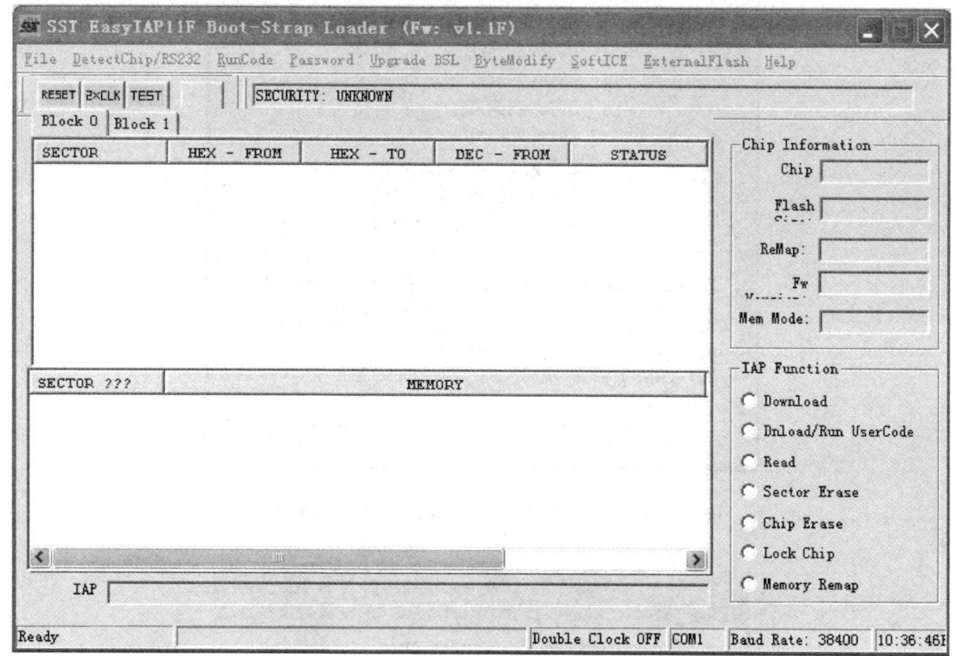

图 2－15　运行 SST EasyIAP 软件

选择 DetectChip/RS232 菜单项，选择第一项"Dectect Target MCU for firmware1.1 F and RS232 config"，出现如图 2－16 所示对话框。

该对话框用来选择所选用的芯片及存储器工作模式。由于这里使用的是 SST89E554RC 芯片，因此，选择该芯片。在 Memory Mode 一栏中有两个选择项，一项是使用芯片内部的存储器，这要求芯片的 EA 引脚接高电平；另一项是选择外扩的存储器，这要求芯片的 EA 接低电平。任务 1 中 EA 引脚被接于高电平，因此，这里选择 Internal Memroy(EA＃＝1)。单击 OK，进入下一步，显示 RS232 接口配置对话框，如图 2－17 所示。

Comm Port 是选择所用串行口，如果实验板并非接在 COM1 口，那么应改为所用相应的 COM 口。如果所用的晶振并非 11.059 2 MHz，那么应更改"Ext. Crystal Frequency of"项中晶振频率值，并单击 Compute 计算所用的波特率。设置完毕，单击 Detect MCU 开始检测 MCU 中是否可用。此时将出现图 2－18 所示对话框。

保证实验板的电源已正确连接，单击"确定"，开始检测 MCU。正常时立即就有结果出现，如果等待一段时间后出现如图 2－19 所示提示，说明硬件存在问题。通常

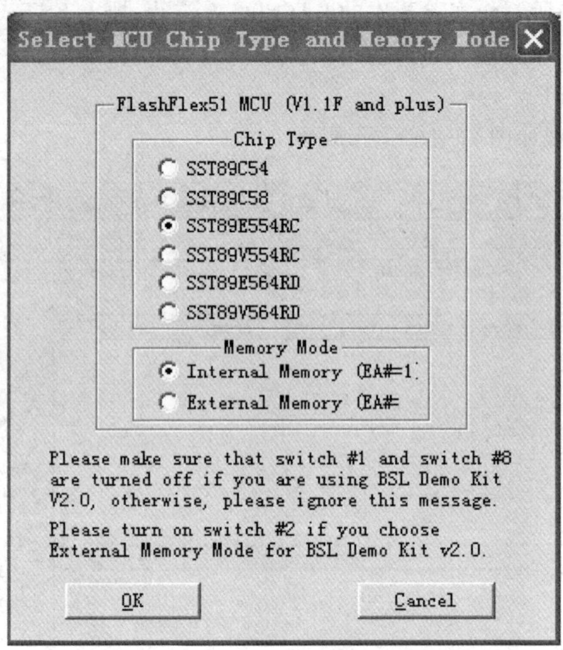

图 2-16　选择芯片及存储器工作模式的对话框

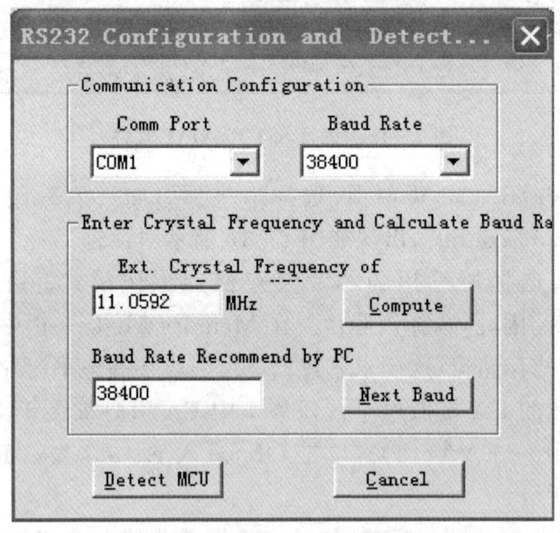

图 2-17　RS232 配置

可以将电源断开,过 3～5 s 再次接通,然后重复刚才的检测工作。

由于在任务 2 中已确定电路板工作正常,因此如果反复检测仍出现图 2-19 的提示,要重点怀疑所用芯片是否损坏或者该芯片已被制作成为仿真芯片。

排除故障,直到检测芯片出现如图 2-20 所示的提示,说明检测正确。

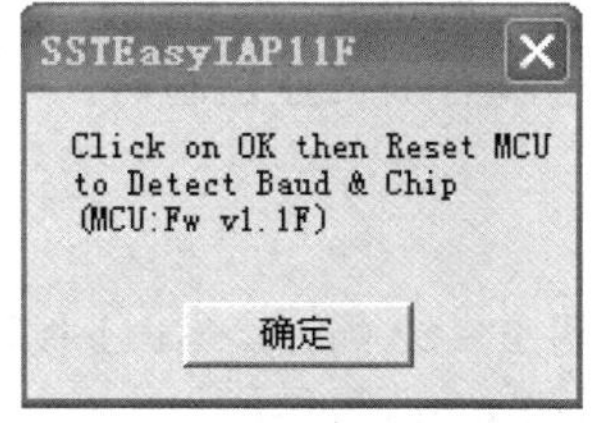

图 2-18　检测 MCU

图 2-19　检测失败

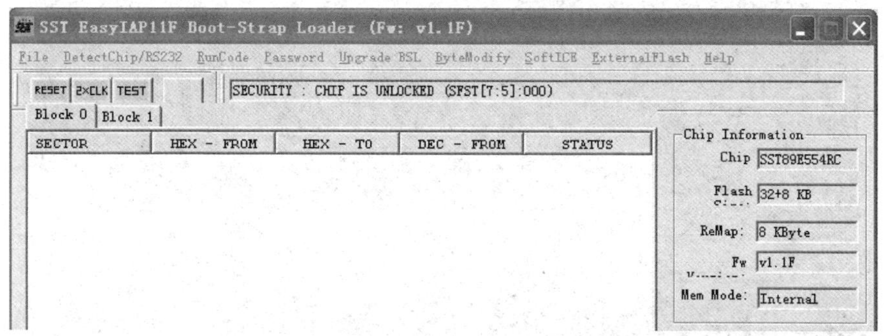

图 2-20　检测正确

图 2-20 的提示信息中显示芯片未加锁，型号为 SST89E554RC，Flash Rom 为 32＋8 KB 等一些提示信息。单击菜单项 SoftICE→Download SoftICE，出现如图 2-21 所示对话框，要求输入密码。不必输入任何密码，直接单击 OK 即可开始下载。下载期间不能断电及出现意外复位等情况，否则该芯片将无法再用这种方法下载代码。

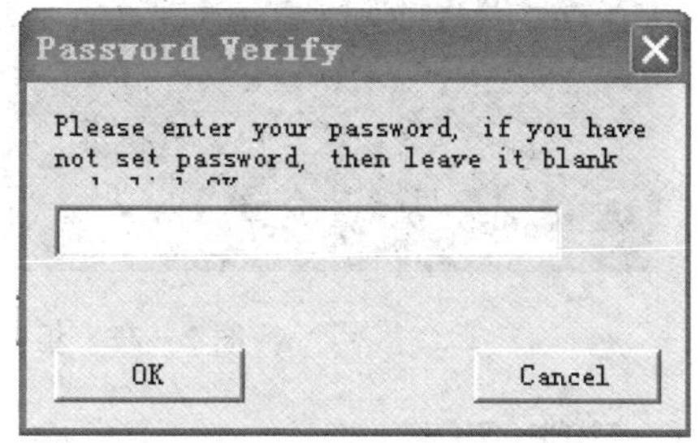

图 2-21　密码校验

做好后的仿真芯片即具有了仿真功能，但在本任务中，暂不对仿真功能进行测试，所以可以将做好后的芯片取出，并贴上一个不干胶标签，以便与未制作仿真功能的芯片区分开。

任务 3　认识和使用成品电路板

任务 1 和任务 2 完成了一块简易实验板的制作，这块实验板可用于本书的部分课题，还可以根据其余课题所提供的电路图自行焊接其他部分以扩展其功能，但当需要扩展数码管、液晶显示屏等连线较多的部分时，飞线很多，制作不易；作为实验用的电路板很难真正用到实际工作中。为此,作者提供了两个实用电路板,其中一个是较完善的多功能实验板,另一个是能够直接应用到工业控制等场合的工业控制器。

2.3.1 多功能实验电路板

实验板由底板和CPU板两部分组成,底板的外形如图2-22所示。CPU板可以根据自己的需要使用万能板自行焊接或者根据底板插座定义自行设计制作。

图2-22 组合式单片机实验板

1. 功能简介

本实验板上安装了8位数码管;8个发光二极管;8个独立按钮开关;16个矩阵接法的按钮开关;1个PS2接口插座;1个音响电路;1个555振荡电路;1个EC11旋转编码器;At24C02芯片;93C46芯片;RS232串行接口;DS1302实时钟芯片,带有外接电源插座,可外接电池用以断电保持;1个20引脚的复合型插座,可以插入16脚的字符型LCM模块,20脚的点阵型LCM模块,6引脚的OLED模块;1个34芯并行接口的2.8寸彩屏显示器。彩屏显示器下方有一个595芯片制作的交通灯模块;提供的双4芯插座可以直接接入NRF2401无线遥控模块和EC28J60网络模块,提供了4个单排孔插座,可以插入市场上常见的各类功能模块,如无线WiFi、蓝牙、超声波测距、一线制测温芯片、湿度测试芯片、数字光强计、红外遥控接收头、三轴磁场测试模块接口等,几乎囊括了市场上各种常见的功能模块板,充分利用了当前的嵌入式系统的学习生态,极大地拓展了本实验系统的应用范畴。

使用这块实验板可以进行流水灯、人机界面、音响、中断、计数器等基本编程练习，还可以学习 I^2C 接口芯片使用、SPI 接口芯片使用、字符型液晶接口技术、与 PC 机进行串行通信等目前较为流行的技术。下面对实验板作一个详细说明。

2. 电路原理图

（1）电源提供

电路板上有两路供电电路，如图 2-23 所示。第 1 路是通过 J6 输入 8～16 V 交/直流电源，经 BR1 整流、E1 滤波后，经 MP1 稳压成为 5 V 电源，通过自恢复保险丝 F1 后提供给电路板使用。第 2 路是通过 USB 插座 J3 直接从计算机中取电，经过 D5 隔离，自恢复保险丝 F2 后提供给电路板使用。大部分情况下，只需要一根 USB 连接线就可以完成板上的各个练习项目，但如果遇到所用计算机的供电能力较弱或其他特殊情况，也可以通过外接电源供电。

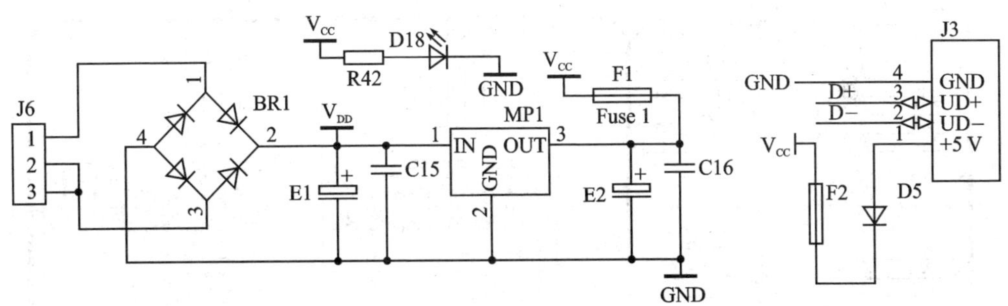

图 2-23　电路板的电源电路

（2）发光二极管

图 2-24 是电路板上的 8 个发光二极管原理图及其 PCB 布置图。8 个发光二极管的阳极通过限流排阻 PZ1 连接到电源端，阴极可以连接到单片机的 P1 口，选择插座 P15 可以选择这些发光管是否接入电路。这些发光二极管在 PCB 板上被排列成圆形，除了做一般意义上的流水灯等练习项目以外，还可以做风火轮等各种有趣的练习项目。

（3）数码管

电路板上设计了 8 只数码管，使用了 2 只 4 位动态数码管。虽然目前各类嵌入式芯片一般都能提供较大的驱动电流，即便不使用驱动电路，直接用单片机引脚驱动也是可以的。但为了保护单片机芯片及提供更好的通用性，电路板上使用了 2 片 74HC245 芯片作为驱动之用，如图 2-25 所示。其中一片 74HC245 芯片的 E 脚被接入选择端子 P11，如果 E 端被接入 V_{CC}，那么芯片被禁止，这样数码管就不能显示了。在做 LCM 模块实验时，可以避免各功能模块之间的相互干扰。

（4）串行接口

串行通信功能是目前单片机应用中经常要用到的功能，80C51 单片机的串行接

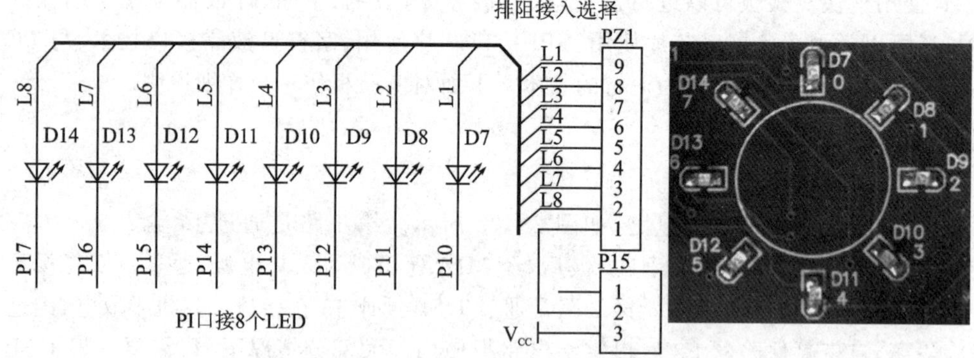

图 2-24　发光二极管电路原理图及 PCB 布置图

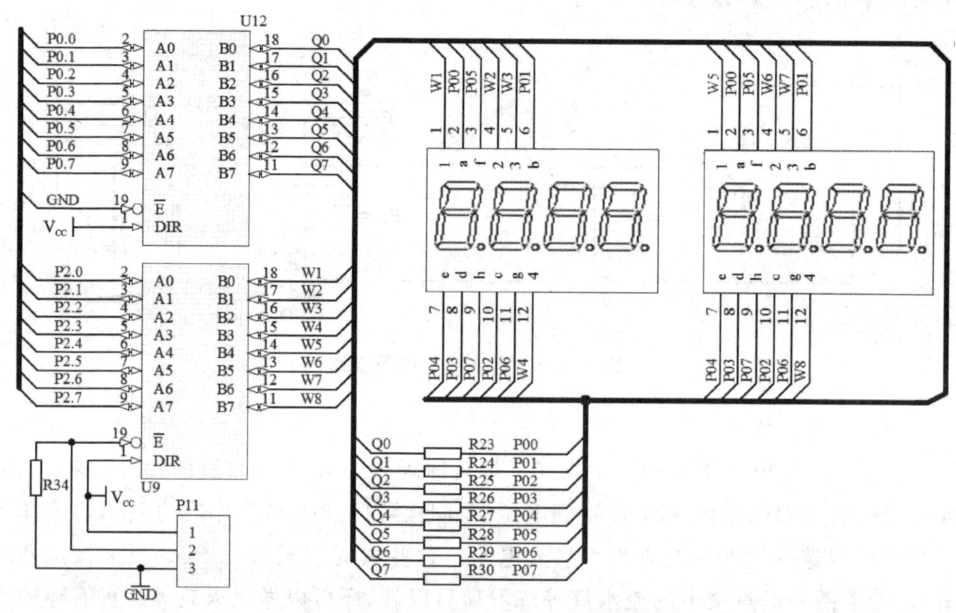

图 2-25　单片机实验板显示器接口电路原理图

口电路具有全双工异步通信功能,但是单片机输出的信号是 TTL 电平,为获得电平匹配,实验板上安装 HIN232 芯片,如图 2-26 所示。利用该芯片进行电平转换,芯片内部有电荷泵,只要单一的 5 V 电源供电即可自行产生 RS232 所需的高电压,使用方便。

实验电路板上同时还安装了 MAX485 芯片,可以进行 485 通信实验,如图 2-27 所示。485 串口通信可以选择 2 组不同的端子接入,AT89C52、STC89C52 等芯片上只有一组串行接口,可以用选择端子 P21 选择将 485 串行通信接入串行接口的 TXD 和 RXD 端,这时 RS232 接口就不能接入。而一些型号的 80C51 单片机是有 2 组或者 2 组以上的串行接口,使用 P21 选择端子,可以将 485 通信接口接入单片机的第 2

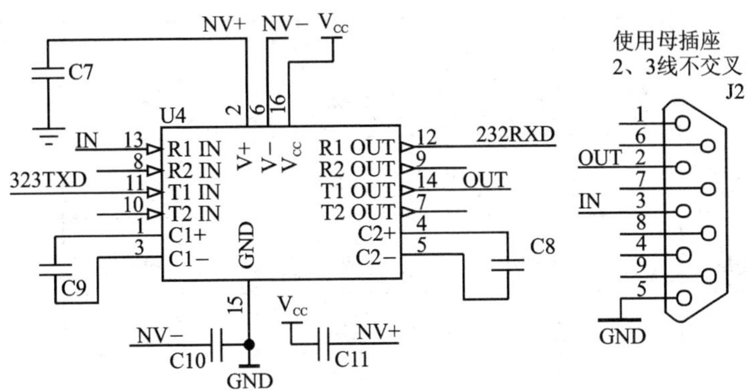

图 2-26　RS232 电平变换电路

串口,即 P1.3 端和 P1.2 端。这时 RS232 和 RS485 通信可以同时进行。

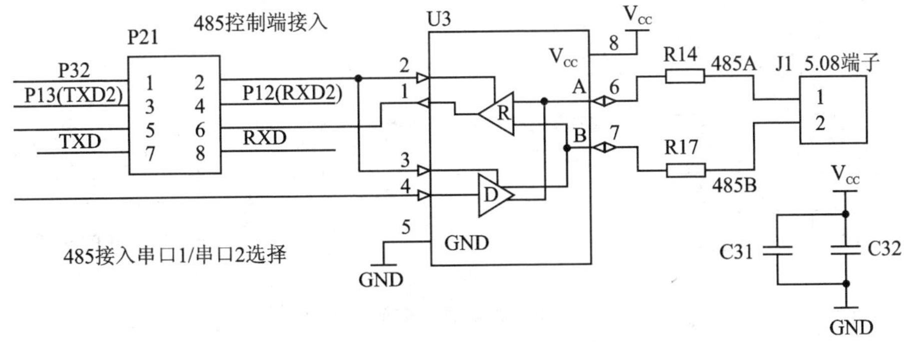

图 2-27　485 接口电路

(5) 各类键盘输入

本电路板上有 3 组与键盘有关,如图 2-28 所示。第 1 组是 8 个独立按键,通过选择插座 P13 选择端子决定是否将其接入 P3 口;第 2 组是 16 个矩阵式键盘,通过选择插座 P12 决定是否接入 P3 口;第 3 组是 PS2 键盘接口,通过选择插座 P16 决定是否接入 P3.6 和 P3.7 引脚。这是一个"有源"键盘接口,可以接入各种 PS2 接口的标准键盘。

(6) 计数信号源

本实验板上设计了多路脉冲信号,第 1 路是通过 555 集成电路及相关阻容元件构成典型的多谐振荡电路,输出矩形波。这个信号可以通过 JP1 选择是否接入单片机的 T0 端。第 2 路是电路中安装了 EC11 旋转编码器,转动 EC11 编码器手柄,就可以产生计数信号。第 3 路是电路中设计了 LM393 整形电路,可以将不规则的波形整形为矩形波,这是为测速电机准备的,但同样可以接入其他信号,如正弦波等用来做测频等实验。第 4 路是通过外接 CS3020 等霍尔集成电路、光电传感器等来进行相应的计数实验。

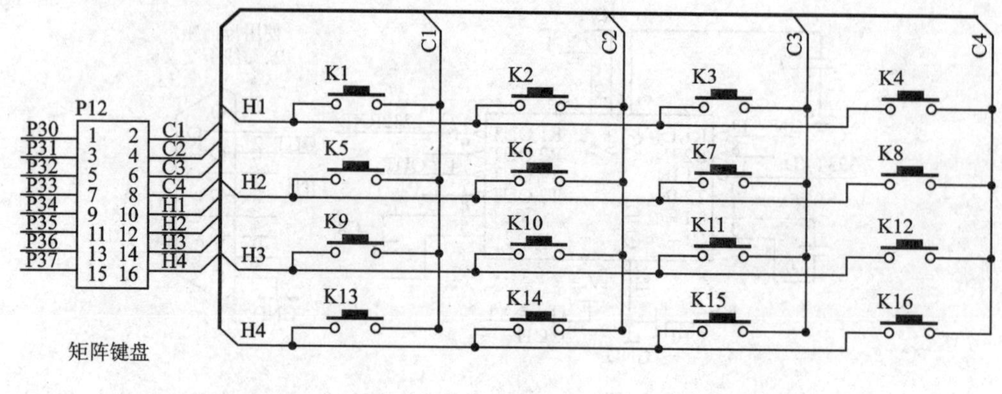

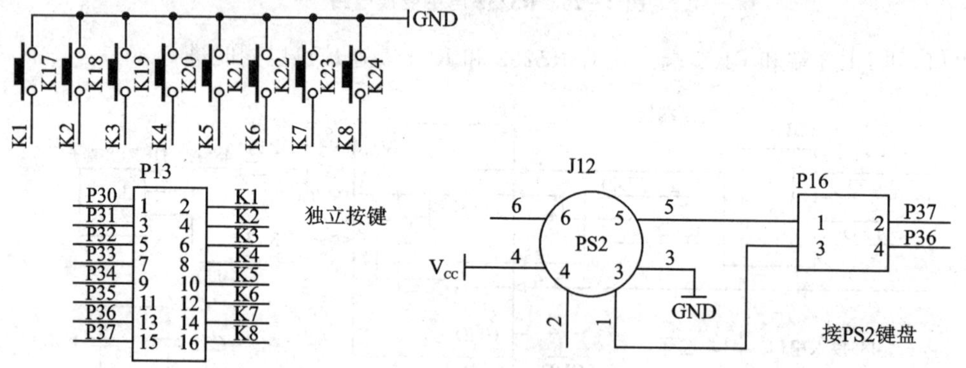

图 2-28　实验板上的键盘电路

EC11 是一种编码器,广泛用于各类音响、控制电路中。EC11 的外形及其内部电路示意图如图 2-29 所示。

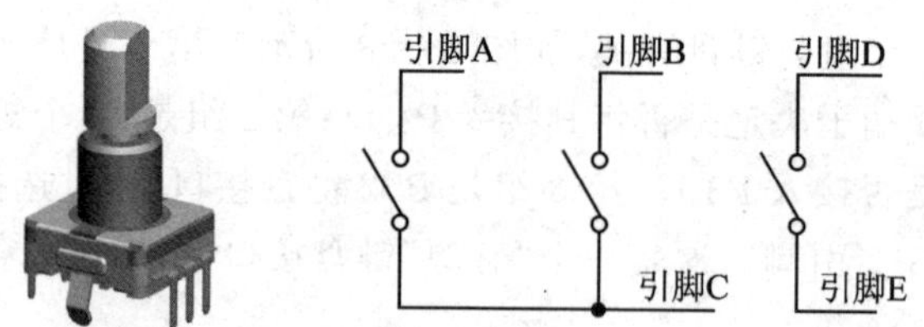

图 2-29　EC11 编码器外形及电路连接示意图

EC11 共有 5 个引脚,其中 AC、BC 分别组成 2 个开关,旋转开关时,两组开关依次接通、断开,旋转方向不同时,两组开关接通和关闭的顺序不同。顺时针旋转 EC11 编码器时,电路的输出波形如图 2-30(a)所示;逆时针旋转编码器时,电路的输出波形如图 2-30(b)所示。适当编程,EC11 可用于音量控制、温度升降等各种场合。EC11 还有 2 条引脚 D 和 E,组成一个开关,按下手柄,开关接通,松开手柄,开关断开。

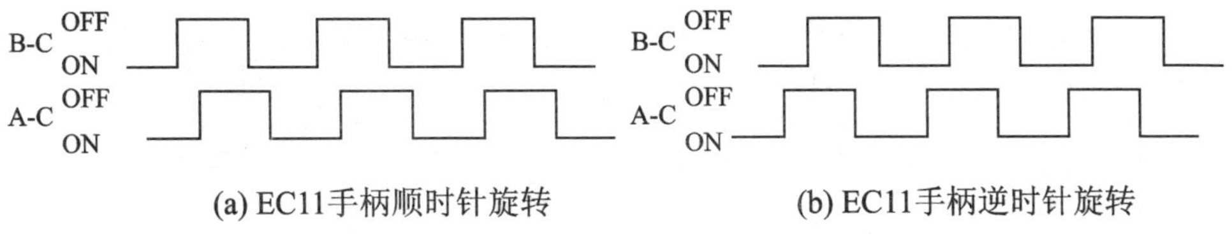

图 2-30 EC11 工作波形图

图 2-31 是电路板上 555 振荡电路及 EC11 编码器相关电路。通过选择插座 P8 可以决定是否将 555 振荡电路的信号接入 P3.4(T0 计数端);EC11 的两个输出端是否接入 P3.3 和 P3.5(T1 计数端);整形电路的输出端是否接入 P3.3 和 P3.5;EC11 的一路独立开关是否接入 P4.5 引脚。

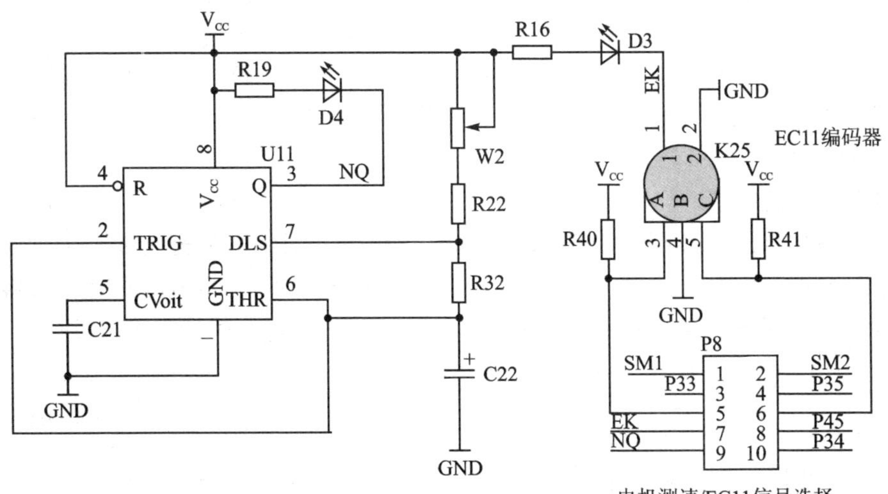

图 2-31 电路板上的信号产生电路

(7) 音响电路和继电器控制电路

电路板上的三极管驱动一个无源蜂鸣器,构成一个简单的音响电路,Q2 及驱动电路构成一个继电器控制电路,如图 2-32 所示。音响电路可以由选择插座 P10 决定是否接入 P3.5 端;继电器控制电路可以由插座 P32 决定是否接入 P1.7 端。

(8) 串行接口芯片

传统的接口芯片与单片机连接时往往采用并口方式,如经典的 8255 等芯片,并行接口方式需要较多的连接线,而目前各类与单片机接口的芯片越来越多地使用串行接口,这种连接方式仅需要很少数量的连接线就可以了,使用方便。图 2-33 是电路板上提供的 3 种典型串行接口芯片的电路图。

① AT24C×××芯片接口

24 系列是 EEPROM 中应用广泛的一类,该系列芯片仅有 8 个引脚,采用 2 线制

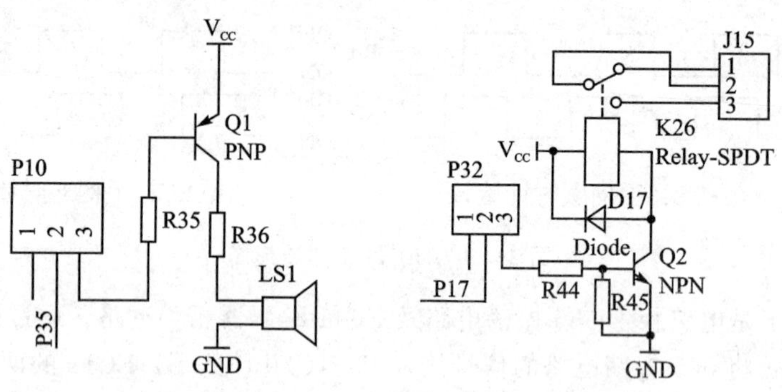

图 2-32 音响电路和继电器控制电路

I^2C 接口。本板设计安装了 AT24C02 芯片,可以做该芯片的读/写实验。

② 93C46 接口芯片

93C46 三线制 SPI 接口方式芯片,这也是目前一个应用比较广泛的芯片,通过学习这块芯片与单片机接口的方法,还可以了解和掌握三线制 SPI 总线接口的工作原理及一般编程方法。

③ DS1302 接口芯片

DS1302 接口芯片是美国 DALLAS 公司推出的具有涓细电流充电能力的低功耗实时时钟电路。它可以对年、月、日、周日、时、分、秒进行计时,且具有闰年补偿等多种功能。本电路板上焊有 DS1302 芯片及后备电池座,可用于制作时钟等实验。

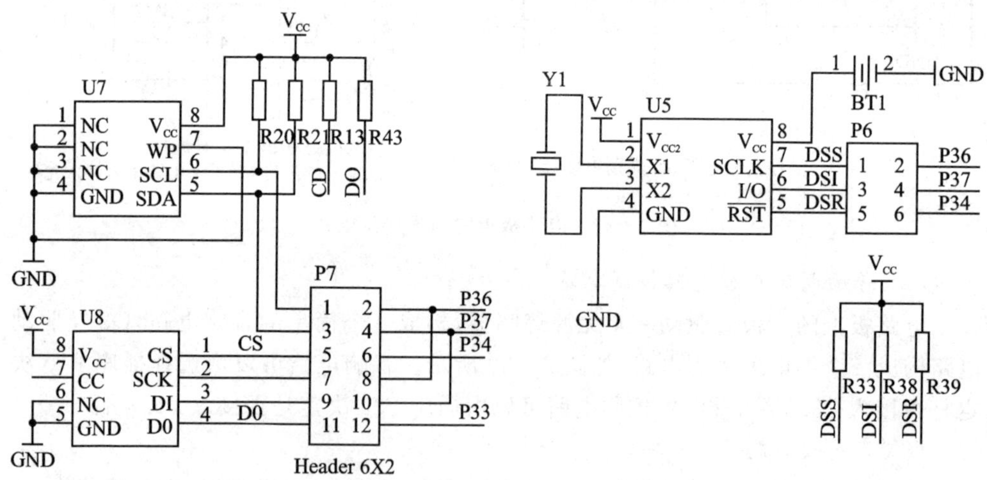

图 2-33 3 种典型串行接口原理图

(9) 显示模块接口

由于液晶显示器具有体积小、重量轻、功耗低等优点,日渐成为各种便携式电子产品的理想显示器。从液晶显示器显示内容来分,可分为段式、字符式和点阵式三种。字符式液晶显示器以其价廉、显示内容丰富、美观、无须定制、使用方便等特点成为 LED 显示器的理想替代品。字符型液晶显示器专门用于显示数字、字母、图形符号并可显示少量自定义符号。这类显示器均把 LCD 控制器、点阵驱动器、字符存储器等做在一块板上，再与液晶屏一起组成一个显示模块，其安装与使用都较简单。字符型液晶一般均采用 HD44780 及兼容芯片作为控制器，因此，其接口方式基本是标准的。

点阵型液晶显示屏的品种更多，而接口种类也要多一些。本电路板选择的是一款经典的 128×64 点阵型液晶显示屏接口。

OLED(有机电激光显示)日渐成为当前流行的显示模块，广泛应用于各类电子产品中，本电路板提供了对 OLED 显示模块的支持。

图 2-34 是这 3 种常见显示模块的外形图，从左至右分别是 1602 字符型液晶、12864 点阵液晶、12864OLED 显示模块。

图 2-34　3 种常见的显示模块(1602 字符液晶模块、12864 点阵液晶模块、12864 OLED 模块)

图 2-35 所示是本电路板上的显示模块插座电路。经过独特的设计，一条 20 引脚的插座可以兼容至少 3 种不同型号的显示器：16 脚的字符型液晶、20 脚的点阵型液晶模块和 6 引脚的 OLED 显示模块。此外，市场上还有很多彩屏模块使用了与 1602 相同的标准接口，这条插座也同时兼容这些模块。为了提供良好的兼容性，插座可以通过选择插座 P24 选择 5 V 或者 3 V 供电。

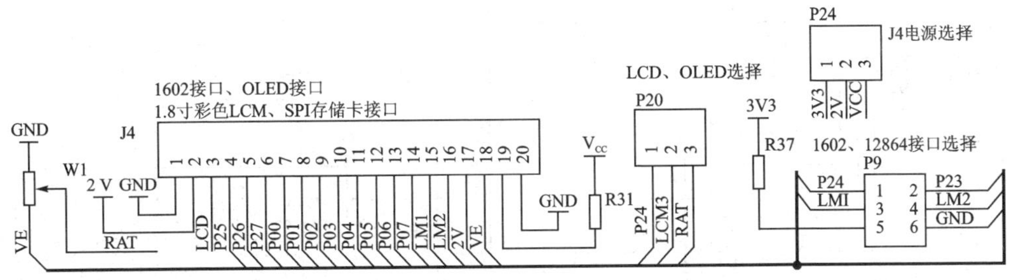

图 2-35　液晶和 OLED 显示器接口插座电路

电路板上还有一个并口彩屏接口，但本书没有安排相关内容，因此就不作介绍了。

(10) 交通灯电路

电路板上使用了一片 74HC595 芯片作为串并转换芯片，利用这一芯片控制 8 个 LED，排列成交通灯的形状，如图 2-36 所示，便于进行交通灯相关实验。交通灯实验看似简单，其实要做好并不容易，针对这一应用设计实验，可以学到状态转移法编程、各种实用延时程序设计方法等知识。

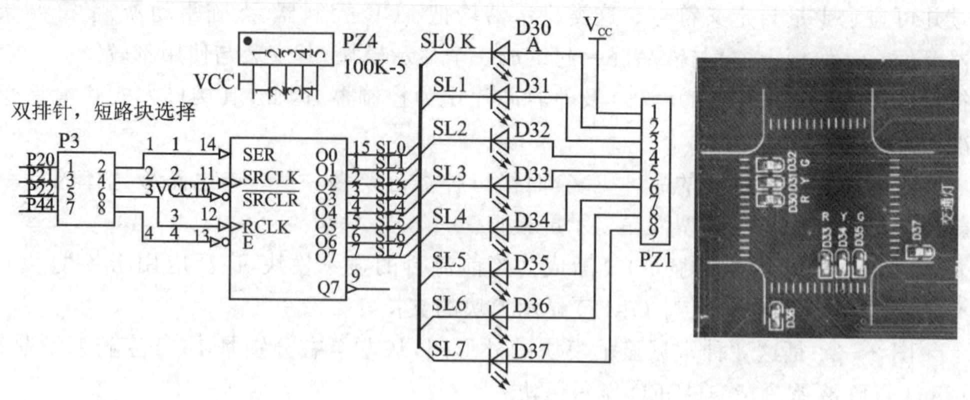

图 2-36　74HC595 控制的 LED 及其组成的交通灯电路

(11) 电机驱动电路

电路板上设计了 L298 电机驱动模块，如图 2-37 所示。这一模块可以用来驱动两路独立的直流电机，实现直流电机的 PWM 调速等实验；也可用来驱动 2 相 4 线步进电机，用来进行步进电机驱动的实验。

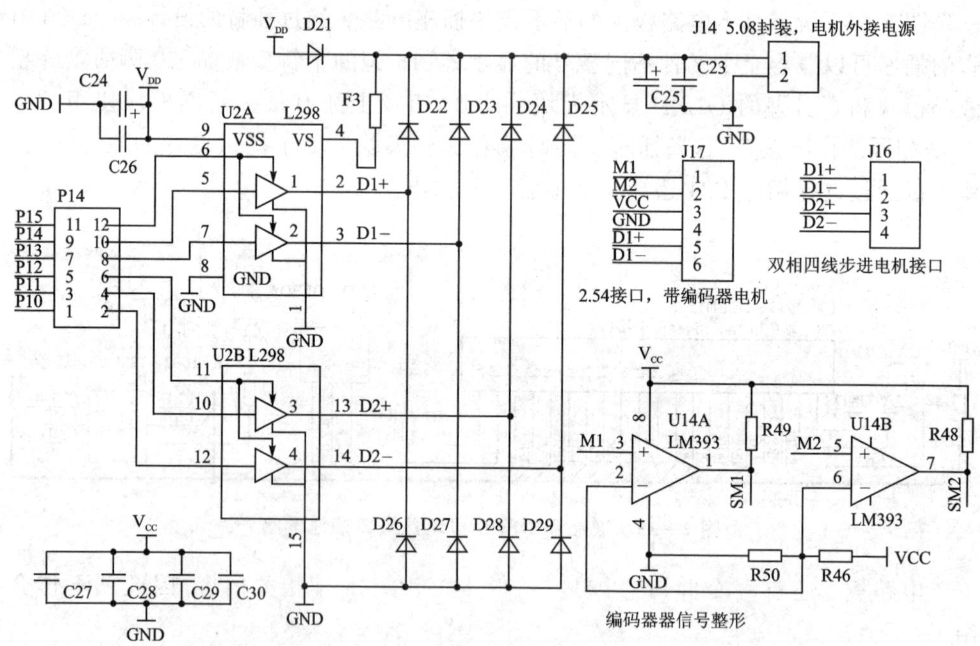

图 2-37　电机驱动及电机测速信号处理电路

电路中同时设计了 LM393 制作的波形整形电路，这是用来与带有光电测速板的测速电机配套的，用来测量电机转速，这种电机如图 2-38 所示。由于市售的简易测速电机中仅仅只有一个简单的光耦电路，输出的波形不标准，通过整形电路，可以获得较好的矩形波。

此外，利用这一整形电路还可以将各类信号直从 J17 输入，包括正弦交流电等都可以。在矩形波不是特别窄的情况下，LM393 可以工作到数百 kHz，可以用来做频率计等练习。

图 2-38　带有编码盘的直流电机

(12) PT100 测温电路

电路板上专门设计了针对 PT100 温度传感器的测温电路，如图 2-39 所示。使用一片 Rail-Rail 运放 LMV358，可以获得最大的动态范围。温度的变化使得 PT100 的阻值发生变化，通过电路转化为 U1B 的 7 脚电压的变化。这个电压值通过芯片上的 A/D 转换通道就可以测量出来，通过相应的数据处理程序即可获得相应的温度值。设计一个温度计，学习者可以获得一般性实验不会接触到的知识，如传感器标定，程序归一化处理等等，是进阶学习的好素材。配合继电器来驱动大功率电阻，或者用电机驱动模块来驱动大功率电阻，PT100 用来测温，学习 PID 等控制工程方面的知识。

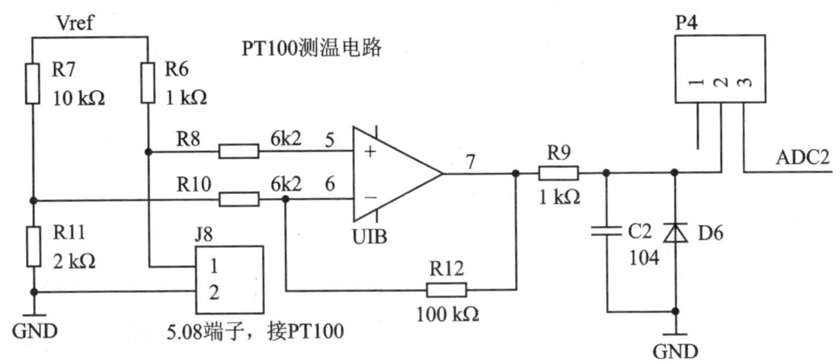

图 2-39　PT100 测温电路

(13) 基准源及 AD 转换电路

电路板上设计了 2.5 V 的基准源，如图 2-40 所示。这个基准源可以通过 J10 外接端子向外接供，也可以通过 P2 选择插座接入 ADC3 通道。W3 是电路板上的安装的 1 只 3296 精密电位器，可以通过 P1 选择是否接入 ADC0。接入 ADC0 后，W3 可以用来做 A/D 转换输入、控制程序的给定、电机控制实验中的调速电位器等各种用途。

(14) PWM 转换电路

如图 2-41 所示，电路板设计了 PWM 转换电路，P19 选择是否接入来自 CPU

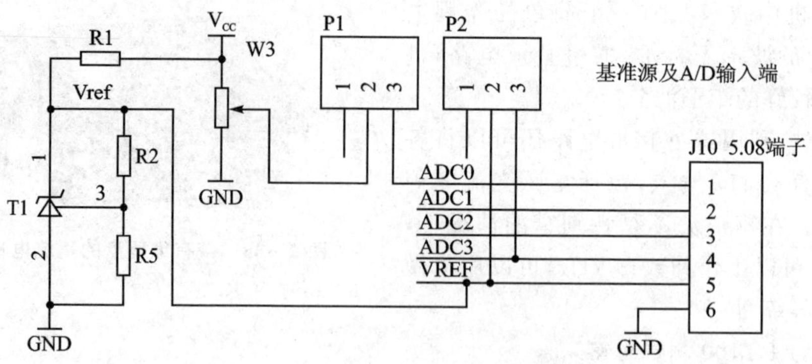

图 2-40　基准源及 A/D 转换插座电路

的 PWM 信号,接入的 PWM 信号经过一阶滤波后输出。利用这一功能,可以测试单片机的 PWM 模块,学习 PWM 模块的使用方法。

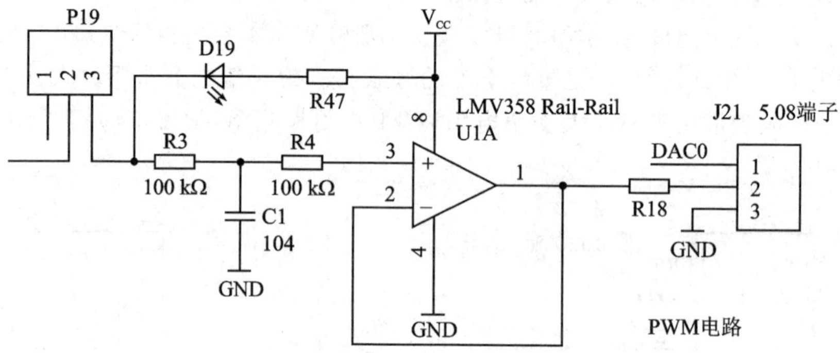

图 2-41　PWM 转换电路

(15) 各种接口插座

图 2-42 所示是电路板上的 4 个单排孔插座电路,J11 和 J19 是 6 孔插座,J20 是 4 孔插座,J23 是 5 孔插座。图中 1 V 的标号是电源,它由 P23 选择是 5 V 供电还是 3.3 V 供电。

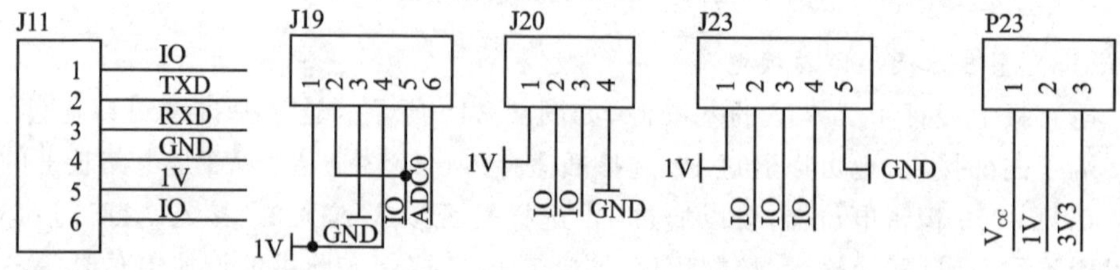

图 2-42　电路板上的各类单排孔插座电路

J11 主要针对市场上销售的蓝牙模块设计的,同时当只使用其中部分引脚时,它的引脚排列顺序又有多种变化,可以适应各种不同的功能模块的引脚排列。

J19 插座是专门针对市场上广泛销售的 DS18B20、DTH20 湿度传感器等一线制器件，数字压力传感器模块、舵机接口等设计的，同时它还有一路 A/D 转换接口，因此可与市场上销售的带模拟量输出的模块连接。

J20 是通用 4 线制接口，主要为超声波测距模块而设计，同时它也是一种通用的 4 线制接口。

J23 是 5 线制通用接口，市售的光强计、光敏传感器模块等可以直接插入该插座。

J13 是一个双排 12 孔的插座，该插座孔在两端分别交叉放置了 3.3 V 电源和 GND，如图 2－43 所示。这是分析市场上 3 种常用模块：NRF24L01 无线遥控模块、EJN280 网络模块及无线 WiFi 模块后设计的插座，它们都可以直接插入插座使用。

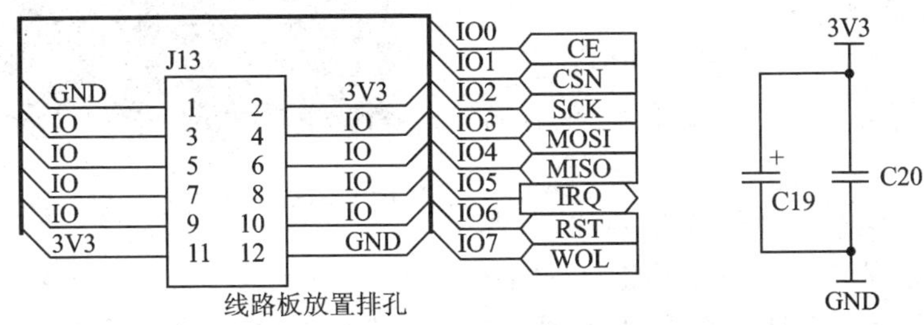

图 2－43　电路板上的双排孔插座电路

(16) CPU 模块

CPU 模块上放置了 40 芯锁紧座、10 脚 ISP 插座、4 脚串口插座、晶振插座、复位按钮、P0 口上拉电阻(可选择是否接入)等元件，如图 2－44 所示，模块可以直接插入底板中。

CPU 板上带有编程插座，如图 2－45 所示，可以使用带有标准编程插座的编程器对插在 CPU 板上的 AT89S 系列单片机编程。此外，CPU 板上还有焊有 4 针串行接口，包括 V_{CC}、RXD、TXD、GND 共 4 条线，可以用常用的 USB 转串行接口板对目标板上的 STC89、STC12 系列单片机编程。

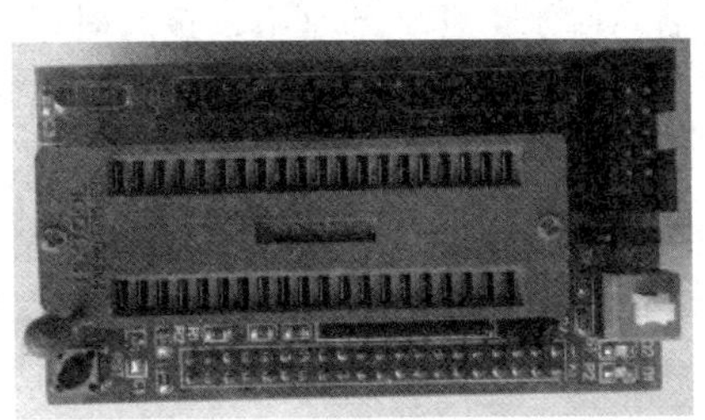

图 2－44　可以接入 AT89S 系列、STC89 系列的 CPU 座

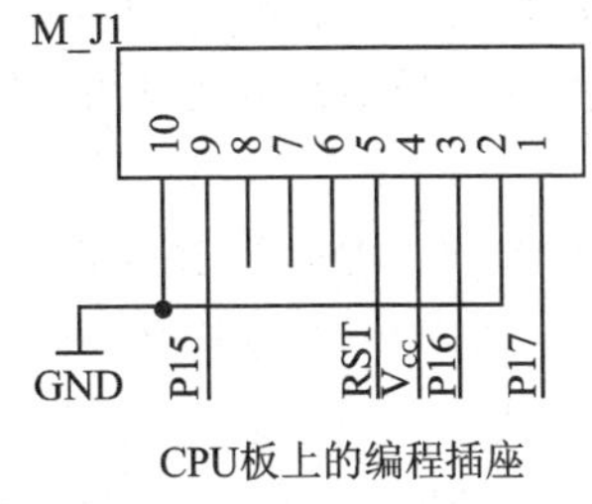

图 2－45　CPU 板上的 AT89S 编程插座

2.3.2 工业控制器

实验板可以于学习，但无法真正实用，难以满足学习者尽快“学以致用”的要求。为此，作者开发了“开放式 PLC”工业控制器，由 2 块板和 1 个外壳组成，其外形如图 2-46 所示，它具有以下特点：

- 12 点光耦隔离输入；
- 1 路高速计数输入；
- 2 路 AD 转换输入；
- 8 点继电器隔离输出或 8 点晶体管输出；
- 2 路高速脉冲输出；
- 板上自带 RS232 通信功能；
- 安装有 DS1302 实时钟和后备电池；
- 使用 STC12 系列高速芯片，兼容 51 系列，片内 RAM 达 1 280 Byte；
- CPU 具有在线可编程功能，通过 RS232 即可编程，使用方便。

图 2-46 “开放式 PLC”工业控制器

通过这个控制器，读者可以将书上的例子做成实物来使用。例如可以将灯串接入 220 V 电路做成实用的流水灯；可以接入按钮开关、接触器来控制机器的启动和停止等。本控制器由 2 块电路板组成，分别是 CPU 板和 I/O 板。

图 2-47 所示是 CPU 板上 CPU 部分的电路图，从图中标号可以看出各部分功能，如 IN00～IN07、IN10～IN13 共 12 路输入端，OUT0～OUT7 共 8 路输出端子，其他包括 RXD、TXD 通信端、ADC0～ADC1 模拟量输入端、CCP0～CCP1 作为模拟量输出端、T0 为高速计数端等。CPU 板上还有 DS1302、RS485、指示灯等其他电路，但本书用不到这些部分，因此就不再画出来了。

如图 2-48 所示是 I/O 板上的输入电路部分，这里仅画出了 4 路输入，其他 8 路输入电路完全相同。从图中可以看到，当输入端子 INP00 与 GND 接通时，光耦内的发光二极管导通，IN00 为低电平，而 IN00 正是连接到图 2-47 所示 CPU 的 P0.0 引脚。

如图 2-49 所示是 I/O 板上输出电路的一部分，从图中可以看到，CPU 输出引脚通过驱动器 U6 连接各继电器线包的一端，而所有继电器线包的另一端连接在一起接到 12 V。因此，当 CPU 输出引脚为高电平“1”时，U6 驱动线包接通，使得相应的继电器常开触点闭合，完成该路输出。

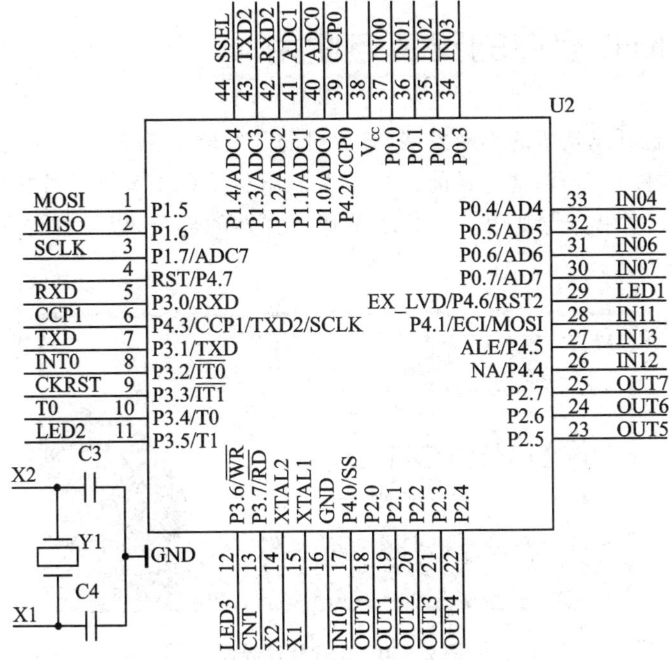

图 2-47 开放式 PLC 的 CPU 引脚连线

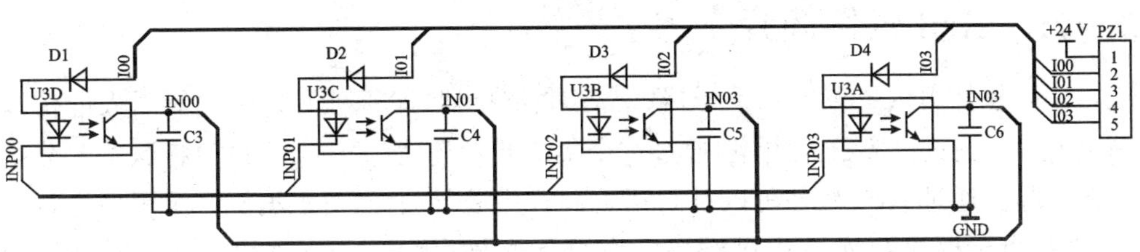

图 2-48 开放式 PLC 的输入电路

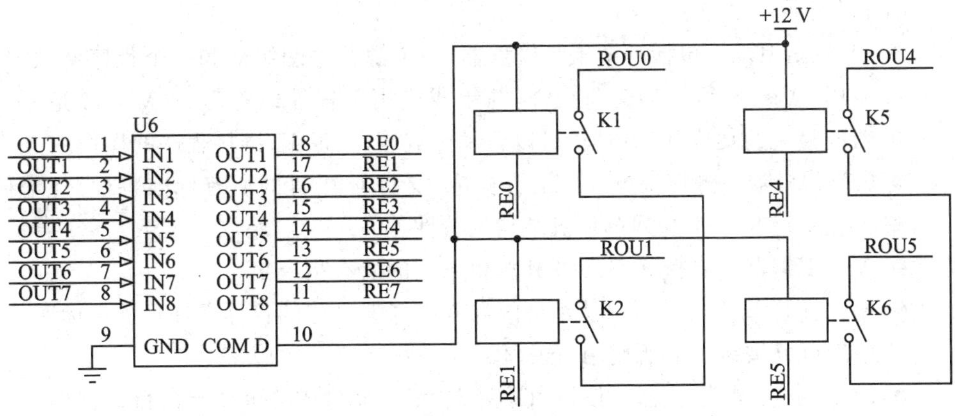

图 2-49 开放式 PLC 的输出电路

任务4 Keil软件的安装与使用

随着单片机开发技术的不断发展,单片机的开发软件也在不断发展。如图2-50所示是Keil软件的界面,这是目前流行的用于开发80C51系列单片机和ARM系列MCU的软件。本书介绍其用于80C51单片机开发的部分,以下首先介绍Keil软件安装与使用的方法。

图2-50 Keil软件界面

2.4.1 Keil软件简介

Keil软件提供了包括C编译器、宏汇编、链接器、库管理和一个功能强大的仿真调试器等在内的完整开发方案,通过一个集成开发环境(μVision IDE)将这些部分组合在一起。通过Keil软件可以对C语言源程序进行编译;对汇编语言源程序进行汇编;链接目标模块和库模块以产生一个目标文件;生成HEX文件;对程序进行调试等。

Keil软件特点如下:

- μVision IDE　包括一个工程管理器、一个源程序编辑器和一个程序调试器。使用μVision可以创建源文件,并组成应用工程加以管理。μVision是一个功能强大的集成开发环境,可以自动完成编译、汇编、链接程序的操作。
- C51编译器　遵照ANSI C语言标准,支持C语言的所有标准特性,并增加一些支持80C51系列单片机结构的特性。
- A51汇编器　支持80C51及其派生系列的所有指令集。
- LIB 51库管理器　可以从由汇编器和编译器创建的目标文件建立目标库,这些库可以被链接器所使用,这提供了一种代码重用的方法。
- BL51链接器/定位器　使用由编译器、汇编器生成的可重定位目标文件和从库中提取出来的相关模块,创建一个绝对地址文件。
- OH51目标文件生成器　用于将绝对地址模块转为Intel格式的HEX文件,

该文件可以被写入单片机应用系统中的程序存储器中。

- ISD51 在线调试器　将 ISD51 进行配置后与用户程序连接起来用户就可以通过 8051 的一个串口直接在芯片上调试程序了，ISD51 的软件和硬件可以工作于最小模式，它可以运行于带有外部或内部程序空间的系统并且不要求增加特殊硬件部件，因此它可以工作在像 Philips LPC 系列之类的微型单片机上，并且可以完全访问其 CODE 和 XDATA 地址空间。
- RTX51 实时操作系统　是针对 80C51 微控制器系列的一个多任务内核，这一实时操作系统简化了需要对实时事件进行反应的复杂应用的系统设计、编程和调试。
- Monitor－51　μVision 调试器支持用 Monitor－51 对目标板进行调试，使用此功能时，将会有一段监控代码被写入目标板的程序存储器中，它利用串口和 μVision2 调试器进行通信，调入真正的目标程序。借助于 Monitor－51，μVision 调试器可以对目标硬件进行源代码级的调试。
- 本书提供一个借助于 Keil Monitor－51 技术制作的实验电路板，该实验板不需额外的仿真机，自身就具备了源程序级调试的能力，这能给广大读者带来很大的方便。有需要的读者，可联系作者咨询购买事宜。

2.4.2　安装 Keil 软件

Keil 软件由德国 Keil 公司开发与销售，这是一个商业软件，可以到 Keil 公司的网站(http://www.keil.com)下载 Eval 版本。得到的 Keil 软件是一个压缩包，解压开后双击其中的 Setup.exe 即可安装，安装界面如图 2－51 所示，单击 Next 进入下一步。

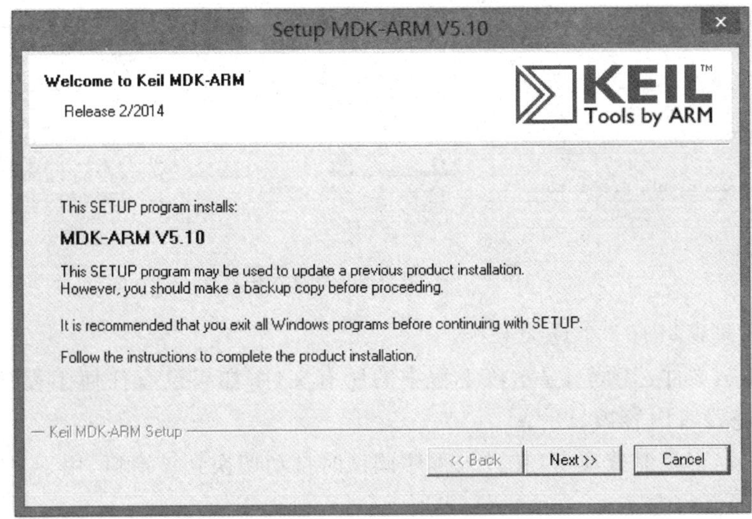

图 2－51　开始安装 Keil 软件

其余的安装方法与一般 Windows 应用程序相似，此处不多介绍。安装完成后，将在桌面生成 μV5 快捷方式。

2.4.3 使用 Keil 软件

安装完毕后，会在桌面上生成 μV5 图标，双击该图标，即可进入 Keil 软件的集成开发环境 μVison IDE。

图 2-52 所示是一个较为全面的 μVison IDE 窗口组成示意图。为较为全面地了解窗口的组成，该图显示了尽可能多的窗口，但在初次进入 μVison IDE 时，只能看到工程管理窗口、源程序窗口和输出窗口。

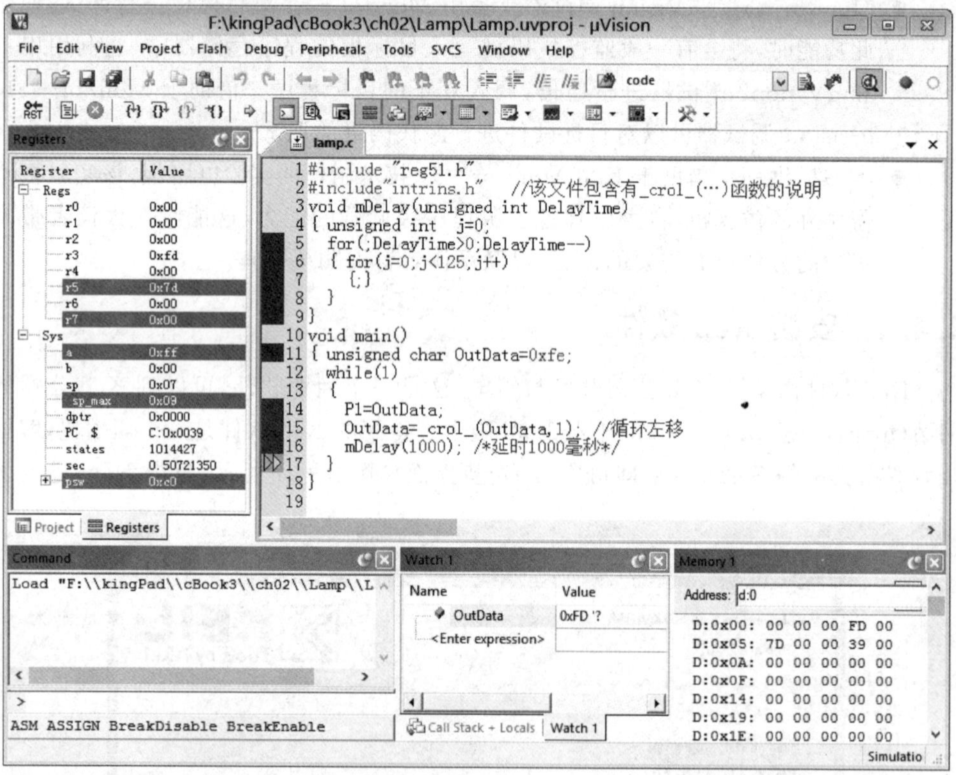

图 2-52 μVision IDE 界面

工程管理窗口有 5 个选项卡：

- Files：文件选项卡，显示该工程中的所有文件，如果没有任何工程被打开，这里将没有内容被显示。
- Regs：寄存器选项卡，在进入程序调试时自动切换到该窗口，用于显示有关寄存器值的内容。
- BooKs：帮助文件选项卡是一些电子文档的目录，如果遇到疑难问题，可以随时到这里来找答案。

- Functions：函数窗口选项卡，这里列出了源程序中所有的函数。
- Templates：模板窗口选项卡，双击这里的关键字，可在当前编缉窗口得到该关键的使用模板。

图 2-52 中还有内存窗口、变量观察窗口等，这些窗口只有进入系统调试后才能看到。

工程管理器窗口右边用于显示源文件，在初次进入时 Keil 软件时，由于还没有打开任何一个源文件，所以显示一片空白。

1. 源文件的建立

μVision 内集成有一个文本编辑器，该编缉器可对汇编或 C 语言的中的关键字变色显示。单击 File→New 在工程管理器的右侧打开一个新的文件输入窗口，在该窗口里输入源程序。输入完毕之后，选择 File→Save 出现 Save as 对话框，给这个文件取名保存，取名字的时候必须要加上扩展名，汇编程序以“. ASM”或“. A51”为扩展名，而 C 语言则应该以“. C”为扩展名。

μVision 默认的编码选项为 Encode in ANSI，对于中文支持不佳，会出现光标移到半个汉字处出现不可见字符等现象，因此需要修改 Encoding 项。选择 Edit→Configuration 菜单项，打开 Configuration 对话框，选择 Encoding 为 Chinese GB2312 (Simplifed)项，如图 2-53 所示。

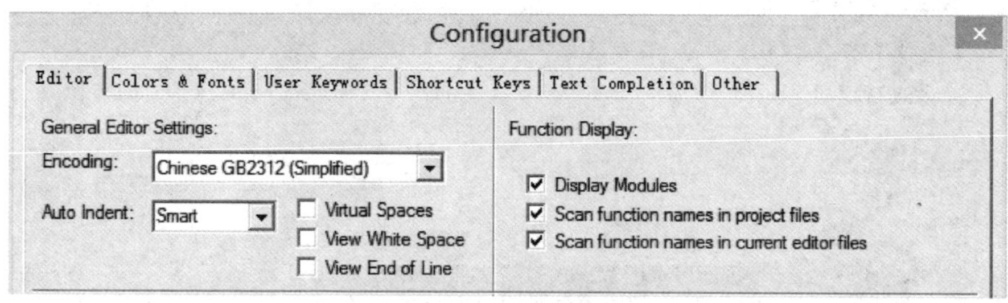

图 2-53　设置编码选项

也可以使用其他编缉器来编缉源程序，μVision 能自动识别由外部改变了的源文件，即如果用 μVision 打开了一个文件，而该文件又由其他编缉器编缉并存盘，只要切换回 μVision，μVision 就能感知文件已发生变化，并询问是否重新加载。如图 2-54 所示是 μVision 询问是否要重新加载源程序。

2. 工程的建立

80C51 单片机系列有数百个不同的品种，这些 CPU 的特性不完全相同，开发中要设定针对哪一种单片机进行开发；指定对源程序的编译、链接参数；指定调试方式；指定列表文件的格式等。因此在项目开发中，并不是仅有一个源程序就行了。为管理和使用方便，Keil 使用工程(Project)这一概念，将所需设置的参数和所有文件都

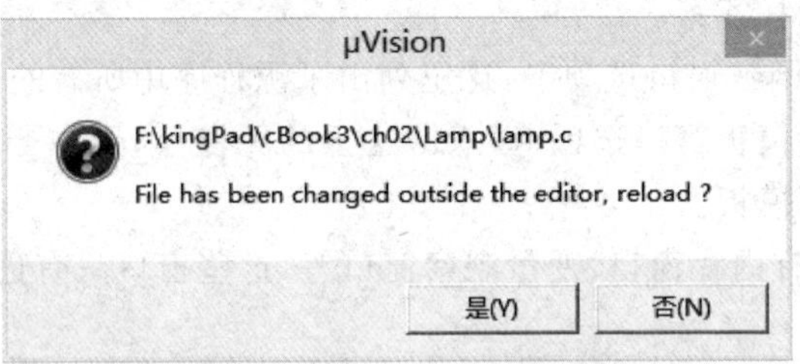

图 2-54　询问是否重新加载源程序

加在一个工程中,只能对工程而不能对单一的源程序进行编译、链接等操作。

单击菜单 Project→New Project 出现创建新工程的对话框,如图 2-55 所示,要求起一个工程名称并保存。一般应把工程建立在与源文件同一个文件夹中,不必加扩展名,单击“保存”即可。

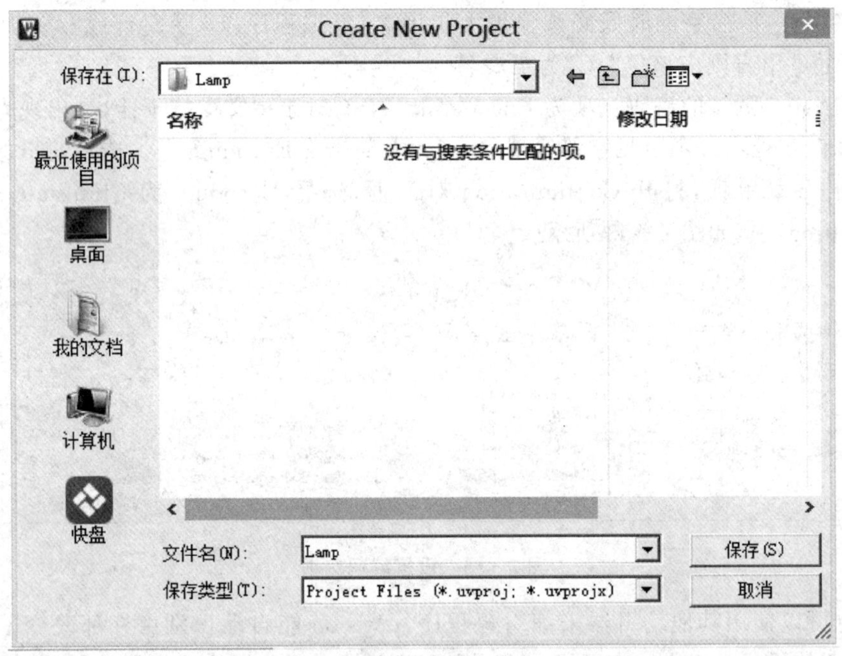

图 2-55　创建新的工程

进入下一步,选择目标 CPU,如图 2-56 所示,这里选择 Atmel 公司的 89S52 作为目标 CPU,单击 Atmel 展开,选择其中的 AT89S52,右边有关于该 CPU 特性的一般性描述,单击确定进入下一步。

工程建立好之后,返回到主界面,此时会出现如图 2-57 所示的对话框,询问是否要将 8051 的标准启动代码的源程序复制到工程所在文件夹并将这一文件加入到工程中,这是为便于设计者修改启动代码。在刚刚开始学习 C 语言时,尚不知如何

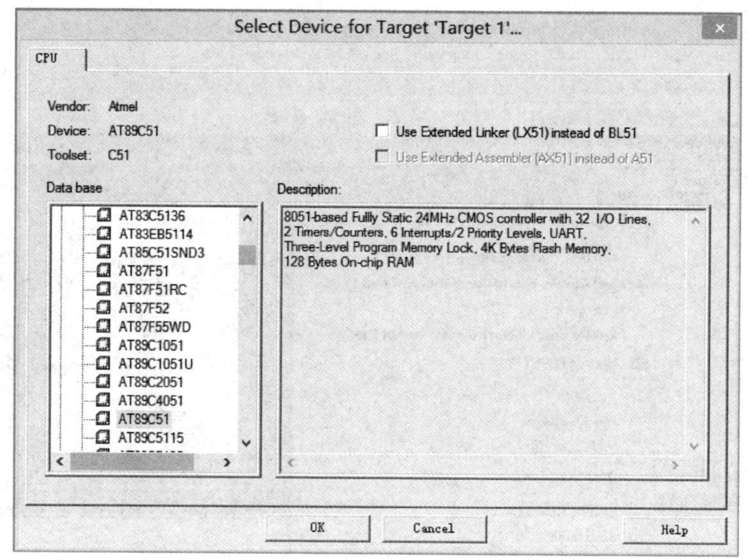

图 2-56　选择 CPU

修改启动代码，应该选“否”。

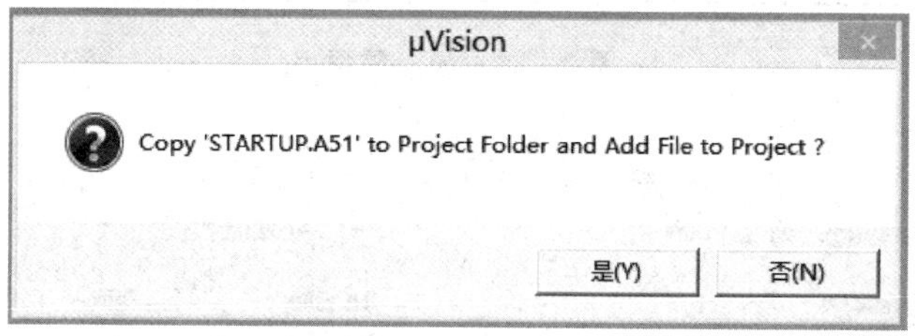

图 2-57　询问是否需要将 8051 的标准启动代码源程序复制入文件夹

下一步的工作是为这个工程添加自编的源程序文件。可以将一个已在其他编缉器中写好的源程序加入工程，也可以从建立一个空白的源程序文件开始工作。

如图 2-58 所示，单击 Target 1 下一层的 Source Group 1 使其反白显示，然后右击该行，在出现的快捷菜单中选择其中的 Add File to Group ‘Source Group 1’，出现图 2-59 所示对话窗口。

Keil 默认加入 C 源文件，如果要加入汇编语言源文件，要单击“文件类型”，弹出下拉列表，选中 Asm Source file(*. a * ; *. src)。这时才会将文件夹下的 *. asm 文件显示出来，双击要加入的文件名，或者单击要加入的文件名后单击 Add 按钮，都可将这个文件加入工程中。文件加入以后，对话框并不消失，可以加入其他文件到工程中去，如果不再需要加入其他文件，单击 Close 关闭这个对话框。

注意：由于在文件加入工程中后，这个对话框并不消失，所以一开始使用时该软件时，常会误以为文件加入没有成功，再次双击文件或再次单击 Add 按钮。

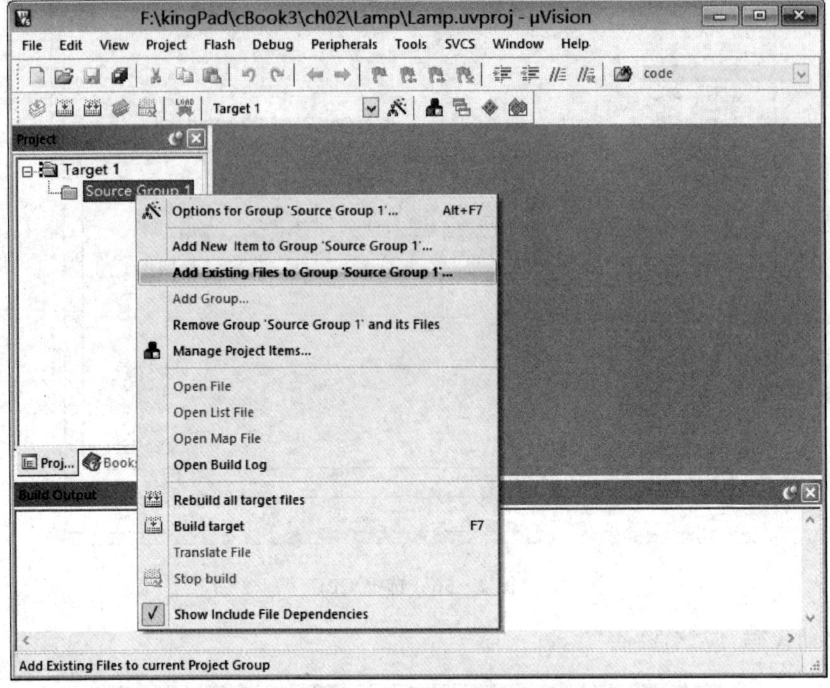

图 2-58 加入源程序

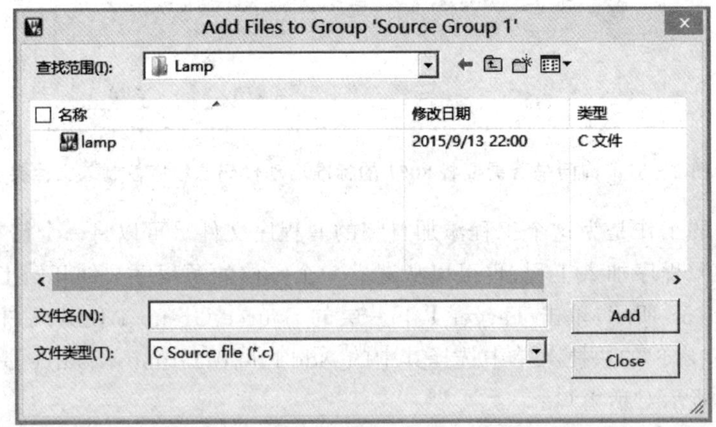

图 2-59 加入源程序的对话框

关闭对话框后将回到主界面,此时,这个文件名就出现在工程管理器的 Source Group 1 下一级,双击这个文件名,即在编缉窗口打开该文件。

3. 工程设置

工程建立好以后,还要对工程进行进一步的设置,以满足要求。

首先单击 Project Workspace 窗口中的 Target 1,然后单击菜单 Project→Option

for target 'target1'打开工程设置的对话框。该对话框非常复杂，共有 10 个选项卡，要全部搞清可不容易，好在绝大部分设置项取默认值就行了。下面对选项卡中的常用设置项进行介绍。

(1) Target 选项卡

设置对话框中的 Target 选项卡如图 2－60 所示。

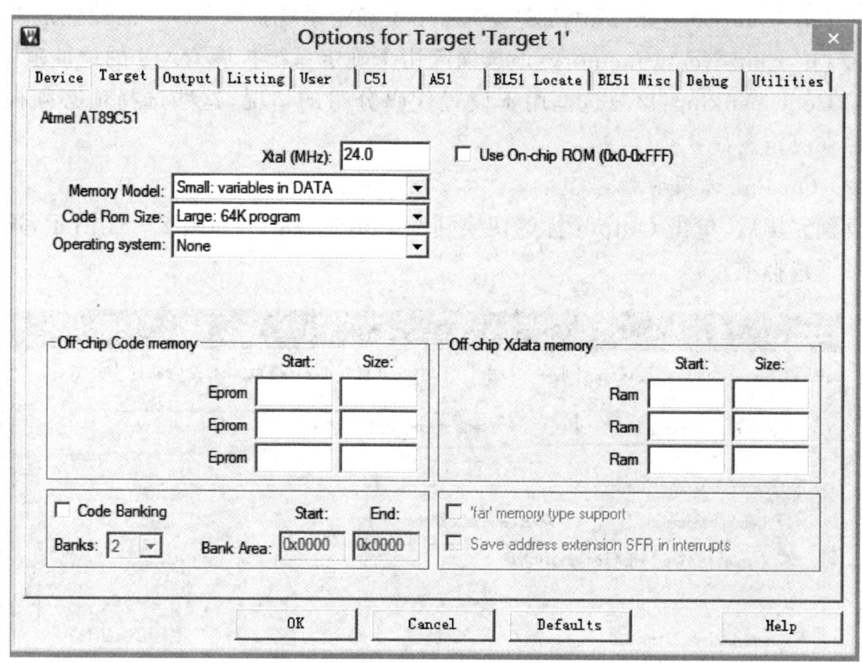

图 2－60　设置 Target 选项卡

① Xtal：Xtal 后面的数值是晶振频率值，默认值是所选目标 CPU 的最高可用频率值，对于建立工程时所选的 AT89S52 而言是 33 MHz。该数值与编译器产生的目标代码无关，仅用于软件模拟调试时显示程序执行时间。正确设置该数值可使显示时间与实际所用时间一致，为调试工作带来方便。通常将其设置成与所用硬件晶振频率相同，如果只是做一般性的实验，建议将其设为 12 MHz，这样一个机器周期正好是 1 μs，观察运行时间较为方便。

② Memory Model 用于设置 RAM 使用情况，有 3 个选择项：

- Small：所有变量都在单片机的内部 RAM 中。
- Compact：可以使用一页外部扩展 RAM。
- Large：可以使用全部外部的扩展 RAM。

③ Code Model 用于设置 ROM 空间的使用，同样也有 3 个选择项：

- Small 模式：只用低于 2 KB 的程序空间。
- Compact 模式：单个函数的代码量不能超过 2 KB，整个程序可以使用 64 KB

程序空间。

- Large 模式:可用全部 64 KB 空间。

④ Use on - chip ROM 选择项用于确认是否使用片内 ROM。

⑤ Operating 项是操作系统选择,Keil 提供了两种操作系统:Rtx tiny 和 Rtx full,如果不使用操作系统,应取该项的默认值:None(不使用任何操作系统);

⑥ Off Chip Code memory:该选项区用于确定系统扩展 ROM 的地址范围。

⑦ Off Chip Xdata memory:该选项区用于确定系统扩展 RAM 的地址范围。

⑧ Code Banking:该复选框用于设置代码分组的情况,这些选择项必须根据所用硬件来决定。

(2) OutPut 选项卡

设置完毕后,单击 Output 标签切换到 Output 选项卡,如图 2 - 61 所示,这里面也有多个选择项。

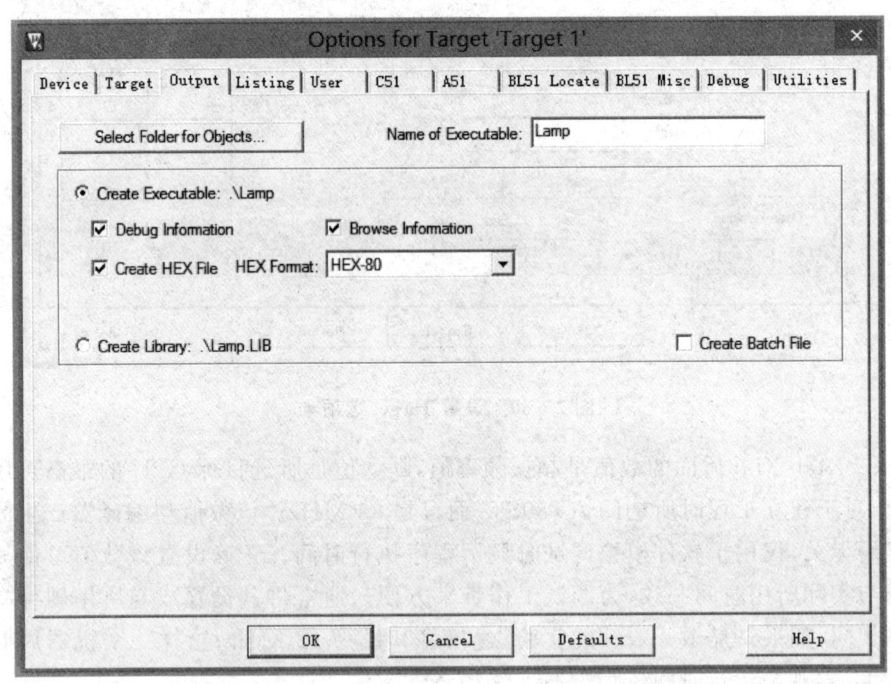

图 2 - 61　设置 OutPut 选项卡

① Creat Hex file 用于生成可执行代码文件。该文件用编程器写入单片机芯片,文件格式为 Intel HEX 格式文件,文件的扩展名为. HEX,默认情况下该项未被选中,如果要写片做硬件实验,就必须选中该项,这一点是初学者易疏忽的,在此特别提醒注意。

② Debug information 将会产生调试信息,该信息用于调试,如果需要对程序进行调试,应当选中该项。

③ Browse information 是产生浏览信息,该信息可以用菜单 view→Browse 来查看,这里取默认值。

④ 按钮 Select Folder for objects 用来选择最终的目标文件所在的文件夹,默认是与工程文件在同一个文件夹中。

⑤ Name of Executable 用于指定最终生成的目标文件的名字,默认与工程的名字相同,这两项一般不需要更改。

⑥ Creat Libary 用于确定是否将目标文件生成库文件。

(3) Listing 选项卡

Listing 选项卡用于调整生成的列表文件选项,如图 2-62 所示。在汇编或编译完成后将产生(*.lst)的列表文件,在链接完成后也将产生(*.m51)的列表文件,该页用于对列表文件的内容和形式进行细致的调节,其中比较常用的选项是 C Compile Listing 组中的 Assamble Code 项。选中该项可以在列表文件中生成 C 语言源程序所对应的汇编代码。

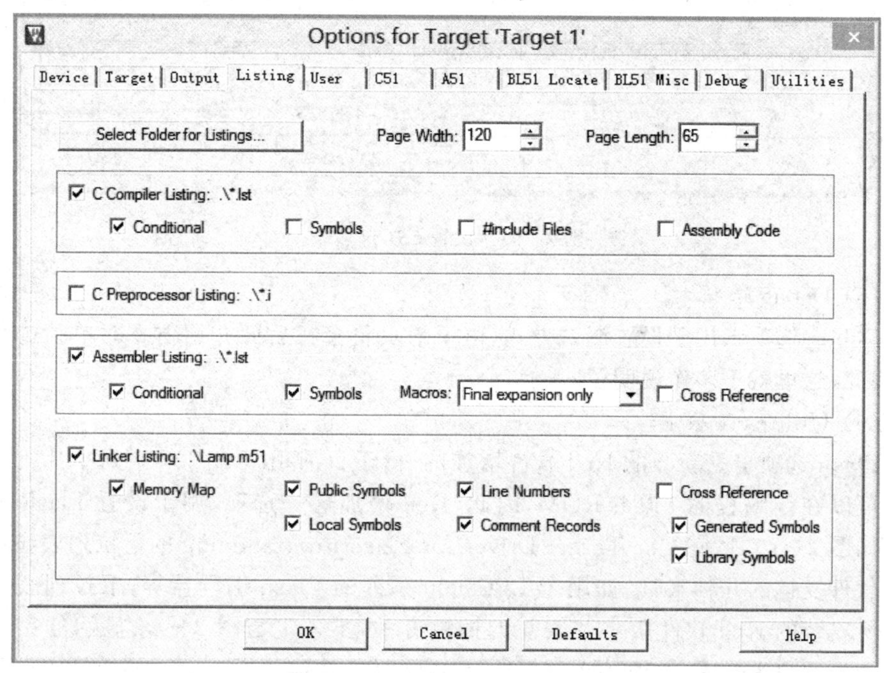

图 2-62 设置 Listing 选项卡

(4) C51 选项卡

C51 选项卡用于对 Keil 的 C51 编译器的编译过程进行控制,如图 2-63 所示,其中比较常用的是 Code Optimization 组,该组中 Level 是优化等级,C51 在对源程序进行编译时,可以对代码多至 9 级优化,默认使用第 8 级,一般不必修改,如果在编译中出现一些问题,可以降低优化级别试一试。Emphasis 是选择编译优先方式,第

1 项是代码量优化(最终生成的代码量小);第 2 项是速度优先(最终生成的代码速度快);第 3 项是缺省。默认的是速度优先,可根据需要更改。

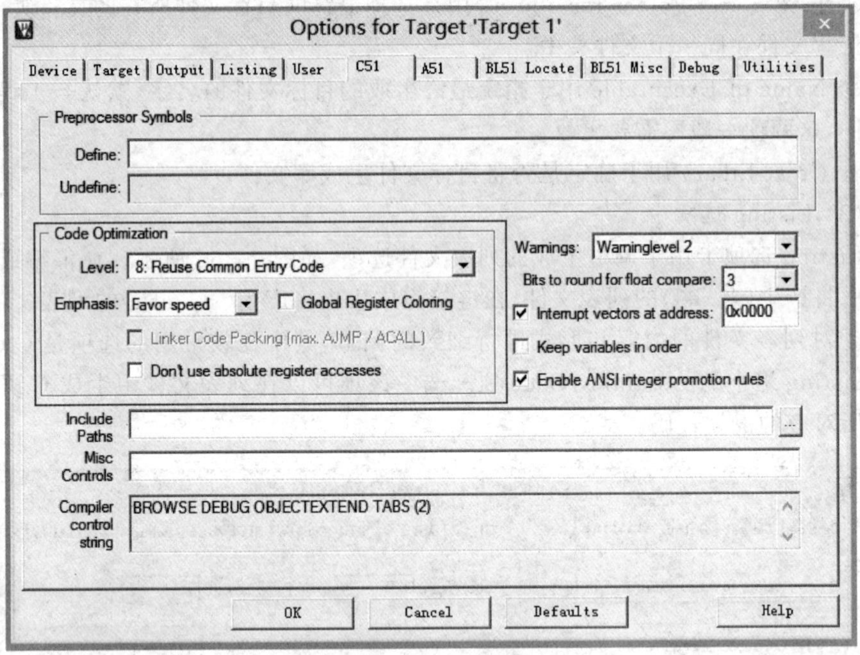

图 2-63　设置 C51 选项卡

(5) Debug 选项卡

Debug 选项卡用于设置调试方式,由于该页将会在后面介绍仿真时单独进行介绍,因此,这里就不多作说明了。

(6) Utilites 选项卡

Flash 选项卡是新版的 Keil 软件增加的,由于目前很多 80C51 系列单片机都内置了可以在线编程的 Flash ROM,因此,Keil 增加这一选项,用于设置 Flash 编程器。如图 2-16 所示,Use Target Driver for Flash Programming 的下拉列表显示了 Keil 软件支持的几种工具,如用于 LPC9000 系列的 Flash 编程器等,下拉列表的内容与所安装的 Keil 软件版本及安装的插件有关,不一定与图 2-64 显示的完全相同。如果用户手边并没有下拉列表所示工具而有其他下载工具,也可以使用 Use External Tool for Programmer 来选择用户所用的程序。设置完成后,菜单 Flash 中的有关内容即可使用,而工具条上的 LOAD 图标也由灰色变为可用了。

设置完成后按确认返回主界面,工程文件建立、设置完毕。

4. 编译、链接

在设置好工程后,即可进行编译、链接。图 2-65 是有关编译、链接、工程设置的工具栏按钮。各按钮的具体含义如下:

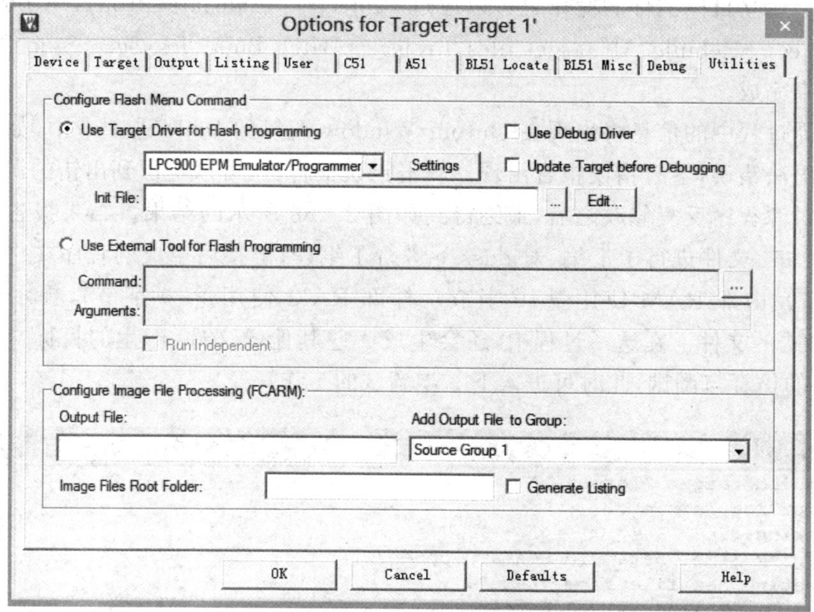

图 2-64　设置实用工具项

① 编译或汇编当前文件:根据当前文件是汇编语言程序文件还是 C 语言程序文件,使用 A51 汇编器对汇编语言源程序进行汇编处理,或使用 Cx51 编译器对 C 语言程序文件进行编译处理,得到可浮动地址的目标代码。

② 建立目标文件:根据汇编或编译得到的目标文件,并调用有关库模块,链接产生绝对地址的目标文件,如果在上次汇编或编译过后又对源程序作了修改,将先对源程序进行汇编或编译,然后再链接。

③ 重建全部:对工程中的所有文件进行重新编译、汇编处理,然后再进行链接产生目标代码,使用这一按钮可以防止由于一些意外的情况(如计算机系统日期不正确)造成的源文件与目标代码不一致的情况。

④ 批量建立:选择多重项目工作区中的各项目是否同时建立。

⑤ 停止建立:在建立目标文件的过程中,可以单击该按钮停止这一工作。

⑥ 下载到 Flash ROM:使用预设的工具将程序代码写入单片机的 Flash ROM 中。

⑦ 工程设置:用于打开工程设置对话框,对工程进行设置。

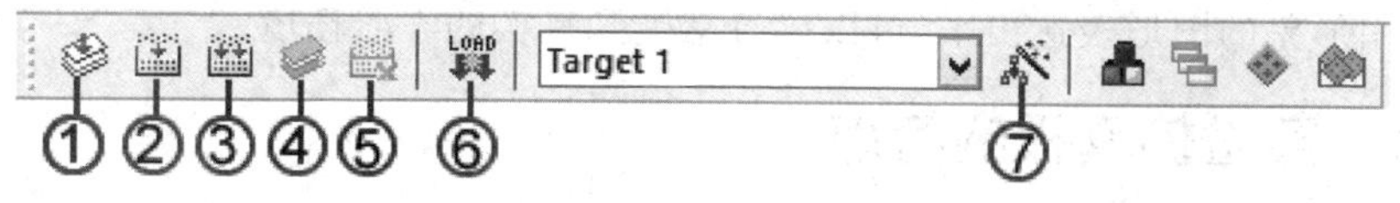

图 2-65　有关编译、链接、工程设置的工具条

以上建立目标文件的操作也可以通过 Project→ Translate、Project→ Build target、Project→Rebuild All target files、Project→Batch Build、Project→Stop Build 等菜单项来完成。

编译过程中的信息将出现在 Output Window 窗口的 Build 选项卡中,如果源程序中有语法错误,会有错误报告出现。双击错误报告行,可以定位到出错的源程序相应行。对源程序反复修改之后,最终得到如图 2-66 所示的结果。结果报告本次对 Startup. a51 文件进行了汇编、对 ddss. c 进行了编译,链接后生成的程序文件代码量(57 字节)、内部 RAM 使用量(9 字节)、外部 RAM 使用量(0 字节),提示生成了 HEX 格式的文件。在这一过程中,还会生成一些其他的文件,产生的目标文件被用于 Keil 的仿真与调试,此时可进入下一步调试的工作。

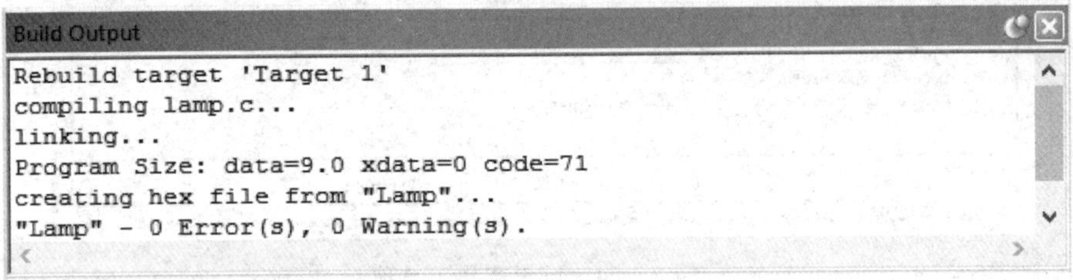

```
Build Output
Rebuild target 'Target 1'
compiling lamp.c...
linking...
Program Size: data=9.0 xdata=0 code=71
creating hex file from "Lamp"...
"Lamp" - 0 Error(s), 0 Warning(s).
```

图 2-66 正确编译、链接之后得到的结果

任务 5 认识与使用实验仿真板

Keil 软件的功能强大,但由于该软件主要提供工程师开发时使用,因此并不完全适宜于初学者的学习之用。刚开始学习单片机时,初学者往往有很多概念不能理解。例如看到数字"0xfe",单片机工程师会立即联想到"如果在 P1 口接的 8 个 LED 灯,将这个数(0xfe)送往 P1 口中,则会有 7 个灭,一个亮";但初学者往往是看到 8 个 LED 灯中有 7 个灭,1 个亮后才能理解数字"0xfe"与单片机硬件有何关系。因此,对于初学者来说,多用一些直观性的方法,如观察数码管点亮、发光管点亮等现象有助于提高学习效果。通常要进行直观化的教学,只能通过硬件实验的方法,不过这对于手边没有硬件的读者来说有一定的难度,这看似不起眼的问题往往直接影响了学习的效果。

为了让读者更好地入门,作者开发了一些仿真实验板。这些仿真板将枯燥无味的数字用形象的图形表达出来,可以读者感受到真实的学习环境。

2.5.1 实验仿真板的特点

实验仿真板使用 Keil 提供 AGSI 接口开发而成,它相当于是 Keil μVision 仿真环境下的一个插件,以 DLL 的形式提供在纯软件仿真模式下使用,仿真数码管、发光

管、按键等外围器件。

在读者手边还没有相应的硬件时，可以利用实验仿真板进行编程练习，通过发光管点亮、数码管显示数值、按键操作等直观地了解单片机的工作过程。一旦程序编写完毕，不仅可以调试，还可以全速运行看到真实效果，并进行操作以检查设计方案是否合理。此外，由于使用实验仿真板只需要在 PC 机上即可完成，不需要进行硬件连线、写片等操作，可以大大提高效率。因此，即便读者手上已备有硬件，实验仿真板也可以作为有益的补充。

对初学者而言，简单的东西总比复杂的东西要好学，内容多了易造成混乱，但由于制作成本等因素，硬件实验板不可能把各部分功能拆开单独做一块，通常硬件实验电路板总是做得较为全面，把各种功能做在一块板上，使得整个实验板看起来比较复杂。这会影响到初学者的学习，实验仿真板则没有这样的问题。作者准备了若干块实验仿真板，由简单到复杂，读者可以先用简单的仿真实验板进行练习，逐渐过渡到使用较为复杂的实验仿真板。

图 2－67 是键盘、LED 显示实验仿真板的实例图，从图中可以看出，该板比较简单，板上安装有 8 个发光二极管和 4 个按钮。

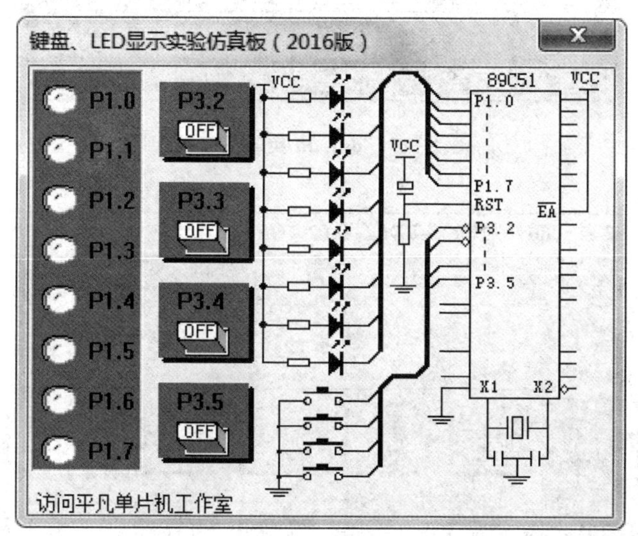

图 2－67　键盘、LED 显示实验仿真板 ledkey.dll

图 2－68 是键盘、LED 显示实验板的一种变形，这块板上的发光二极管呈圆形排列，与硬件实验电路板的排列形式相同。

图 2－69 是带有 8 位数码管的实验仿真板图。本实验仿真板有配套的硬件实验电路板，实验板上的 LED 接法与图 2－24 相同，键盘为各按键分别接到 P3.2～P3.5，数码管的接法可参考图 2－25。

图 2－70 是带有 8 位数码管 16 个按钮的实验仿真板图。

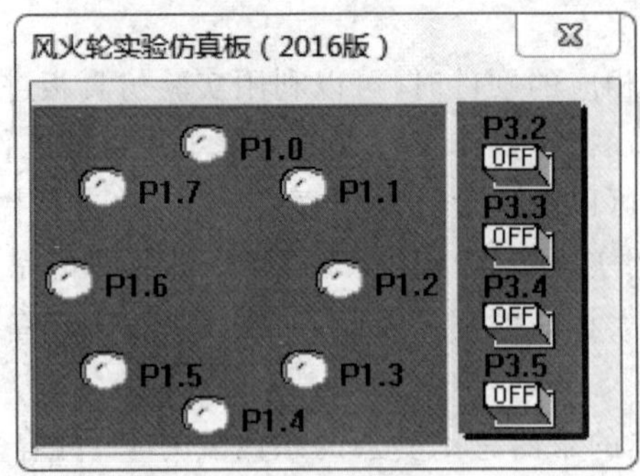

图 2-68　风火轮实验仿真板

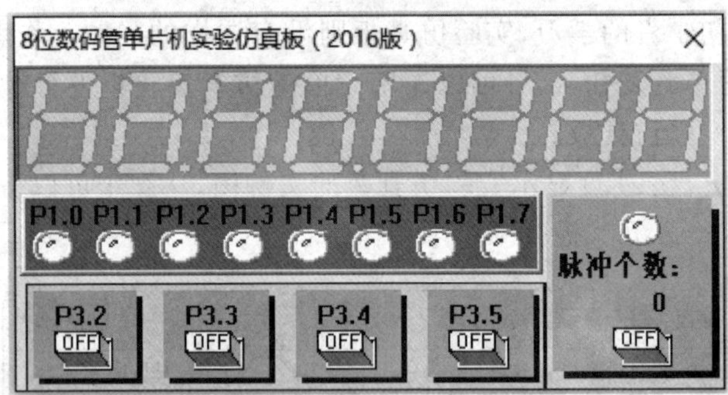

图 2-69　dpj.dll 实验仿真板

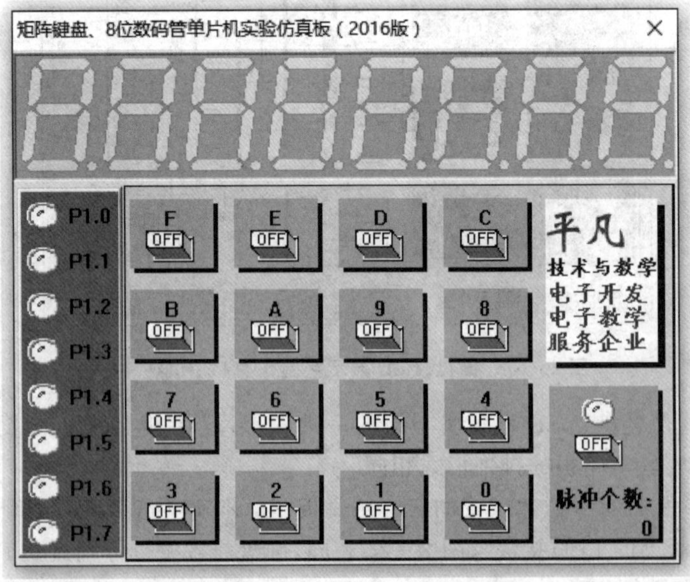

图 2-70　带有 8 位数码管和 16 个按钮的实验仿真板

本实验仿真板的硬件连线如图 2－71 所示，由图可知 P3 口的 8 个引脚构成了矩阵式键盘，而 P2 口与 P0 口则构成了 8 位 LED 数码管的显示电路。读者可以利用这个实验仿真板来练习多位数码管显示、多个按键输入的程序编写方法。

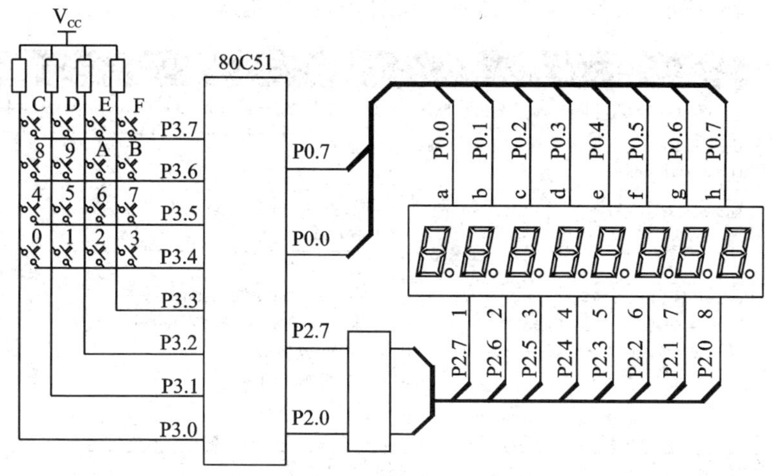

图 2－71　带有 8 位数码管和 16 位键盘的实验仿真板电路图

2.5.2　实验仿真板的安装与使用

这些仿真实验板实际上是一些 dll 文件，由配套资料提供，存放在资料根目录下的“实验仿真板”文件夹下。

图 2－67 所示实验仿真板的文件的名称是 ledkey.dll；图 2－68 所示实验仿真板的文件名称是 fhl.dll；图 2－69 所示实验仿真板的文件名称是 dpj.dll；图 2－70 所示实验仿真板的名称是 dpj8.dll。

安装时将这些文件复制到 Keil 软件的 c51\bin 文件夹中，若 Keil 软件安装在 C 盘，则应将 ledkey.dll、dpj.dll 和 dpj8.dll 复制到 C:\keil\C51\bin 文件夹中。这里还有个细节需要提醒读者注意，由于扩展名为 dll 的文件是系统文件，而 Windows 操作系统默认不显示系统文件，因此，开启文件夹后，可能无法看到这些实验仿真板文件，需要对 Windows 的文件管理器进行设置后才能看到，设置方法请参考有关 Windows 操作书籍。

图 2－72　准备设置工程

要使用仿真板，必须对工程进行设置。先选择工程管理窗的 Traget 1，如图 2－72 所示。

单击 Project→Option for Target ‘Target1’打开对话框，然后选择 Debug 选项

卡,在左侧最下面“Parameter:”下的文本编辑框中输入“-d文件名”。例如,要用ledkey.dll进行调试,就输入“-dledkey”,注意在“-pAT51”和“-dledkey”之间必须要有一个空格,且该空格不可以是全角字符,建议在进行这些设置工作时不要打开汉字输入法。输入完毕如图2-73所示,单击“确定”按钮退出。

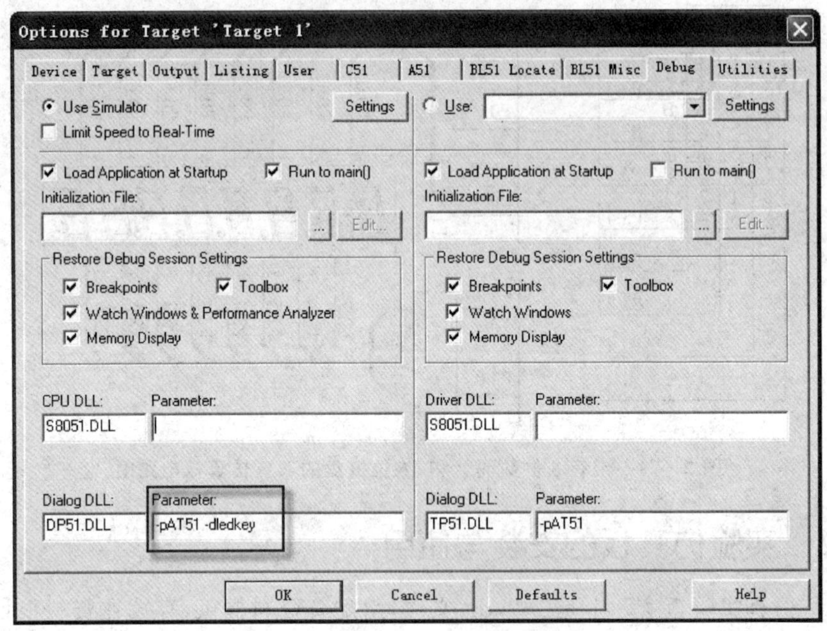

图2-73 实验仿真板的设置

在设置好使用实验仿真板后,即进入调试,单击菜单Peripherals,会多出一项“键盘LED仿真板(K)”,选中该项,即会出现实验仿真板界面。

所提供资料目录下的example文件夹中有一个文件Keiluse.avi,该文件较详细地记录了如何打开Keil软件输入源程序、建立工程、加入源程序、设置工程、生成目标文件,最后用实验仿真板获得实验结果的过程,读者可以作为参考来学习Keil软件的使用。

巩固与提高

1. 实际制作任务1所示的实验电路板,将课题1中获得的HEX文件写入芯片,观察运行结果。
2. 查找资料,了解Keil Mon51相关知识。
3. 查找资料,了解AT89S51单片机的ISP接口及相关知识。
4. 下载并安装Keil软件,安装实验仿真板。
5. 建立一个工程,设置ledkey实验仿真板,调出实验仿真板。

课题 3

80C51 单片机的 I/O 接口

本章通过一些实例介绍单片机的功能和硬件结构，特别是面向用户的一些硬件结构，目的是带着读者入门，让读者对单片机的结构及开发技术有一个总体概念。

本章的内容采用“以任务为中心”的教学模式编排，通过 4 个不同的任务，为每个任务配置相应的知识点，即为完成这一任务而必须掌握的指令、硬件结构、软件操作知识等，并利用这些知识完成该任务，通过这种方式将较难学的硬件结构知识分解到学习的各个阶段。

任务 1　用单片机控制 LED

第 1 个任务是用单片机控制一个 LED，让这个 LED 按要求亮或灭。图 3 - 1 是单片机控制 LED 的电路基本接线图，单片机型号是 STC89C51，但所介绍的内容对于其他以 80C51 为内核的单片机同样适用。因此，描述中统一使用 80C51 的名称，只在需要用到 STC89C51 单片机的特性时作一个说明。

首先介绍单片机的外部引脚，以 40 脚双列直插式封装的 80C51 单片机为例。

- 电源：80C51 单片机使用 5 V 电源，其中正极接第 40 脚，负极（地）接第 20 引脚。
- 振荡电路：在 80C51 单片机内部集成了一个高增益反相放大器，用于构成振荡器，只要给其接上晶振和电容即可构成完整的振荡器。晶振跨接于第 18 和第 19 脚，18 和 19 脚对地接两只小电容，其中晶振可以使用 12 MHz 的小卧式晶振，电容的值可在 18～47 pF 之间取值，一般使用 27 pF 的小磁片电容。
- 复位引脚：单片机上的第 9 根引脚（RST）是复位脚，按图 3 - 19 中的画法接好，其中电容用 10 μF，而接到 RST 与地之间的电阻用 10 kΩ。
- $\overline{\text{EA}}$/VPP 引脚：第 31 脚为 $\overline{\text{EA}}$/VPP 引脚，把这个脚接到正电源端。

至此，一个单片机基本电路就接好了，接上 5 V 电源，虽然什么现象也没有出现，但是单片机确实在工作了。

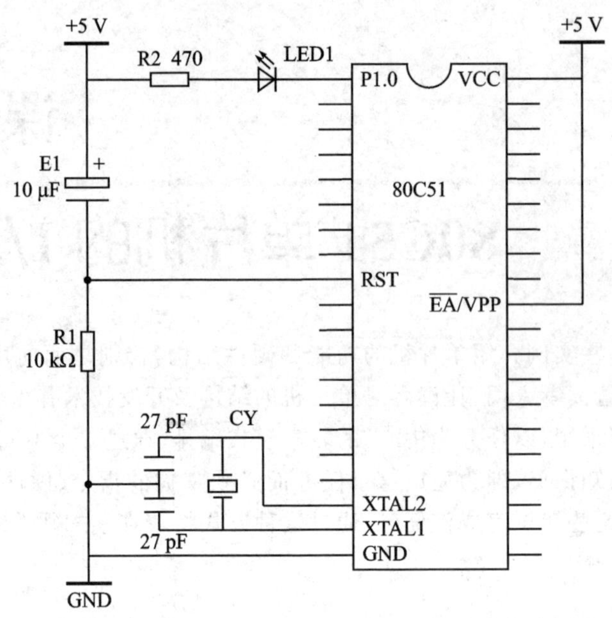

图 3-1 实例 1 基本接线图

3.1.1 任务分析

图 3-2(a)是 LED 的外形图。LED 具有二极管的特性,但在导通之后会发光,称之为发光二极管。与普通灯泡不一样,LED 导通后,随着其两端电压的增加,电流急剧增加,所以,必须给 LED 串联一个限流电阻,否则一旦通电,LED 会被烧坏。图 3-2(b)是点亮 LED 的电路图。图中如果开关合上,二极管的负极接地,则二极管得电发亮,如果开关断开,LED 失电熄灭。

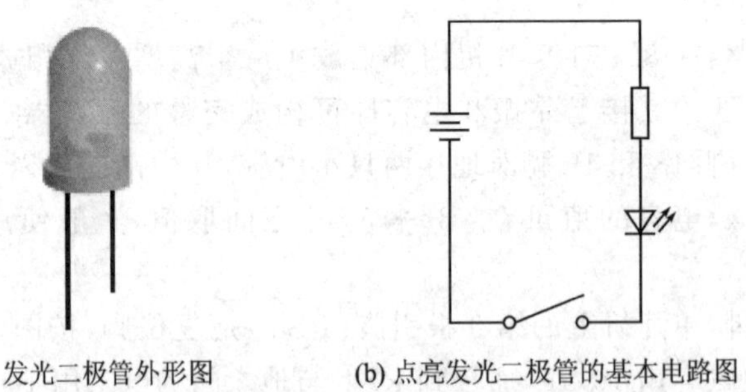

(a) 发光二极管外形图　　(b) 点亮发光二极管的基本电路图

图 3-2 发光二极管的外形图及点亮发光二极管的基本电路图

要用 80C51 单片机来控制 LED,显然这个 LED 必须要和 80C51 单片机的某个引脚相连,80C51 单片机上除了基本连线必须用到的 6 个引脚外,还有 34 个引脚,这里把 LED 的阴极和 80C51 单片机的第 1 脚相连。

按照图3-1的接法，当80C51单片机的第1脚是高电平时，LED1不亮；第1脚是低电平时，LED1亮。为此80C51的1脚要能够控制，也就是说，要能够让80C51单片机的第1脚按要求输出高或低电平。为便于表达，设计80C51芯片的公司为该引脚命名了一个名字，称为P1.0，这是一种规定，使用者不要随意更改它。

要能够让P1.0引脚按要求输出“高”或“低”电平，要用80C51单片机能够“懂”的方式向80C51单片机发布命令，以C语言为例，可以这样来写：

```
P1_0 = 1;
```

要让P1.0引脚输出低电平，可以这样写：

```
P1_0 = 0;
```

其中P1_0就相当于P1.0引脚，它们之间的对应关系在头文件<at89x51.h>文件中，这在绪论中已提及，以后就不再专门说明了。

有了这种形式的指令，单片机仍无法直接执行，还需要做两步工作。

第1步：这种形式的命令称之为“源程序”，单片机无法直接识别源程序，需要把源程序翻译成单片机能够识别的形式。单片机能够识别的命令称之为机器指令，由机器指令构成的、计算机能够识别的程序称为目标程序。把源程序变成目标程序的过程称为“编译”，要完成编译工作，必须有编译软件，2.4.1小节介绍的Keil软件就是一种编译软件。

第2步：在得到目标程序后，要把目标程序写进单片机内部的程序存储器中，这需要用到称之为“编程器”或者“下载线”的设备，通过这种设备将目标程序“写入”单片机的内部存储器中，写入的方法在2.1.2小节中已作过介绍。

3.1.2　任务实现

【例3-1】　用单片机控制LED发光

```
#include <at89x51.h>
void main()
{  P1_0 = 0;
   While(1) {;}
}
```

程序实现：启动μVision，单击“新建”按钮，建立一个新文件，输入程序并以led.c为文件名存盘。

建立名为led的工程文件，选择80C51为CPU，将led.c加入工程中，设置工程，在Output页选中“Creat Hex File”。设置完成后单击“确定”按钮回到主界面；双击左侧工程管理窗口中的led.c文件名，将该文件的内容显示在右边的窗口，按F7功能键编译、链接获得名为led.hex的目标文件。

建立名为3-1的工程文件,选择80C51为CPU,将led.c加入工程中,设置工程,在Debug选项卡中输入"-dledkey"。设置完成后单击"确定"按钮回到主界面,双击左边工程管理窗口中的led.c文件名,将该文件的内容显示在右边的窗口中。

按下F7功能键汇编、链接获得目标文件,然后按下Ctrl+F5进入调试状态。进入调试状态后界面会有比较大的变化,Debug菜单下的大部分命令都可以使用;Peripherals菜单下多了一些命令;出现了一个用于程序调试的工具条,如图3-3所示。这一工具条从左到右的命令依次是:复位、运行、暂停、单步、过程单步、执行完当前子程序、运行到当前行、下一状态、打开跟踪、观察跟踪、反汇编窗口、观察窗口、代码作用范围分析、1#串行窗口、内存窗口、性能分析、工具按钮等。

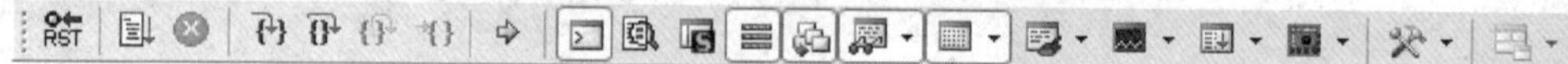

图3-3 调试工具条上的命令按钮

单击Peripherals菜单项,选择"键盘LED实验仿真板(K)",按下F11或使用工具条上的相应按钮以单步执行程序,即出现如图3-4所示界面,从图中可以看到,最上面的LED点"亮"了。

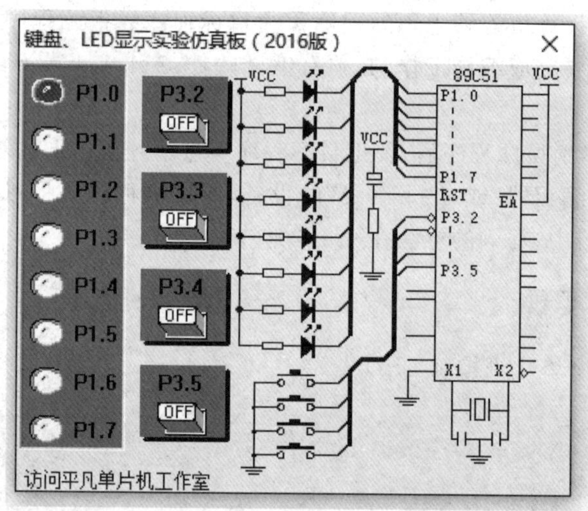

图3-4 例3-1执行结果

【例3-2】 接在P1.0引脚上的LED熄灭

```
#include <at89x51.h>
void main()
{  P1_0 = 1;
   While(1) {;}
}
```

第二个实验是使接在P1.0引脚上的LED熄灭，这个实验请读者自行完成。由于开机时所有LED全部处于熄灭状态，所以从实验仿真板上看到什么变化的现象。

知识链接：循环语句、关系运算和逻辑运算

1. 循环语句

循环是反复执行某一部分程序行的操作。有两类循环结构：

（1）当型循环。

如图3-5所示，在这种结构中，当判断条件P成立（为“真”）时，执行循环体A部分，执行完毕回来再次判断条件，如果条件成立继续循环，否则退出循环。

（2）直到型循环。

如图3-6所示，在这种结构中，先执行循环体A部分，然后判断给定的条件P，只要条件成立就继续循环，直到判断出给定的条件不成立时退出循环。

构成循环结构的常用语句主要有：while、do-while和for等。

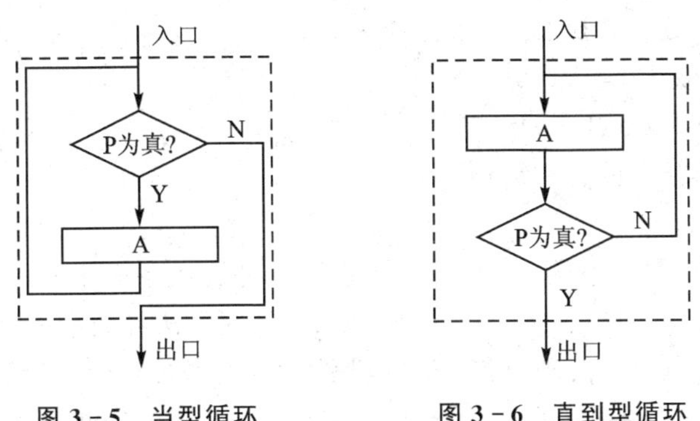

图3-5　当型循环　　　图3-6　直到型循环

While语句用来实现“当型”循环结构，其一般形式如下：

while(表达式)　语句

当括号中的表达式的值为真时，执行while中内嵌的语句。while循环语句的特点在于，其循环条件测试处于循环体的开头，要想执行重复操作首先必须进行循环条件测试，若条件不成立则循环体内的重复操作一次也不执行。

括号中的表达式可以是任意一种符合C语法规定的表达式，如算术表达式、关系表达式、逻辑表达式、常数等。

2. 关系运算符和关系表达式

所谓“关系运算”实际上是两个值作比较，判断比较的结果是否符合给定的条件。关系运算的结果只有2种可能，即“真”和“假”。例：3＞2的结果为真，而3＜2的结果为假。

(1) C语言的关系运算符：

C语言一共提供了6种关系运算符：

＜　　小于
＜＝　小于等于
＞　　大于
＞＝　大于等于
（以上4种）优先级相同(高)

＝＝　等于
！＝　不等于
（以上2种）优先级相同(低)

关于优先次序：

① 前4种关系运算符(＜,＜＝,＞,＞＝)优先级相同,后两种也相同。前4种优先级高于后两种。

② 关系运算符的优先级低于算术运算符。

③ 关系运算符的优先级高于赋值运算符。

例：

c＞a＋b 等效于 c＞(a＋b)

a＞b！＝c 等效于(a＞b)！＝c

a＝＝b＜c 等效于 a＝＝(b＜c)

a＝b＞c 等效于 a＝(b＞c)

关系运算符的结合性为左结合。

(2) 关系表达式

用关系运算符将两个表达式连接起来的式子,称为关系表达式。

例：a＞b;a＋b＞b＋c;(a＝3)＞＝(b＝5);等都是合法的关系表达式。

关系表达式的值只有两种可能,即“真”和“假”。在C语言中,没有专门的逻辑型变量,如果运算的结果是“真”,用数值1表示,而运算的结果是“假”则用数值0表示。

如式子：x1＝3＞2;的结果是x1等于1,原因是3＞2的结果是“真”,用1表示,该结果被“＝”号赋给了x1,所以最终结果是x1等于1。

以下再举一些例子。

例：若a＝4,b＝3,c＝1

则a＞b的结果为“真”,表达式的值为1;b＋c＜a的结果为“假”,表达式的值为0;(a＞b)＝＝c的结果为“真”,因为表达式a＞b的结果为“真”,值为1,而1＝＝c的结果为“真”。d＝a＞b,d的值为1;f＝a＞b＞c,由于关系运算符的结合性为左结合,因此先计算a＞b,其值为1,然后再计算1＞c,其值为0,故f的值为0。

3. 逻辑运算符和逻辑表达式

用逻辑运算符将关系表达式或逻辑量连接起来的式子是逻辑表达式。

C语言提供了3种逻辑运算符：

&&　逻辑“与”

||　逻辑“或”

!　逻辑“非”

“&&”和“||”为双目运算符，要求有两个运算对象，而“!”是单目运算符，只要求有一个运算对象。

C 语言逻辑运算符与算术运算符、关系运算符、赋值运算符之间的优先级如图 3－7 所示，其中“!”(非)运算符优先级最高，算术运算符次之，关系运算符再次之，“&&”和“||”又次之，最低的是赋值运算符。

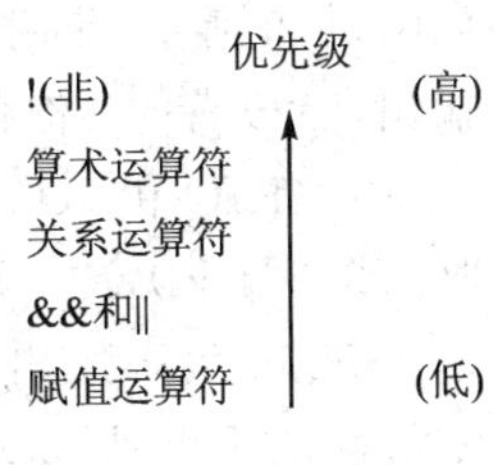

图 3－7　优先级

逻辑表达式的结合性为自左向右。

C 语言编译系统在给出逻辑运算的结果时，用 1 表示真，而用 0 表示假，但是在判断一个量是否是“真”时，以 0 代表“假”，而以非 0 代表“真”，这一点务必要注意。以下是一些例子：

① 若 a=10，则！a 的值为 0，因为 10 被作为“真”处理，取反之后为“假”，系统给出的“假”的值为 0。

② 如果 a=－2，结果与上述情况完全相同，原因也同上，初学时常会误以为负值为假，这里特别提醒注意。

③ 若 a=10，b=20，则 a&&b 的值为 1，a||b 的结果也为 1，原因为参于逻辑运算时不论 a 与 b 的值究竟是多少，只要是非零，就被当作是“真”，“真”与“真”相与或者相或，结果都为真，系统给出的结果是 1。

While(表达式)语句中的表达式可以是关系表达式、逻辑表达式、算术表达式、常数等，不论是何种表达式，只要其值非 0，就被认为是条件成立。所以 while(1){;}构成无限循环，其实也可以写成 while(－1){;}、while(100){;}等括号中是任何非 0 数值的形式。

巩固与提高

1. 如果希望点亮实验仿真板上的第 2 个发光二极管应该如何改动程序？实际做一做。

2. 若 a=5，b=10，c=－10，计算下列表达式的值。

(1) a>b　(2) a>c　(3) a>b+c　(4) a+b>c　(5) a&&b　(6) a&&c

任务 2　用单片机发出声音

仪器设备工作中，常有发出声音的要求，如人们在自动取款机上按键时，每按一次键都会有声音提醒表示本次操作有效。当所需发出的声音不太复杂时，使用单片机自身的内部资源加上简单的硬件即可实现。

3.2.1 任务分析

当扬声器中通过一定频率的信号时,扬声器就能发出声音。因此,只要提供扬声器交变信号,即可实现发声的要求。

课题 1 任务 1 实验板上扬声器发声电路如图 3-8 所示,使用 P3.6 引脚作为信号输出,三极管 V1 作推动,SPK 是蜂鸣器。图中 R10 和 R11 是限流电阻,R11 取值为 5.1 kΩ,R10 取 100 Ω。

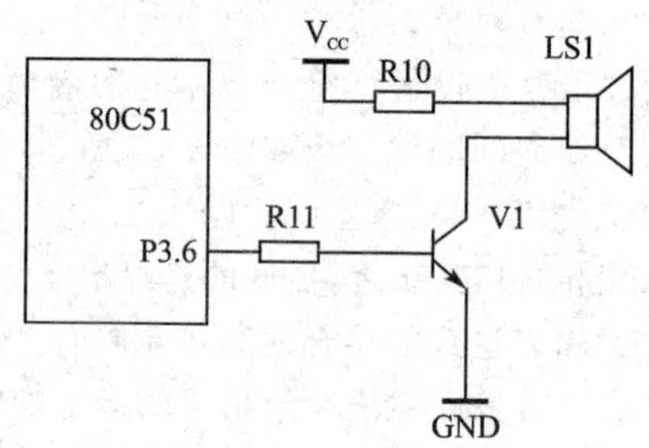

图 3-8 扬声器发声电路

要让 P3.6 引脚送出一个 1 000 Hz 的交变信号,实际就是要求 P3.6 引脚不断变为高电平和低电平,高低电平的时间可各保持 500 μs。简单地写:

```
P3_6 = 0;    //P3.6 引脚变为低电平      (1)
P3_6 = 1;    //P3.6 引脚变为高电平      (2)
```

无法达到发声的效果。这是因为第 1 条程序行执行后极短时间(μs 级)就去执行第 2 条程序行,无法保证低电平持续的时间;而在执行了第 2 条程序行后,再也无法执行到第一条程序行,于是 P3.6 引脚就始终是高电平,无法再变为低电平。要达到送出交变信号的目的,需要在执行完第 2 条程序行后指令以后再回去执行第 1 条程序行,并且在执行完这两条程序行后要分别延时一段时间,以满足产生频率的要求。

3.2.2 任务实现

【例 3-3】 接在 P3.6 引脚上的扬声器发出频率为 1 000 Hz 的声音。

```
#include <at89x51.h>
#include <intrins.h>
sbitSound = P3^6;
void Delay()
{   unsigned int i = 0;
    do{
        i++;
    }while(i<44);
}
void main()
{   for(;;)
    {   Sound = !Sound;
```

```
            Delay();
        }
    }
```

程序实现：输入源程序并以 Sound.c 为文件名存盘。建立名为 Sound 的工程文件，将 Sound.c 加入工程中，设置工程，在 Output 页选中“Creat Hex File”。设置完成后单击“确定”按钮回到主界面。编译、链接直到没有任何错误为止。将 Sound.hex 文件写入实验电路板上的 STC89C51 芯片，通电后即可从蜂鸣器中听到声音。

程序分析：main 函数中，使用 Sound=!Sound;来取反 P3.6 引脚，然后延时一段时间，又转去执行取反语句，如此不断循环，就使得 P3.6 引脚不断变为高电平和低电平。其中延时程序是调用了一个名为 Delay()的函数来完成的。

知识链接：do - while 语句和 for 语句

C 语言中的循环语句除了 while(表达式)以外，还有 do - while 语句和 for 语句两种，下面分别介绍。

1. do - while 语句

do - while 语句用来实现“直到型”循环，其一般形式如下：

```
do
  循环体语句
while(表达式)
```

对同一个问题，大多既可以用 while 语句处理，也可以用 do - while 语句处理，但是这两个语句是有区别的。do - while 语句的特点是先执行循环体，然后判断循环条件是否成立，即无论表达式是否为真，循环体语句至少会被执行一次。while 语句则不然，如果表达式为假，那么循环体语句将一次也不会被执行。

2. for 语句

C 语言中的 for 语句使用最为灵活，它不仅可以用于循环次数已经确定的情况，而且可以用于循环次数不确定而只给出循环结束条件的情况。它既可以包含一个索引计数变量，也可以包含任何一种表达式。除了被重复的循环指令体外，表达式模块由 3 个部分组成，第一部分是初始化表达式，第二部分是对结束循环进行测试，一旦测试为假，就会结束循环，第三部分是增量。

for 语句的一般形式为：

```
for(表达式 1;表达式 2;表达式 3)
{   循环体语句
}
```

for 循环语句执行过程是：

(1) 先求解表达式 1；

(2) 求解表达式 2,如其值为真,则执行 for 语句中指定的内嵌语句(循环体语句),然后执行第(3)步;如其值为假,则结束循环,转到第 5 步;

(3) 求解表达式 3;

(4) 转回第(2)步继续执行;

(5) 退出 for 循环,执行循环语句的下一条语句。

for 语句典型的应用是这样一种形式:

for(循环变量初值;循环条件;循环变量增值)
{ 语句;
}

for 循环中的几种特例说明如下:

(1) 如果变量初值在 for 语句前面赋值,则 for 语句中的表达式 1 应省略,但其后的分号不能省略。例 0-2 延时程序中有:"for(;Delay>0;Delay--){…}"的写法,省略掉了表达式 1,因为这里的变量 Delay 是由参数传入的一个值,不能在这个式子里赋初值。

(2) 表达式 2 也可以省略,但是同样不能省略其后的分号,如果省略该式,将不判断循环条件,循环无终止地进行下去,也就是认为表达式始终为真。

(3) 表达式 3 也可以省略,但此时编程者应该另外设法保证循环能正常结束。

(4) 表达式 1、2 和 3 都可以省略,即形成如 for(;;)的形式,它的作用相当于是 while(1),即构成一个无限循环的过程。

3. 循环的嵌套

C 语言中的 3 种循环语句可以相互嵌套。如:

```
for(;;)
{  for(;;){
   ……
   }
}
```

或者

```
for(;;)
{  while(1){
   ……
   }
}
```

等形式都是语法允许的。

3.2.3 延时工作过程的分析

学习了单片机发声程序的发声过程,还需要进一步学习信号频率的控制,才能使扬声器按要求的频率发声。要掌握这部分知识,需要学习较多的理论知识,下面分别介绍。

图 3-9 是 80C51 单片机的振荡电路示意图。在 80C51 单片机的内部,有一个高增益放大器,用于构成振荡器,其输入端接至单片机的外部,即 XTAL1 引脚,其输出端接至单片机的外部,即 XTAL2 引脚。在 XTAL1 和 XTAL2 两端跨接一个晶振、两个电容,构成一个稳定的自激式振荡电路。

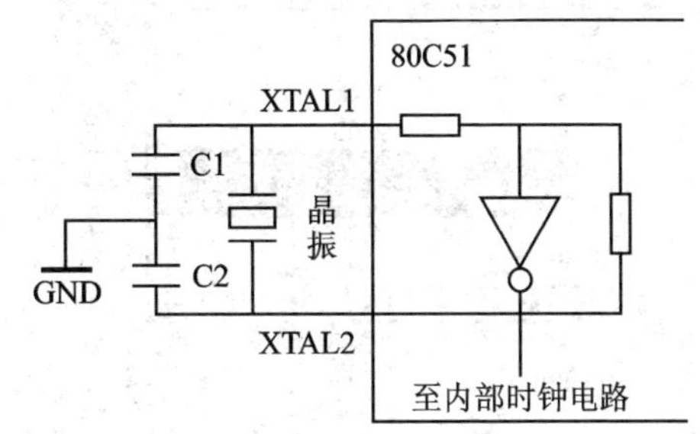

图 3-9　振荡电路

80C51 单片机中常用晶振的标称频率有 4 MHz,6 MHz,12 MHz 和 13.659 2 MHz 等,电容 C1、C2 通常取 18～47 pF 左右。

(1) 机器周期

在计算机中,为了便于管理,常把一条指令的执行过程划分为若干个阶段,每一阶段完成一项工作。例如,取指令、存储器读、存储器写等,这每一项工作为一个基本操作。完成一个基本操作所需的时间称之为一个机器周期。这是一个时间基准,好像人们用"秒"作为生活中的时间基准一样。由于 80C51 单片机工作时晶振频率不一定相同,所以直接用"秒"做时间基准不如用机器周期方便。

(2) 振荡周期

80C51 单片机的晶体振荡器的周期等于振荡器频率的倒数。习惯的说法是,接在 80C51 单片机的晶振上的标称频率的倒数是该机的振荡周期。

80C51 单片机被设计成一个机器周期由 12 个振荡周期组成。设一个单片机工作于 12 MHz,它的时钟周期是 1/12(μs)。它的一个机器周期是 12 * (1/12)即 1 μs。

80C51 单片机的所有指令中,有一些完成得比较快,只要一个机器周期就行了,有一些完成得比较慢,要 2 个机器周期,还有两条指令要 4 个机器周期才能完成。为了计算指令执行时间的长短,引入一个新的概念:指令周期。

(3) 指令周期

执行一条指令的时间,用机器周期数来表示。每一条指令需用的机器周期数永远是固定的,而且每一条指令所需的机器周期数可以通过表格查到。

使用 C 语言编程,无法直接通过计算指令执行的周期来计算延时时间,但可以通过仿真调试来观察,如图 3-10 所示。进入调试后,单步执行到 Delay()函数,观察 Registers 窗口,当前的 Status 的值为 390,按下 F10,使用过程单步的方式执行 Delay()函数,执行完毕,再观察 Status 的值,将该值减去 390,所得数值就是 Delay()函数耗用的周期数。根据系统所用晶振,即可算出延时。如果系统晶振是 12 MHz,那么所得数值就是延时时间,单位是微秒。

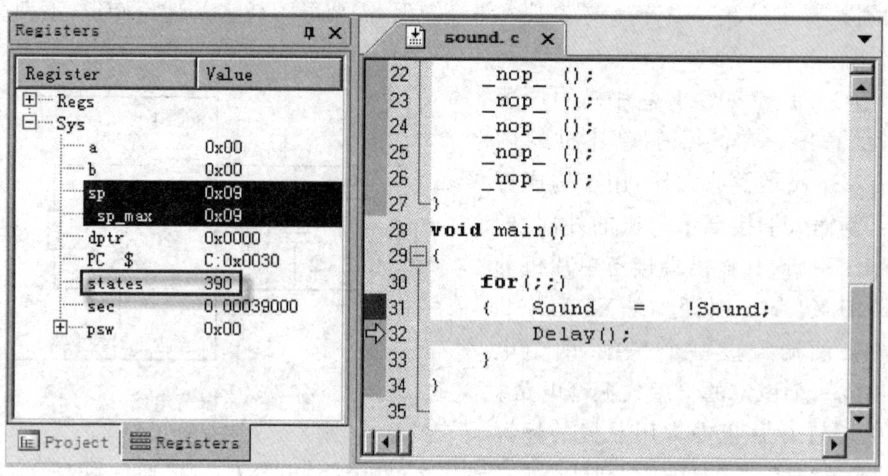

图 3-10 观察一段程序执行所需的周期数

任务3 用指拨开关设置音调

任务2实现了单片机发声,本任务在此基础上实现通过指拨开关来设置不同音调,通过这一任务来学习单片机引脚作为输入端使用的方法。

3.3.1 设置音调的实现

要求根据指拨开关的设置来发出不同音名的声音,表3-1所示是音名、频率、延时时间及延时常数的对应关系。

表 3-1 音名与频率的对照表

音 名	C4	D4	E4	F4	G4	A4	B4
频率/Hz	262	294	330	349	392	440	494
周期/ms	3.82	3.4	3.03	2.87	2.55	2.27	2.02
延时常数	172	153	136	130	114	101	90

3.3.2 任务实现

【例3-4】 电路如图3-11所示,7位指拨开关接在P2口,扬声器接P3.6引脚,根据指拨开关的设置,让扬声器发出不同音调的声音。

```
#include <at89x51.h>
#include <intrins.h>
sbit Sound = P3^6;
```

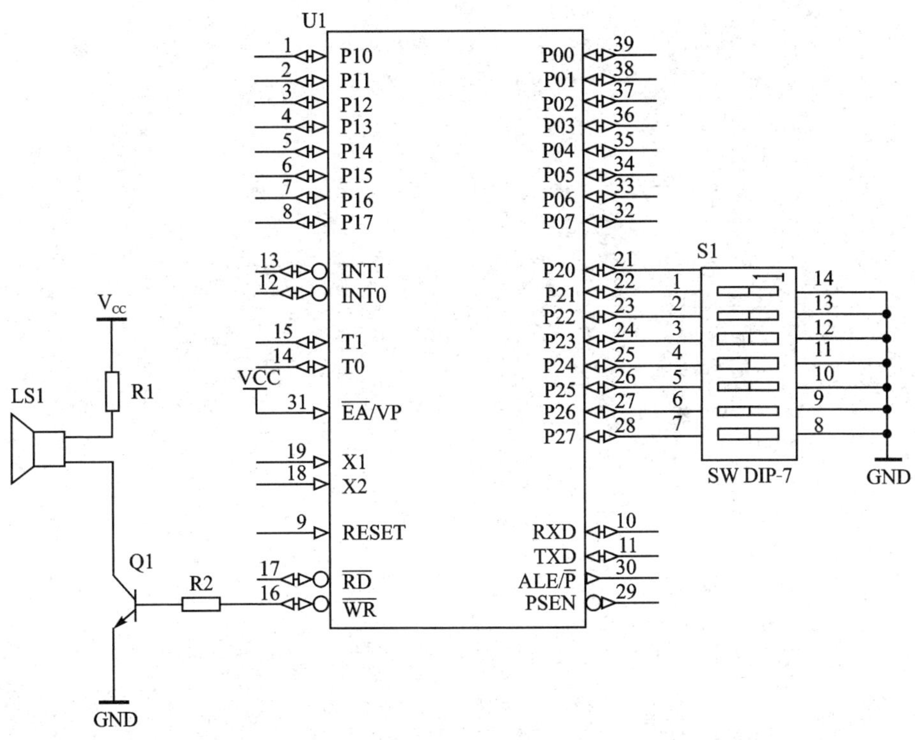

图 3-11　用指拨开关设置音调

```
sbit Duo = P2^0;
sbit Rel = P2^1;
sbit Mel = P2^2;
sbit Fa = P2^3;
sbit Sou = P2^4;
sbit La = P2^5;
sbit Si = P2^6;

typedef unsigned char uchar;
typedef unsigned int uint;

void Delay(uint i)
{
    do{
        i--;
    }while(i>0);
}
void main()
{
```

```
    for(; ; )
    {   P2 = 0xff;            //P2 各引脚均设为高电平
        if(!Duo)
            Delay(172);       //262 Hz
        else if(!Rel)
            Delay(153);       //294 Hz
        else if(!Mel)
            Delay(136);       //330 Hz
        else if(!Fa)
            Delay(130);       //349 Hz
        else if(!Sou)
            Delay(114);       //392 Hz
        else if(!La)
            Delay(101);       //440 Hz
        else if(!Si)
            Delay(90);        //494 Hz
        else
            Delay(172);
        Sound = !Sound;
    }
}
```

程序实现：输入源程序，以 Sound. C 为文件名存盘。建立名为 Sound 的工程文件，将 Sound. C 加入工程中，设置工程，在 Output 页选中“Creat Hex File”。设置完成后单击“确定”按钮回到主界面。编译、链接直到没有任何错误为止。使用 3.1 节中的实验板，将代码写入芯片，加电后，即可通过拨动开关来改变扬声器发出的的音调。

程序分析：标号 Duo 用 sbit 定义为 P2.0，! 表示取反。如果 P2.0 为低电平则! Duo 就是 1，即条件满足，因此程序行：

```
if(!Duo)
    Delay(172);
```

的含义是，如果 Duo 为低电平，则用 172 为参数调用延时程序。本程序中用到了 if 语句，这是 C 语言中的选择语句，下面就来学习相关的知识。

知识链接：选择语句

如果计算机只能做顺序结构那样简单的基本操作的话，它的用途将十分有限，计算机具有强大功能的原因之一就是具有判断或者选择的能力。如图 3－12 所示是选择结构或称为分支结构。此结构中必包含一个判断框。根据给定的条件 p 是否成立而选择执行 A 框或 B 框。

if(表达式)　语句

如果表达式的结果为真,则执行语句,否则不执行。

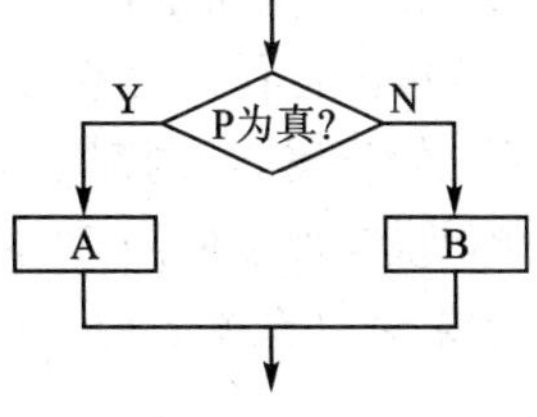

图3-12　选择结构流程图

if语句是用来判定所给定的条件是否满足,根据判定的结果(真或假)决定执行给出两种操作之一。其基本形式是:

(1) 用法1:

```
if(表达式)　语句
```

描述:如果表达式为真,则执行语句,否则执行if语句后面的语句。

(2) 用法2:

```
if(表达式)
    语句1
else
    语句2
```

描述:如果表达式的结果为真,则执行语句1,否则执行语句2。

(3) 用法3:

```
if(表达式1)
    语句1
else if(表达式2)
    语句2
else if(表达式3)
    语句3
    …
else if(表达式m)
    语句m
…
    else
语句n
```

描述:如果表达式1的结果为真,则执行语句1,并退出if语句,否则去判断表达式2,如果表达式2为真则执行语句2,并退出if语句,否则去判断表达式3……最后,如果表达式m也不成立,就去执行else后面的语句n。else和语句n也可以省略不用。本例就是使用这种方法来写的。

3.3.3　单片机内部的并行I/O口

既然P2口可以作为输入端来使用,那么P0口应该也可以。3.1.1节图3-1中P0口部分电路如图3-13所示。从图中可以看到P0接名为S1的8位拨码开关,下面就使用这个电路来作个探索。将例 3-3 程序中所有名为 P2 的字符改为 P0,重新编译、链接。将代码写入芯片,拔掉 JP1 短路块。上电运行程序,无论怎样改变指拨开关 S1 的位置,音调都不发生变化。将 JP1 短路块插入,再次运行,可以发现,结果已如预期,实现了使用 S1 拨码开关来设置音调。这说明 P0 口与 P2 口是有区别的,下面就来学习有关 I/O 口的更多知识。

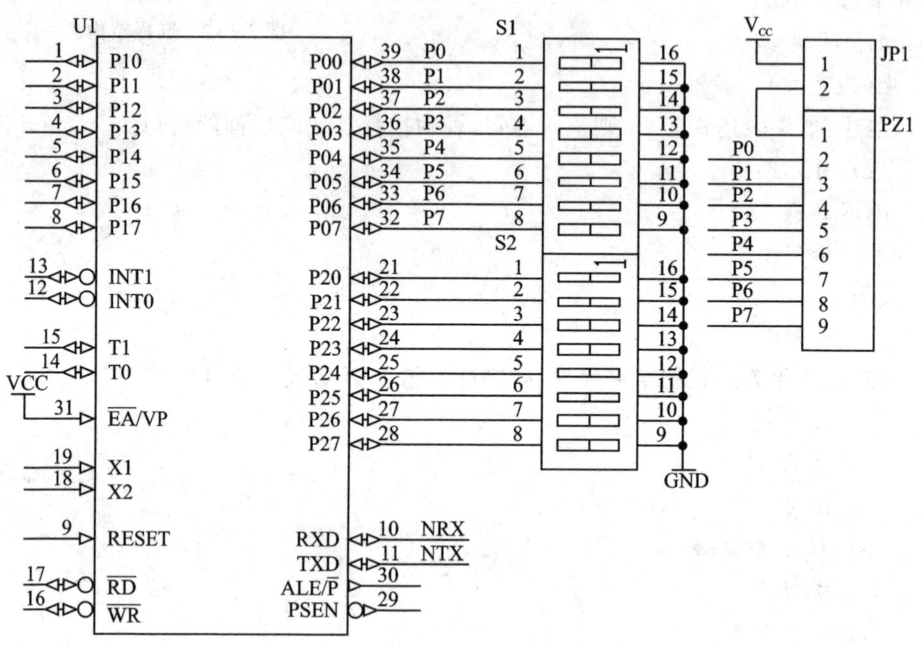

图 3-13　80C51 的 P0 口接入拨码开关和上拉电阻

1. 并行 I/O 口

80C51 单片机共有 4 个 8 位的并行双向 I/O 口,共 32 个引脚。这 4 个并行 I/O 口分别被记作 P0、P1、P2 和 P3,每个并行 I/O 口的结构和功能并不全相同。

- P0 口:P0 口是一个多功能口,除了作为通用 I/O 口外,还可以作为地址/数据总线,也可以用作系统总线。
- P1 口:P1 口作为通用 I/O 口使用。
- P2 口:P2 口是一个多功能口,除了作为通用 I/O 口外,还可以作为高 8 位的地址线,用于系统的扩展。
- P3 口:P3 口是一个多功能口,除了作为通用 I/O 口外,每一根引脚还有第二种功能,这些功能非常重要,但是在本章中还不能详细解释这些功能的用途,所有这些引脚的功能将会在以后的相关章节中介绍,这里仅列出这些引脚的第二功能定义,如表 3-2 所列。

表 3－2　P3 引脚的第二功能列表

引　脚	第二功能	引　脚	第二功能
P3.0	RXD(串行数据输入)	P3.4	TO(定时器 0 外部输入)
P3.1	TXD(串行数据输出)	P3.5	T1(定时器 1 外部输入)
P3.2	INT0(外部中断 0 输入)	P3.6	WR(外部 RAM 写信号)
P3.3	INT1(外部中断 1 输入)	P3.7	RD(外部 RAM 读信号)

2. 并行 I/O 口的结构分析

(1) 简要说明

图 3－14(a)是 P1 口的一位的结构示意图:虚线部分在单片机内部。从图中可以看出,如果把内部的电子开关打开,引脚通过上拉电阻与 V_{CC} 接通,此时引脚输出高电平。如果把电子开关合上,引脚就直接与地相连,此时引脚输出低电平。P2、P3 口的输出部分基本上也是这样一个结构。但是 P0 就不一样了,图 3－14(b)是 P0 口的一位的结构,从图中可以看出,连接到 V_{CC} 的也是一个电子开关,实际上,只有这样,这个引脚才有可能具有真正的三态(高电平、低电平和高阻态),而图 3－14(a)所示的结构是不存在第三态(高阻态)的。通常把 P1、P2 和 P3 口称之为准双向 I/O 口,而 P0 则是真正的双向 I/O 口。

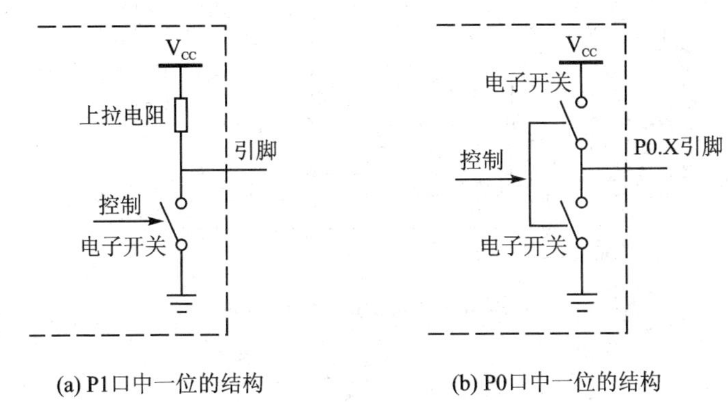

(a) P1口中一位的结构　　(b) P0口中一位的结构

图 3－14　51 单片机 I/O 口的两种结构

了解了 P0 口的结构,就不难理解本小节开始时描述的现象。因为 P2 口有弱上拉电阻,所以当 P2 口的引脚悬空时,读到的是高电平;而 P0 口是真正的双向 I/O 口,引脚悬空时,必须加上拉电阻才能保证读到的是高电平。

(2) 结构分析

真正的 I/O 口结构比上述示意图复杂一些,图 3－15 给出了 P0、P1、P2 和 P3 口的一位的结构图,由于 4 个 I/O 端口的功能并不一样,所以它们在电路结构上也不相同,但是输出部分大体是一样的。

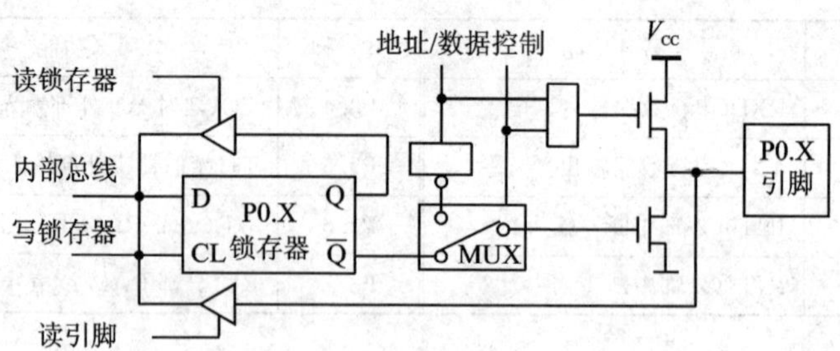

(a) P0口锁存器和输入输出驱动器结构

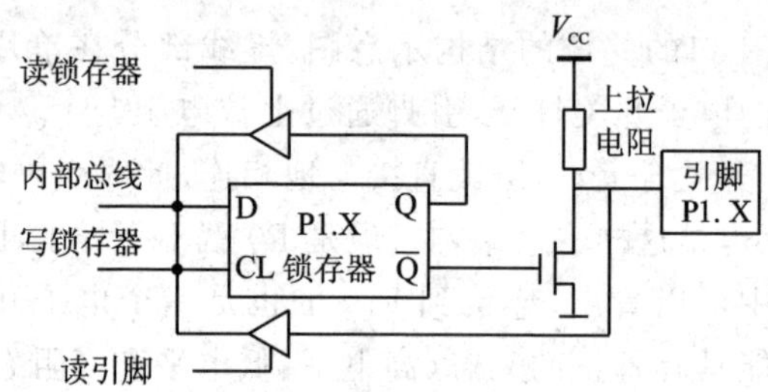

(b) P1口锁存器和输入输出驱动器结构

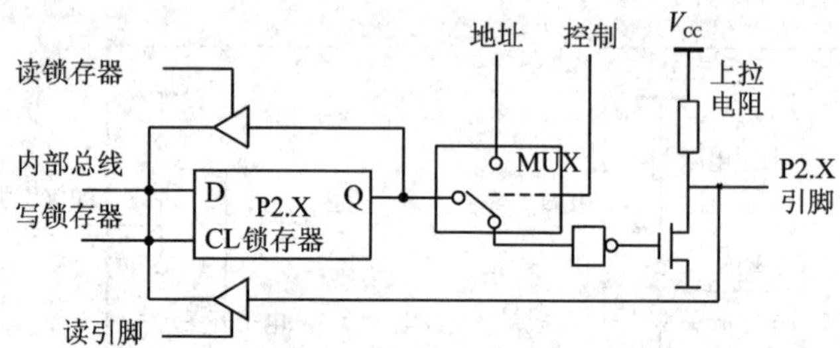

(c) P2口锁存器和输入输出驱动器结构

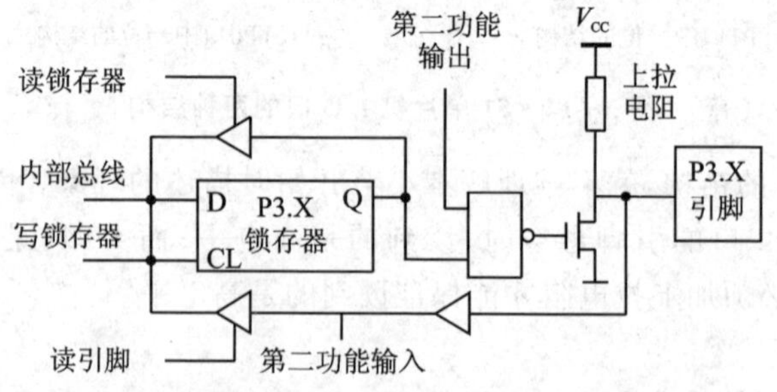

(d) P3口锁存器和输入输出驱动器结构

图 3－15　并行 I/O 口锁存器和输入输出驱动器结构

从图 3-15 来看，输出端的电子开关是由 CPU 送出的一根控制线来控制的，这根控制线是单片机内部数据总线中的一根。数据总线是一组公用线，很多的部件都与其相连，而不仅仅是某一个并行口，在不同的时刻，不同的部件需要不同的信号，比如某一时刻 P1.0 要求输出高电平并要求保持一段时间，而在这段时间里，CPU 不能停在那里，它还需要与其他部件联络，因此这根数据线上的电平未必能保持原来的值不变，这样输出将会发生变化。为解决这一问题，在每一个输出端加一个锁存器。要某个 I/O 输出数据，只要将待输出的数据写入相应的 I/O 口(实际是写入相应的锁存器)，然后 CPU 就可以去做其他事情，不必再理会输出的状态了，锁存器会把数据"锁"住，直到 CPU 下一次改写数据为止。每一个 I/O 口锁存器通常用这个 I/O 端口的名字来命名它。如：

```
P1 = 0xff;
```

这条指令实际是将 0xff 送到 P1 口的锁存器中去，这里的 P1 和真正的引脚所指的 P1 口不一样，但人们通常不会分得这样细，笼统地称之为 P1。

分析一下各个端口的输出功能：

- P0 口：P0 口除了具有输出结构以外，还有一个多路切换开关，用于在地址/数据和 I/O 口的功能之间进行切换。
- P1 口：P1 口的结构最简单，仅有一个锁存器用于保存数据，作为通用 I/O 使用。
- P2 口：P1 口的结构与 P0 口相似，也有一个多路切换器，用于在地址和 I/O 功能之间进行切换。
- P3 口：P3 口的引脚是具有第二功能的，因此，它的输出结构也类似于 P0 口，只不过在第二功能中，有一些是输出，有一些是输入，所以图看起来要复杂一些。

3. I/O 端口的输入功能分析

(1) 读锁存器与读引脚

在图 3-15 中，有两根线，一根从外部引脚接入，另一根从锁存器的输出端 Q 接出，分别标明读引脚和读锁存器，这两根线用于实现 I/O 口的输入功能。在 80C51 单片机中，输入有两种方式，分别称为"读引脚"和"读锁存器"。

- 第一种方式是将引脚作为输入，那是真正地从外部引脚读进输入的值，即当引脚作为输入端时用读引脚的方式来输入。
- 第二种方式则是引脚作为输出端使用时采用的工作方式，80C51 单片机的一些指令，如取反指令(如果引脚目前的状态是 1，执行该指令后输出变为 0，引脚目前的状态是 0，执行该指令后输出变为 1)，这一类指令的最终结果虽然是把并行口作为输出来使用，但在执行它的过程中却要先"读"，取反指令就是先"读"入原先的输出状态，然后经过"取反"电路后再输出。

图3-16是读锁存器功能的必要性的电路示意图，如果在某个应用中直接把P1.0接到三极管的基极(这是可行的，并不会损坏三极管或单片机的P1.0引脚)，当P1.0输出高电平，三极管导通。按理，这个引脚应当是高电平，但是由于三极管PN结的箝位作用，实际测到这个引脚的电压值不会超过0.7～0.8 V，这个电压值单片机会将它当作“低电平”处理。这时，如果“读”的是引脚的状态，就会出现失误，本来输出是高电平会被误认为是低电平。为了保证这一类指令的正确执行，80C51单片机引入了“读锁存器”这种操作，执行这一类指令时，读的是控制锁存器，而不是引脚本身，这样就保证了总能获得正确的结果。

(2) 准双向I/O口

图3-17是“准”双向I/O口含义的示意图，假设这是P1口的一位，作为输入使用，注意左边虚线框内的是I/O的内部结构，右边是外接的电路，按设计是接在外部的按钮没有按下时，单片机应当读到“1”，按钮按下时，单片机应当读到“0”，但事实上并不是在任何情况下都能得到正确的结果。

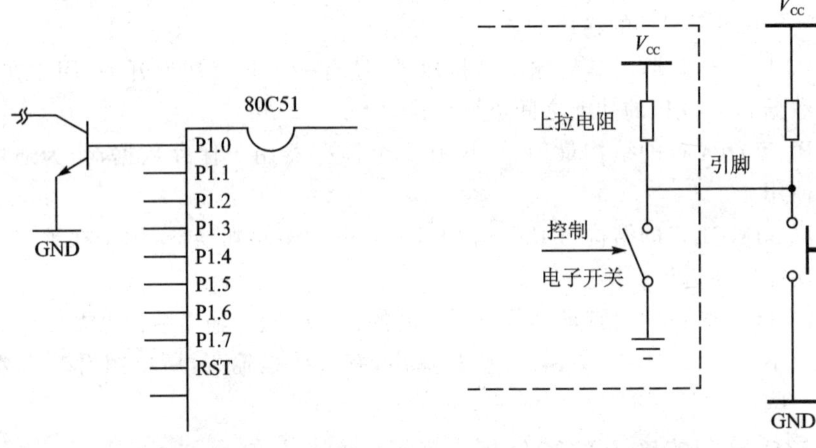

图3-16 读锁存器功能的必要性

图3-17 “准”双向I/O口的含义

接在外部的开关如果打开，则应当是输入1，而如果闭合开关，则输入0。但是，假如单片机内部的开关是闭合的，那么不管外部的开关是开还是闭，单片机读到的数据都是0。那么内部开关是否会闭合呢？事实上，如果向这个引脚写一个“0”，这个电子开关就闭合了，因此，要让这个端口作为输入使用，要先做一个“准备工作”，就是先让内部的开关断开，也就是让端口输出“1”才行。换言之，在P1口作为输入之前，要先向P1口写一个“1”才能把它作为输入口使用。这样，对于准双向I/O也可以这样理解：由于在输入时要先做这么一个准备工作，所以被称之为“准双向I/O口”。P2、P3的输出部分结构与P1相同，P2、P3在进行输入之前，也必须进行这个准备工作，就是把相应的输入端置为“1”，然后再进行“读”的操作，否则就会出错。

任务 4 用单片机制作风火轮玩具

如图 3-18(a)所示，单片机的 P1.0～P1.7 接 8 个发光二极管(LED)，这 8 个 LED 围成圆形，如图 3-18(b)所示，当 LED 以不同的速度、方式点亮时，可以变化出各种花样。

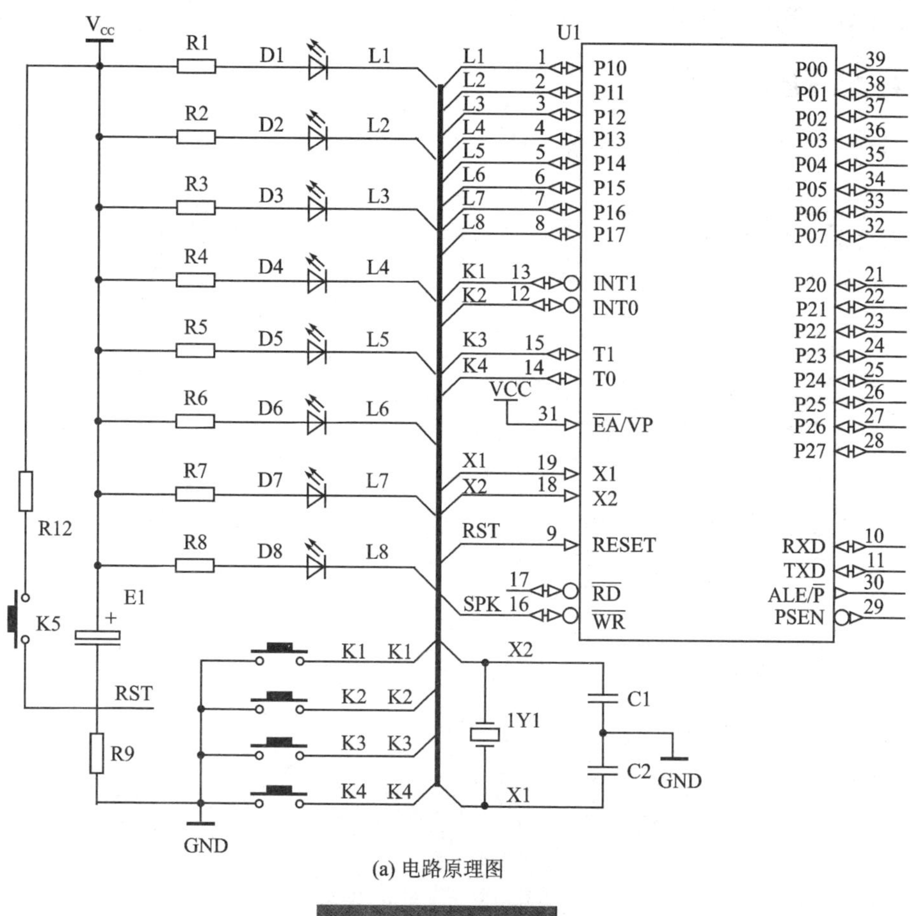

(a) 电路原理图

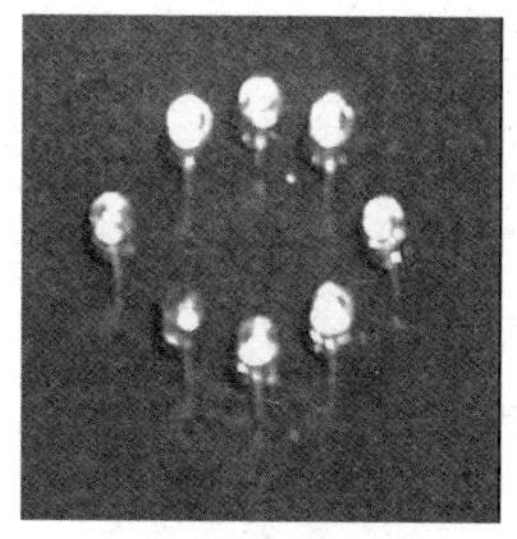

(b) 实物图

图 3-18 80C51 单片机的 P1 口接 8 个 LED

3.4.1 任务分析

要让 LED 产生流动的效果,实际就是各 LED 轮流点亮,即第 1 个 LED 点亮后延时约 0.1 s 点亮第 2 个 LED,同时让第 1 个 LED 熄灭;延时后点亮第 3 个 LED 同时让第 2 个 LED 熄灭,如此循环不已。本任务实现的两个关键技术要点分别是延时和依次点亮 LED,由于在任务 2 中已学习了延时程序,因此只要设法实现各 LED 依次点亮即可完成该任务。

3.4.2 任务实现

【例 3-5】 风火轮玩具的源程序。

```
#include "at89x51.h"
//延时程序,延时时间由括号中的参数决定,单位是 ms
void mDelay(unsigned int Delay)
{
    unsigned int i;
    for(;Delay>0;Delay--)
    {   for(i=0;i<76;i++)
        {;}
    }
}
void main()
{   unsigned char OutDat=0xfe;
    for(;;)
    {   unsigned char temp;
        P1=OutDat;
        temp=OutDat<<7;
        OutDat=OutDat>>1;
        OutDat=OutDat|temp;
        mDelay(100);           //延时 100 ms
    }
}
```

程序实现: 输入源程序并以 lamp.c 为文件名存盘。建立名为 lamp 的工程文件,将 lamp.c 加入工程中,设置工程,在 debug 页 Dialog:Parameter 后的编辑框内输入:-dfhl,以便使用实验仿真板"风火轮实验仿真板"来演示这一结果,如图 3-19 所示。编译、链接后获得正确的结果,进入调试状态,单击 Peripherals ->风火轮实验仿真板,全速运行,可以看到 LED 旋转显示。

程序分析: main 函数开头定义了无符号字符型变量 OutDat,赋初值 0xfe,该值写成二进制为 11111110B,进入循环后,执行 P1=OutDat;程序行,将这个数送往 P1

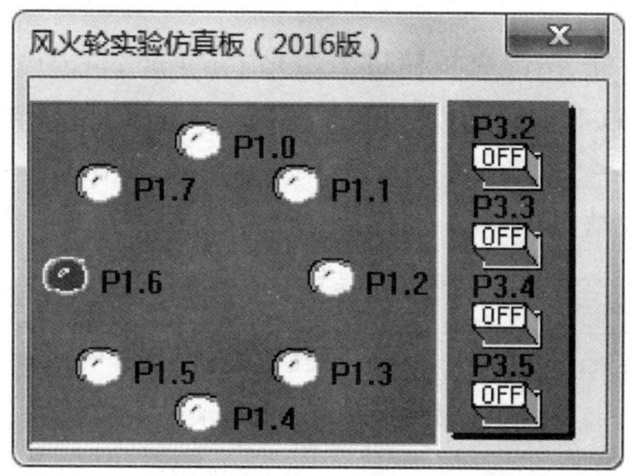

图 3-19 用风火轮实验仿真板观察显示效果

口，则 P1.0 为低电平，而其他引脚是高电平，即接在 P1.0 引脚上的 LED 点亮，而其他 LED 不亮。随后使用：

```
temp = OutDat <<7;
OutDat = OutDat >>1;
OutDat = OutDat|temp;
```

这 3 行程序将 OutDat 这个数左移一位变为 11111101，调用 mDelay(100)函数延时 100 ms，然后回到循环体的起始部分，将该数据送到 P1 口，则 P1.1 所接 LED 点亮，其余 LED 不亮。如此不断循环，灯就逐一亮起来，看起来似乎是流动的了，调整 mDelay 函数的参数，即可改变灯流动的速度。

图 3-20 开放式 PLC 制作流水灯

通过实验板可以看到风火轮旋转起来的效果。如果参考如图 3-20 所示开放式 PLC 的接线方法，使用 8 盏白炽灯或 8 个灯串制作一个更实用的风火轮，恰当地分布灯串中的各灯位置，可以制造出更炫目的效果。开放式 PLC 的输出部分电路如图 2-46 所示，输出端由 P2.0～P2.7 驱动，因此，只需要将以上程序中的 P1=OutDat;换成 P2=OutDat;即可实现相应功能。

3.4.3 用仿真芯片来实现

可以使用第 2 章介绍的两种硬件实验电路板来调试和观察运行效果，取下电路板上的 STC89C51 芯片，插上制作好的 SST89ERR4 仿真芯片，连接电源，这样硬件就连接好了。

在 Keil 软件中单击快捷按钮进入“Option for Target ‘Target 1’”设置对话框,单击 Debug 进入 Debug 设置页。单击右侧 Use 前的单选钮,在其后的下拉列表中选择“Keil Monitor－51 Driver”,勾选下方的“Load Application at Start”和“Run to main()”两个选项,结果如图 3－21 所示。

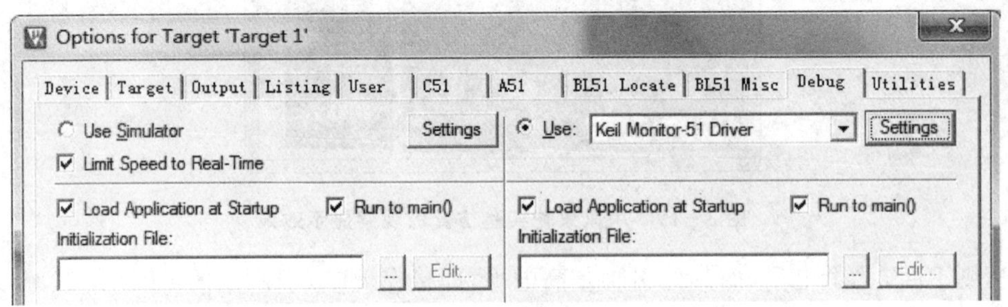

图 3－21　选择使用 Monitor－51 Driver 来调试程序

单击“Keil Monitor－51 Driver”后的 Settings 按钮,打开 Targer Setup 对话框。对话框中的 Port 是所选用串行口的名称,应与实际所接硬件相符合。将 Baudrate 设置为 38 400 或更小一些的数值,其他设置不需要更改,设置结果如图 3－22 所示。

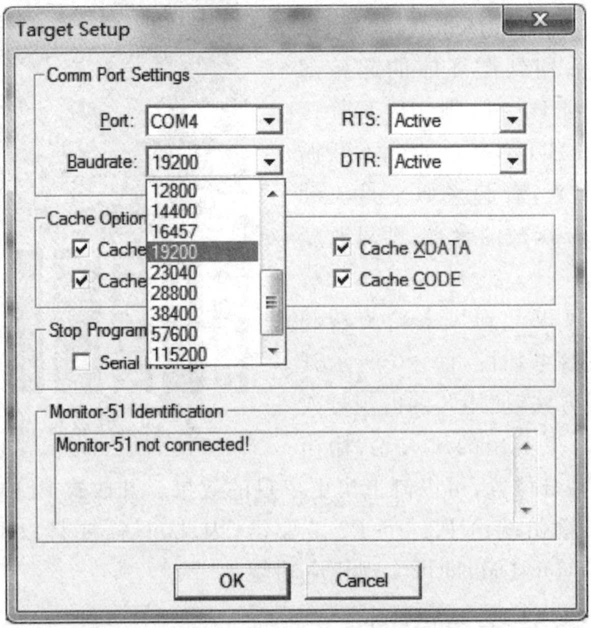

图 3－22　设置串行口、波特率等参数

设置完成,单击“OK”按钮返回上一层对话框,再次单击“确认”按钮回到主界面。单击菜单“Debug(Start/Stop Debug Session”进入调试界面,如图 3－23 所示。

注意观察图左下角“Connect to Monitor－51 V3.4”，这说明仿真机中的 Monitor－51 监控程序已与计算机正常通信。单击 Debug(Run 或者按下 F5)，即可全速运行程序，此时，即可以观察到实验板上 LED 被依次点亮的情形。当程序全速运行以后，如果需要停止程序的运行，可以直接复位仿真机，即按下图中的按键 K5 即可。

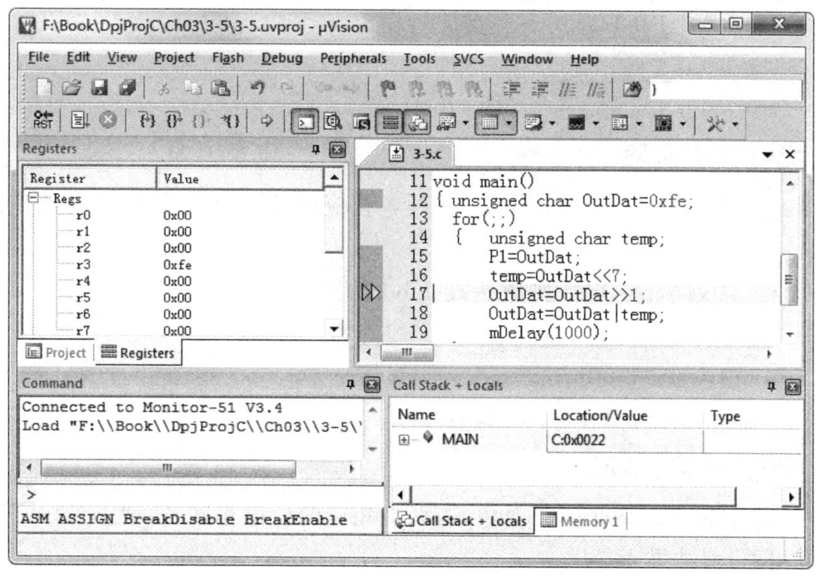

图 3－23　进入仿真调试

要对程序进行修改，应在停止运行以后单击“Debug(Start/Stop Debug Session”退出调试界面，对程序进行修改。程序修改以后，一定要再次编译、链接，直到没有错误为止，然后再次进入调试界面并且运行。使用仿真机的好处是可以使用软件提供的调试方法来查找程序中的错误，如 Keil 软件就提供了单步、过程单步、设置断点等调试方法。

知识链接：C 语言中的位运算

C 语言提供了如下位操作运算符：

&　　按位与
|　　按位或
^　　按位异或
~　　按位取反
<<　　位左移
>>　　位右移

除了按位取反“~”以外，以上位操作运算符都是两目运算符，即要求运算符两侧各有一个运算对象。

1. 按位“与”运算

规则：参加运算的两个运算对象，若两者相应的位都为 1，则该位结果值为 1，否则为 0。

例：若 a=0x4b，b=0xc8 则表达式 a&b 的值为

```
a：    01001011
b：&   11001000
    ————————————
       01001000        即：0x48
```

2. 按位“或”运算

规则：参加运算的两个运算对象，若两者相应的位中有一个为 1，则该位的结果为 1。

例：若 a=0x4b，b=0xc8 则表达式 a|b 的值为

```
a：    01001011
b： |  11001000
    ————————————
       11101011        即：0xeb
```

3. 按位“异或”运算

规则：参加运算的两个运算对象，若两者相应的位值相同，则结果为 0，若两者相应的位值相异，则结果为 1。

例：若 a=0x4b，b=0xc8 则表达式 a^b 的值为

```
a：    01001011
b： ^  11011000
    ————————————
       10010011        即：0x93
```

4. 位取“反”运算符“～”

“～”是一个单目运算符，用来对一个数的每个二进制位取反，即将 0 变为 1，将 1 变为 0。

例：若 a=0x3b，则～a 的值为

```
a： ～  00111011
    ————————————
        11000100        即 0xc4
```

5. 位左移运算符

位左移运算符“<<”用来将一个数的各二进制位全部左移若干位，移位后，空白位补“0”，移动的位数由另一个运算对象确定。

例：若 a=0x4b(二进制表达形式为：01001011B)

则表达式 a=a<<2，将 a 的值左移 2 位，结果为：

```
        0 1 0 0 1 0 1 1
————————————————————————
0 1 0 0 1 0 1 1 0 0 0 0
```

移出的两位“01”丢失，后面被两位 0 填充，因此，运算后的结果是：00101000B 即 0x48。

6. 位右移运算符

位右移运算符“>>”用来将一个数的各二进制位全部右移若干位，移位后，空白位补“0”，移动的位数由另一个运算对象确定。

例：若 a=0x4b(二进制表达形式为：01001011B)

则表达式 a=a>>2，将 a 的值右移 2 位，结果为：

```
    0 1 0 0 1 0 1 1
-------------------
    0 0 0 1 0 0 1 0 1 1
```

移出的两位“11”丢失，前面被两位 0 填充，因此，运算后的结果是 00010010B 即 0x12。

学习了这些知识，下面就来看一看程序中 OutDat 是如何移位的，首次执行时 OutDat=0xfe，即 11111110B。

执行 temp=OutDat<<7;程序，相当于将 OutDat 左移 7 位，右侧用零补充，因此 temp 变为 00000000B，即 0x0。执行 OutDat = OutDat >> 1；程序行，将 11111110B 右移 1 位，左侧用零补充，因此 OutDat 变为 01111111B，即 0x7f。执行 OutDat=OutDat|temp;将 0 与 0x7f 相或，结果为 0x7f，这样，最低位的 0 就移到了最高位。随后 01111111B 左移 7 位，变成了 100000000B，即 0x80，01111111B 右移 1 位，成为 00111111 即 0x3f，将 0x3f 与 0x80 相或，结果为 0xbf，即 10111111B。这样，每次循环都会让变量 OutDat 的各二进制位右移 1 次。

3.4.4 单片机的内部结构

为充分理解例 3-4，必须要了解单片机内部结构及更多的知识。

1. 单片机内部结构示意图

图 3-24 是 80C51 单片机的内部结构示意图，从图中可以看到，在一个 80C51 单片机内部有以下一些功能部件：

- 一个 8 位 CPU 用来运算、控制。
- 片内数据存储器 RAM，对于 51 型单片机而言，容量是 128 字节。
- 片内程序存储器 ROM，对于 89S51 单片机而言，容量是 4 K(4 096 个单元)。
- 4 个 8 位的并行 I/O 口，分别是 P0、P1、P2、P3。
- 2 个 16 位的定时/计数器。
- 中断结构。
- 一个可编程全双工通用异步接收发送器 UART。
- 一个片内振荡器用于时钟的产生。
- 可以寻址 64 KB 外部程序存储器和外部数据存储器的总结扩展结构。

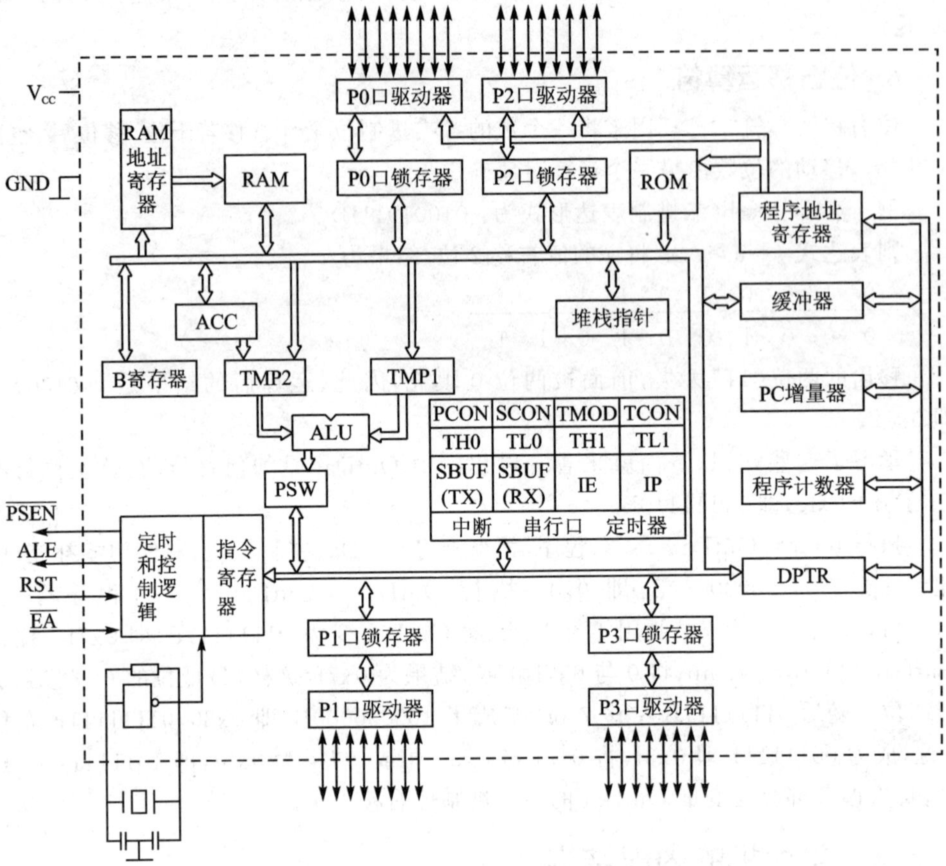

图 3-24　51 单片机的内部结构示意图

2. 80C51　CPU 的内部结构与功能

(1) 运算器

80C51 CPU 中的运算器主要包括一个可以进行算术运算和逻辑运算的 ALU(算术和逻辑运算单元),8 位暂存器 TMP1 和 TMP2,8 位累加器 ACC,寄存器 B 以及程序状态字 PSW 等。

(2) B—8 位寄存器

一般情况下,可以作为通用的寄存器来用,但是,在执行乘法和除法运算时,B 就必须参与其中,存放运算的一个操作数和运算后的一个结果。

(3) PSW—程序状态字

这是一个 8 位的寄存器,用来存放当前有关指令执行结果的状态标志,由此可以了解 CPU 的当前状态,并作出相应的处理。它的各位功能如表 3-3 所列。

表3-3 程序状态字 PSW 中各位的功能

D7	D6	D5	D4	D3	D2	D1	D0
CY	AC	F0	RS1	RS0	OV		P

各位的功能如下：

1）CY：进位标志。80C51 中的运算器是一种 8 位的运算器，8 位运算器只能表示到 0～255，如果做加法的话，两数相加可能会超过 255，这样最高位就会丢失，造成运算的错误，为解决这个问题，设置一个进位标志，如果运算时超过了 255，把最高位保存到这里来，这样就可以得到正确的结果了。

2）AC：半进位标志。

3）F0：用户标志位。

4）RS1、RS0：工作寄存器组选择位。

5）0 V：溢出标志位。

6）P：奇偶校验位：它用来表示 ALU 运算结果中二进制数位"1"的个数的奇偶性。若为奇数，则 P=1，否则为 0。

(4) DPTR(DPH、DPL)

由两个 8 位的寄存器 DPH 和 DPL 组成的 16 位寄存器。DPTR 称之为数据指针，可以用它来访问外部数据存储器中的任一单元，如果用不到这一功能，也可以作为通用寄存器来用。

(5) SP——堆栈指针

首先介绍一下堆栈的概念。日常生活中有这样的现象，家里洗的碗，一只一只摞起来，最后洗的放在最上面，而最早洗的则被放在最下面，取时正好相反，先从最上面取，这种现象用一句话来概括："先进后出，后进先出"。这种现象在很多场合都有，比如建筑工地上堆放的材料，仓库里放的货物等，都遵循"先进后出，后进先出"的规律。

在单片机中，也可以在 RAM 中构造这样一个区域，用来存放数据，这个区域存放数据的规则就是"先进后出，后进先出"，称之为"堆栈"。为什么要这样来存放数据呢？存储器本身不是可以按地址来存放数据吗？知道了地址的确就可以知道里面的内容，但如果需要存放一批数据，每一个数据都需要记住其所在地址单元，比较麻烦，如果规定数据一定是一个接一个地存放，那么只要知道第 1 个数据所在单元的地址就可以了，图 3-25 是堆栈指针示意图，从图中可以看出，假设第 1 个数据在 27H，那么第 2、3 个数据就一定在 28H、29H。利用堆栈这种方法来放数据可以简化操作。

80C51 单片机是在内存(RAM)中划出一块空间用于堆栈，但是用内存的哪一块不好定，因为 80C51 是一种通用的单片机，做不同的项目时实际需求各不相同，有的工作需要多一些堆栈，而有的工作则不需要那么多，所以怎么分配都不合适，如何来解决这个问题?分不好干脆就不分了,把分配的权利交给用户(单片机开发者),根据项目的实际需要去确定,所以80C51单片机中堆栈的位置是可以变化的,而这种变化就体现在SP中值的变化,从图3-23可以看出,如果让SP中的值等于27H,相当于是一个指针指向27H单元,同样,只要把SP单元中的数据改成其他值,那么这个区域在RAM中的位置马上就改变了,比如把SP中的值改为5FH,那么堆栈就到了RAM区的后面的部分,程序中只要改变SP的值即可,很方便。以上只是一般性的说明,实际的80C51单片机中,堆栈指针所指的位置并非就是数据存放的位置,而是数据存放的前一个位置,比如开始时指针是指向27H单元,那么在进行堆栈操作时,第一个存入数据的位置是28H单元,而不是27H单元,出现这种情况的原因是堆栈指令在执行时先移动指针(即先令SP中的值加1),然后再存入堆栈。

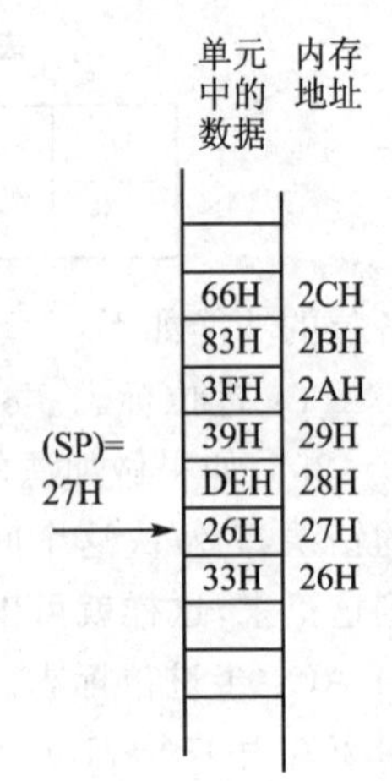

图3-25 堆栈指针示意图

以上介绍的这些功能,虽然在使用C语言编程时不必一定直接使用,但是在理解C程序功能、调试C程序的过程中还是免不了与它们打交道,因此,对于这些知识的了解和掌握是必要的。

(6) 特殊功能寄存器

从图3-24中还可以看到,图中有一些名称不知是什么,如TCON,TH1,TL1等。在学习了前面的知识以后,已知对并行I/O口的读写只要将数据送入到相应I/O口的锁存器就可以了,那么单片机中还有一些功能部件如定时/计数器,串行I/O口等如何来使用呢?在单片机中有一些独立的存储单元用来控制这些功能部件,这些存储单元被称之为特殊功能寄存器(SFR)。

顾名思义,所谓特殊功能,就是指这些寄存器里面的内容是有特定含义的,不可以随便放数据,例如将数据0x00送入P1寄存器,这必然会使P1引脚全部变为低电平,这一类寄存器称之为“特殊功能寄存器”。

表3-4给出了特殊功能寄存器的名称和其含义,其中有一些已学过,如P1、SP、PSW等等,其他没有学过的特殊功能寄存器的含义将会在学习相关内容时介绍。

3. 控制器

80C51CPU中的控制器包括程序计数器PC,指令寄存器、指令译码器、振荡器和定时电路等。其中PC共有16位,因此,80C51单片机一共可以对16位地址线进行管理,即80C51单片机可以对64 KB的程序存储器(ROM)进行直接寻址。

控制器的大部分功能对单片机的使用者来说是不可见的,所以这里就不详细介绍了。

表 3 - 4　特殊功能寄存器表

符　号	地　址	功能介绍	符　号	地　址	功能介绍
B	F0H	B 寄存器	TL1	8BH	定时器/计数器 1(低 8 位)
ACC	E0H	累加器	TL0	8AH	定时器/计数器 0(低 8 位)
PSW	D0H	程序状态字	TMOD	89H	定时器/计数器方式控制寄存器
IP	B8H	中断优先级控制寄存器			
P3	B0H	P3 口锁存器	TCON	88H	定时器/计数器控制寄存器
IE	A8H	中断允许控制寄存器	DPH	83H	数据地址指针(高 8 位)
P2	A0H	P2 口锁存器	DPL	82H	数据地址指针(低 8 位)
SBUF	99H	串行口锁存器	SP	81H	堆栈指针
P1	90H	P1 口锁存器	P0	80H	P0 口锁存器
TH1	8DH	定时器/计数器 1(高 8 位)	PCON	87H	电源控制寄存器
TH0	8CH	定时器/计数器 0(高 8 位)			

巩固与提高

1. 什么是堆栈？80C51 单片机的堆栈在什么区域？能否改变此区域？
3. 什么是特殊功能寄存器？在 80C51 中有哪些特殊功能寄存器？
3. 读懂运行风火轮玩具体要求的源程序，试着改变风火轮的转向。

课题 4

80C51 单片机的中断系统

在人们的工作过程中，当前的事务往往会被一些突发性的事件打断，需要人们去处理，处理完毕后可以回来继续处理当前事务，这就是一种“中断”现象。利用中断，可以很好地完成各种突发性的工作。单片机的工作过程是对人们工作过程的模拟，在单片机的工作中引入“中断”同样可以很好地完成各种突发性的工作。

任务 1　紧急停车控制器

在使用单片机控制的机器设备中，经常会有这样的要求，即一旦有紧急事故发生，立即停止机器的运行，本任务通过制作这样的一台设备控制器来学习单片机中有关中断的知识。

4.1.1　中断的概念

在日常生活中，“中断”是一种很普遍的现象。例如，您正在家中看书，突然电话铃响了，您放下书本，去接电话，和来电话的人交谈，然后放下电话，回来继续看书，这就是生活中的“中断”的现象。所谓中断就是正常的工作过程被其他事件打断，使得这一事件可以得到及时的处理，处理完后可以继续做原来的工作。

仔细研究一下生活中的中断，对于学习单片机的中断很有好处。

1. 引起中断的事件

生活中很多事件可以引起中断：门铃响了，电话铃响了，闹钟闹响了，烧的水开了等诸如此类的事件都可以引起中断。可以引起中断的事件称之为中断源，80C51 单片机中一共有 5 个可以引起中断的事件：两个外部中断，两个定时/计数器中断，一个串行口中断。

2. 中断的嵌套与优先级处理

设想一下，您正在看书，电话铃响了，同时又有人按了门铃，该先做那样呢？如果您正是在等一个很重要的电话，一般不会去理会门铃声，而反之，您正在等一个重要的客人，则可能就不会去理会电话了。如果不是这两者(既不在等电话，也不在等人上门)，您可能会按通常的习惯去处理，总之这里存在一个优先级的问题。单片机工作中也有优先级的问题。优先级的问题不仅仅发生在两个中断同时产生的情况,也发生在一个中断已产生,又有一个中断产生的情况,比如您正接电话,有人按门铃的情况,或您正开门与人交谈,又有电话响了情况。计算机是人类世界的模拟,处理这一类事件的方法也与人处理这一类事件类似。

3. 中断的响应过程

当有事件产生,进行中断处理之前必须先记住现在看的书是第几页,或拿一个书签放在当前页的位置(因为处理完了事件还要回来继续看书),然后去处理不同的事件:电话铃响要到放电话的地方去,门铃响要到门那边去,即不同的中断,通常会在一个不同但相对固定的地点处理。80C51单片机中采用类似的处理方法,每个中断产生后都跳转到一个固定的位置去寻找处理这个中断的程序,在转移之前首先要保存断点位置,以便中断事件处理完后能回到原来的位置继续执行程序。具体地说,中断响应可以分为以下几个步骤:

① 保护断点,即保存下一条将要执行的指令的地址,方法是把这个地址送入堆栈。

② 寻找中断入口,根据不同的中断源所产生的中断,查找不同的入口地址,以上工作由单片机硬件自动完成的。在这些不同的入口地址处存放有中断处理程序(中断处理程序必须放在指定的位置,C51编译器提供了这样的方法)。

③ 执行中断处理程序。

④ 中断返回:执行完中断指令后,就从中断处返回到主程序。

4.1.2　任务实现

【例4-1】 如图4-1所示,由P1.0引脚驱动电机旋转,当P3.2引脚上出现故障信号时,立即停止电机的旋转。为便于演示,这里的故障信号使用一个按键来模拟,无故障时,P3.2引脚为高电平,当按下按键后,P3.2引脚为低电平。电机用发光LED模拟,LED亮表示电机旋转,LED灭表示电机停止旋转。

```
#include "at89x52.h"
bit  Run = 1;
void jjtc()  interrupt 0     //外部中断0处理程序
{
    Run = 0;
}
void main()
{   EX0 = 1;
    EA = 1;
    while(1)
    {   if(Run)
```

```
            P1_0 = 0;
        Else
            P1_0 = 1;
    }
}
```

程序实现：输入源程序，命名为 jjtc.c，建立名为 jjtc 的工程文件，将源程序加入，设置工程，在 Output 页选中“Creat Hex File”。设置完毕，回到主界面。编译、链接程序，直到没有错误为止。使用课题 1 任务 1 所做实验板，将代码写入芯片，上电后，L1 点亮，按下 K1，L1 熄灭。

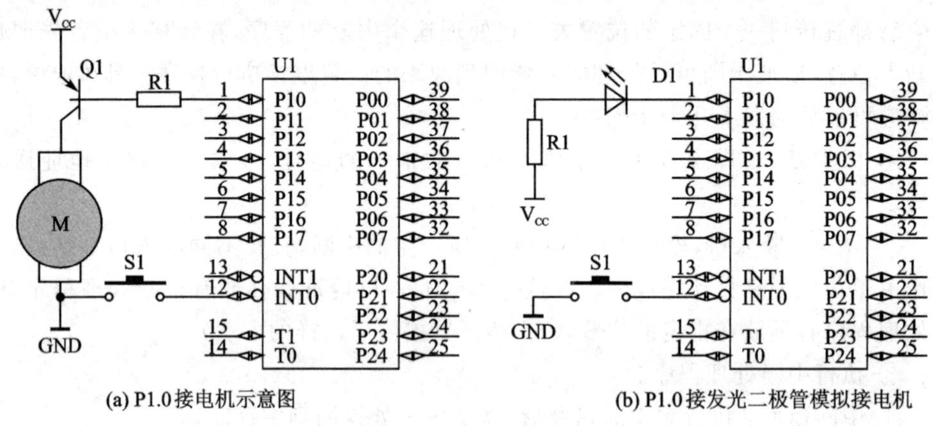

(a) P1.0接电机示意图　　(b) P1.0接发光二极管模拟接电机

图 4-1　实现紧急停车控制的电路原理图

程序分析：程序先定义了一个位型变量 Run，并初始化其值为 1。main()函数中第 1 行 EX0 是一个标志位，将该位置 1，将允许 P3.2/INT0 引脚产生的中断请求。第 2 行中的 EA 也是一个标志位，称之为总中断允许，一个单片机的所有中断要能够得到响应，必须将这一位置 1。随后就是一个无限循环，在这个循环中判断 Run 是 1 或者是 0，如果是 1，则令 P1.0 引脚输出低电平，三极管导通，电机旋转，对应(b)图的 D1 点亮。如果 Run 为 0，则 P1.0 引脚输出高电平，三极管截止，电机停转，对应(b)图的 D1 不亮。

进入中断程序，将 Run 变量置 0，这样，main 函数就会将 P1.0 引脚置 0 而让电机停转。中断程序中的函数名 jjtc 是自行命名的，可以任意取名，只要符合语法要求就可以。interrupt 是一个 C51 提供的关键字，说明这段函数是一个中断处理函数，而其后所跟 0 则说明这段程序用来处理外部中断 0 产生的中断，也就是 3.1.1 小节中提到的中断处理程序都要放在指定位置。这是依靠 interrupt 后面所跟的“0”来实现的，要清楚“0”的含义，还需要进一步了解 80C51 的中断结构。

知识链接：Keil 中的特殊数据类型

为了更有效地使用 80C51 单片机，Keil C 编译器除了支持标准 C 的各种数据类型外还增加了一些数据类型，下面分别说明。

(1) 位型数据

使用一个二进制位来存储数据，其值只有“0”和“1”两种。

位型变量的定义如同其他的数据类型一样，例：

```
bit  flag = 0;         //定义一个位变量
```

所有的位变量存储在 80C51 单片机内部 RAM 中的位寻址区，由于 80C51 中只有 16 字节的位寻址区，因此，程序中最多只能定义 128 个位变量。

位型数据在使用中有一些限制：

● 位数据类型不能作为数组，例：

```
bit A[10];             //错误定义
```

● 位数据类型不能作为指针，例：

```
bit   *ptr;            //错误定义
```

● 使用禁止中断(#pragma disable)及明确指定使用工作寄存器组(unsing n)的函数不能返回 bit 类型的数据。

关于指针类型、函数的有关知识将在后续课程中学习。

(2) sfr 型数据

80C51 内部有一些特殊功能寄存器(sfr)，为定义、存取这些特殊功能寄存器，C51 增加了 sfr 型数据，增加了 sfr、sfr16 和 sbit 这 3 个关键字。

sfr 和 sbit 的用法已在第 1 章中作过说明，这里不再重复。sfr16 是用来定义 16 位的特殊功能寄存器的，对于标准的 80C51 单片机，只有一个 16 位的特殊功能寄存器，即 DPTR，可以这样定义 DPTR：

```
sfr16  DPTR = 0x82;
```

实际上 DPTR 是两个地址连续的 8 位寄存器 DPH 和 DPL 的组合，可以分开定义这两个 8 位的寄存器，也可用 sfr16 定义 16 位的寄存器。

80C52 单片机也属于 80C51 单片机系列，不过这种单片机内部包含了更多的 ROM、RAM、定时器、寄存器等。如 80C52 中的 T2 由 T2L 和 T2H 两个 8 位的寄存器组成，这两个 8 位寄存器的地址连在一起，分别是 0xcc 和 0xcd；RCAP2 寄存器由两个地址连在一起分别为 0xca 和 0xcb 的寄存器组成，它们可分别定义如下：

```
sfr16     T2 = 0xCC;
sfr16     RCAP2 = 0xCA;
```

4.1.3 80C51 的中断结构

图 4-2 所示是 80C51 中断系统结构图,它由与中断有关的特殊功能寄存器、中断入口、顺序查询逻辑电路等组成,包括 5 个中断请求源,4 个用于中断控制的寄存器 IE、IP、TCON(用其中的 6 位)和 SCON(用其中的 2 位)来控制中断的类型、中断的开/关和各种中断源的优先级确定。5 个中断源有 2 个优先级,每个中断源可以被编程为高优先级或低优先级,可以实现 2 级中断嵌套,5 个中断源有对应的 5 个固定中断入口地址(矢量地址)。

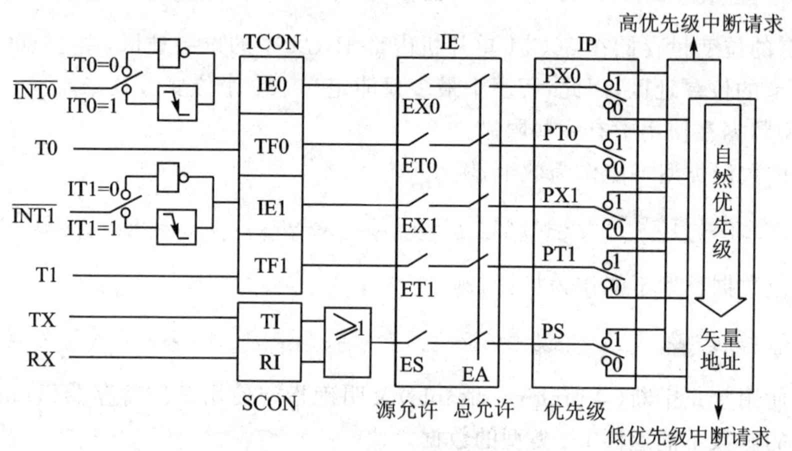

图 4-2 80C51 的中断系统结构

1. 中断请求源

80C51 提供了 5 个中断请求源,其中两个外部中断请求源 $\overline{INT0}$(P4.2)和 $\overline{INT1}$(P4.3),两个片内定时器/计数器 T0 和 T1 的溢出中断请求源 TF0(TCON.5)和 TF1(TCON.7),1 个片内串行口的发送或接收中断请求源 TI(SCON.1)或 RI(SCON.0),它们分别由特殊功能寄存器 TCON 和 SCON 的相应位锁存。

经 $\overline{INT0}$ 和 $\overline{INT1}$ 输入的两个外部中断请求源及其触发方式的控制由 TCON 的低 4 位状态确定,TCON 各位的定义如表 4-1 所列。

表 4-1 定时/计数器控制寄存器 TCON 的格式

位	D7	D6	D5	D4	D3	D2	D1	D0
含义	TF1	TR1	TF0	TR0	IE1	IT1	IE0	IT0

TCON 的字节地址为 88H,其中各位地址从 D0 位开始分别为 88H~8FH。TCON 中 D0~D3 位的功能描述如下:

- IT0:$\overline{INT0}$ 触发方式控制位,可由软件进行置位或复位。IT0 =0,$\overline{INT0}$ 为低电平触发方式,IT0=1,$\overline{INT0}$ 为负跳变触发方式。

- IE0：$\overline{\text{INT0}}$ 中断请求标志位。当 $\overline{\text{INT0}}$ 上出现中断请求信号时(低电平或负跳变),由硬件置位 IE0。在 CPU 响应中断后,再由硬件将 IE0 清 0。

所谓信号的负跳变是指脉冲信号的下降沿,由于 CPU 在每个机器周期采样 $\overline{\text{INT0}}$ 的输入电平,因此在 $\overline{\text{INT0}}$ 采用负跳变触发方式时,要在两个连续的机器周期期间分别采样并且分别为高电平和低电平(这样才能构成负跳变),这就要求 $\overline{\text{INT0}}$ 的输入高、低电平时间必须保持在 12 个振荡周期以上。

IT1、IE1 的功能和 IT0、IE0 相似,它们对应于外部中断源 $\overline{\text{INT1}}$。

2. 中断源的自然优先级与中断服务程序入口地址

在 80C51 中有 5 个独立的中断源,它们可分别被设置成不同的优先级。若它们都被设置成同一优先级时,这 5 个中断源会因硬件的组成而形成不同的内部序号,构成不同的自然优先级,排列顺序见表 4－2。

表 4－2　80C51 单片机中断源自然优先级排序

中断源	同级内部自然优先级
外部中断 0	最高级
定时器 T0	↓
外部中断 1	
定时器 T1	
串行口	最低级

对应于 80C51 的 5 个独立中断源,有相应的中断服务程序,这些程序有固定的存放位置,这样产生了相应的中断以后,就可转到相应的位置去执行,就像听到电话铃、门铃就会到分别到电话机、门边去一样。80C51 中 5 个中断源所对应的地址入口如表 4－3 所列。

表 4－3　80C51 单片机各中断源的入口地址表

中断源	中断入口向量
外部中断 0	0003H
定时器 T0	000BH
外部中断 1	0013H
定时器 T1	001BH
串行口	0023H

由此可以解答 3.1.2 程序分析中的问题,即 C 语言以 0 开始为各个中断排序,在 interrupt 后写上 0 就表示外部中断 0 的处理程序,写上 1 就表示定时器 T0 的中断处理程序,依此类推,如果要写外部中断 1、定时器 T1 和串行口中断处理程序,则应分别在 interrupt 后跟上 2,3,4 这样的数字。

3. 中断允许寄存器

在 80C51 中断系统中,中断的允许或禁止是由片内可进行位寻址的 8 位中断允许寄存器IE来控制的。它分别用于控制CPU对所有中断源的总开放或禁止以及对每个中断源的中断开放/禁止状态。

IE中各位的定义和功能如表4-4所列。

表4-4 中断允许控制寄存器IE的格式

位	7	6	5	4	3	2	1	0
含义	EA	—	—	ES	ET1	EX1	ET0	EX0

对IE各位的功能描述如下:

EA(IE.7):CPU中断允许标志位。

EA=1,CPU开放总中断;

EA=0,CPU禁止所有中断。

ES(IE.4):串行口中断允许位。

ES=1,允许串行口中断;

ES=0,禁止串行口中断。

ET1(IE.3):定时器T1中断允许位。

ET1=0,禁止T1中断;

ET=1,允许T1中断。

EX1(IE.2):外部中断1中断允许位。

EX1=0,禁止外部中断1中断;

EX1=1,允许外部中断1中断。

ET0(IE.1)和EX0(IE.0):分别为定时器T0和外部中断0的允许控制位,基功能基本同ET1和EX1。

对IE中各位的状态,可利用指令分别进行置位或清0,实现对所有中断源的中断开放控制和对各中断源的独立中断开放控制。当CPU在复位状态时,IE中的各位都被清0。

任务2 通过外部信号来改变风火轮的转速

在课题3的3.4节中实现了一个风火轮玩具,在那个任务中,风火轮旋转的速度由程序决定。这意味着要改变风火轮的转速必须修改程序,人们无法直观地改变风火轮的转速,从而观察其运行效果。本任务通过一个外部信号来控制风火轮的转速,只要改变外部信号的频率,即可直观地观察风火轮在各种转速下的运行效果。

4.2.1 脉冲信号获得

要使用外部信号来改变风火轮的转速,就要提供一个适当的外部信号,该信号应该是一个频率可变的矩形波。获得信号的一种方法是使用信号发生器,如图4-3所示，将信号发生器的 TTL 输出端接在 80C51 的 P3.2 引脚上。

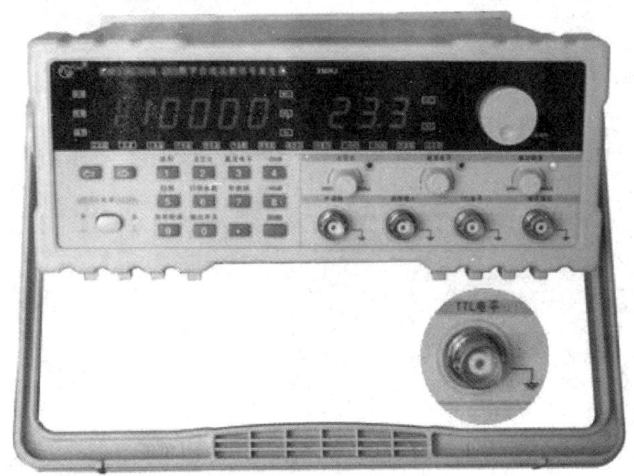

图 4－3　信号发生器

获得脉冲信号的另一种方法是用手动的方法提供信号，这样更直观一些，操控性更好，也更有趣味性。使用 EC 系列旋转编码开关能方便地获得脉冲信号，如图 4－4 所示是 EC 系列旋转编码开关的外形图、内部结构图及工作波形图。这种开关常见于音响等设备，已是一种很常用的器件。

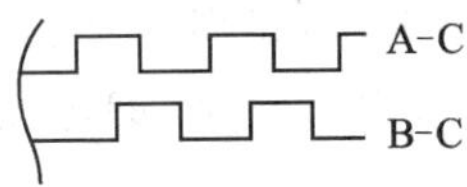

图 4－4　旋转编码开关外形、内部结构、工作波形

图中旋转编码开关有 3 个引脚，分别为 A、B 和 C 引脚，其中 C 为公共端，将其接地，A、B 引脚通过上拉电阻接 V_{CC}，转动手柄，即可获得脉冲信号。当顺时针转动手柄时，A－C 相位超前于 B－C 相位，波形如图 4－4 所示；当逆时针转动手柄时，B－C 相位超前于 A－C 相位，即将图中 A－C 和 B－C 波形互换，这里就不再画出了。在本任务中，只用到该器件的两个引脚，C 脚接地，A 脚或 B 脚任一个接入 P3.2 即可。

4.2.2　任务实现

【例 4－2】　通过外部信号控制风火轮的转速。

```
#include <at89x52.h>
#include <intrins.h>
bit   Run = 0;
void Lamp()   interrupt 0
```

```
    {
        Run = 1;
    }
    void main()
    {
        unsigned char OutDat = 0xfe;
        IT0 = 1;
        EX0 = 1;
        EA = 1;
        for(;;)
        {
            P1 = OutDat;
            if(Run)
            {
                Run = 0;
                OutDat = _crol_(OutDat,1);
            }
        }
    }
```

程序实现：输入源程序，命名为 lamp.c，建立名为 lamp 的工程，将源程序加入，设置工程，在 Output 页选中“Creat Hex File”。设置完毕，回到主界面。编译、链接程序，直到没有错误为止。将代码写入芯片，按上节所示方法在 P3.2 引脚接入脉冲信号，改变脉冲频率，即可以看到风火轮旋转速度的变化。

程序分析：程序开头中定义了一个位变量 Run，并令其为 0。在 main()函数中，定义了一个输出数据 OutDat＝0xfe，在初始化外部中断后，进入 for(;;)循环，在循环中，首先将 OutDat 送给 P1 口，然后判断 Run 是否等于 1，如果等于 1，则将 OutDat 左移 1 位，并将 Run 清零。这样，再次执行 P1＝OutDat 时，送到 P1 口的数据就变成了 0xfd，即灯移动了一位。这样，只要 Run 等于，OutDat 就会左移一位，当 Run 不断变化时，观察到的现象就是不断地变换亮灯的位置，灯就流动起来了。而能够令 Run 由 0 变为 1 的，正是中断处理函数 void Lamp() interrupt 0。因此，每进入中断一次，就会令 Run 变为 1，而每次 Run 变为 1 以后，就会令灯移动 1 位，随即将 Run 清零，等待下次 Run 变为 1。

main()函数中的 EA＝1;和 EX0＝1 都可以理解，那么 IT0＝1;是何意呢？为说明请楚这个问题，继续完成下面的练习。

将程序中的第 9 行即 IT0＝1 前加两条斜框“//”，即将该行注释掉，重新编译、链接并将代码写入芯片，再次运行程序，可以发现灯的转动没有了规律，调节 P3.2 引脚的输入频率，灯的旋转速度也没有什么变化。

当将 IT0＝1 改为 IT0＝0 后，原来的下降沿触发被变为低电平触发，因此在脉冲输入的低电平期间，将反复进入中断，因此，Run 标志位将不断变为 1，所以在同一个低电平期间 LED 将会多次移位，这也就造成了灯的旋转没有规律。

巩固与提高

1. 实际做一做使用信号发生器来控制旋转速度，看一看当输入信号的频率达到多少的时候，已看不出 LED 在依次点亮，而是几乎同时点亮？

2. 旋转编码器 A 端和 B 端可以送出两路信号，而且当旋转方向发生变化时，输出的顺序也会发生变化，根据这一特点，设计电路并编写程序，用旋转编码器手柄转动方向控制风火轮旋转方向。

知识链接：变量的作用范围

一个 C 语言程序中的变量可以是在这个程序中的所有函数中被使用，也可以仅在一个函数中有效，这就是 C 语言中局部变量和全局变量的概念。

1. 局部变量

在一个函数内部定义的变量是内部变量，它只在本函数范围内有效，也就是说只有在本函数内才能使用它们，在此函数以外是不能使用这些变量的，称之为“局部变量”。如本例 main()函数中的 OutDat 变量，就不能够在中断函数中使用。

2. 全局变量

一个源文件可以包含一个或若干个函数，在函数内定义的变量是局部变量，而在函数之外定义的变量称为外部变量，外部变量是全局变量。全局变量可以在本文件中供所有的函数使用。它的有效范围为从定义变量的位置到本源文件的结束。如例子中的 Run 变量，在 main()函数和 Lamp()函数中都能使用。

下面再举一些例子来说明。

```
int fun1(int a)                /* 函数 fun1 */
{    int b,c;
……                             /* 本函数内有 a,b,c 这 3 个变量 */
}
char fun2(char x,char y)       /* 函数 fun2 */
{    int i, j;                 /* 本函数内有 x,y,i,j 这 4 个变量 */
         ……
}
void main()
{    int m,n;
     ……
     fun1(10);
     fun2(5,8);
}
```

说明：

(1) main 函数中定义的变量(m,n)也只在 main 函数中有效，不因其调用了 f1 和 f2 函数就认为 m 和 n 在函数 f1 和 f2 中有效。

(2) 不同函数中可以使用相同名字的变量，它们代表不同的对象，互不干扰。假设在函数 f2 中将定义更改为：

```
int  m,n;
```

这个 m 和 n 与 main 函数中的 m、n 互不相干，在内存中占用不同的内存单元。

(3) 形式参数也是局部变量，例如 f1 函数中的 a，只在函数 f1 中起作用。

(4) 用"{"和"}"括起来的复合语句中可以定义变量，这些变量只在本复合语句中起作用。

例：

```
void main()
{    int a,b;          /* 变量 a 和 b 在整个 main 函数中有效 */
     ……
     {    int c;       /* 变量 c 只在本复合语句中有效 */
          c = a + b;
     }
}
```

变量 c 只在复合语句内有效，离开该复合语句该变量就无效，不能使用。

一个函数中既可以使用在本函数中定义的局部变量，又可以使用有效的全局变量。

说明：

(1) 全局变量的作用是增加了函数之间数据联系的渠道。由于同一文件中的所有函数都能引用全局变量的值，因此如果在一个函数中改变了全局变量的值，就能影响到其他函数，相当于各个函数间有直接数据传递的通道。由于函数调用只能带回一个返回值，因此有时可以利用全局变量增加与函数联系的渠道，从函数得到一个以上返回值。在编写中断程序时，往往也是通过全局变量来进行数据的交换。

(2) 没有十分必要，尽量少用全局变量，理由如下：

- 全局变量在程序的全部执行过程中都占用存储单元，而不是仅在需要时才占用。
- 它降低了函数的通用性。通常在编写函数时，都希望函数具有良好的可移植性，以便在其他程序中被方便地使用，一旦使用了全局变量，就必须在使用到该函数的程序中定义同样的全局变量。
- 全局变量过多会降低程序的清晰性。在程序调试时，如果一个全局变量的值与设想的不同，那很难判断出究竟是哪一个函数出现了差错。

(3) 使用在同一源文件中，全局变量与局部变量同名，则在局部变量的作用范围内，外部变量被屏蔽，不起作用。

4.2.3　中断响应分析

中断总令初学者有些神秘的感觉，因为借用了人的思维模式和语言（如“申请中断”），似乎把 CPU 当成了一个有思想、有接受能力的东西。那么中断究竟是怎样产生的呢？有必要作一个分析，破除这种神秘的感觉。

1. 中断响应的条件

从生活中的现象谈起，闹钟定时在 12 点闹响，在闹钟没有响之前，人们是不需要用眼睛去看闹钟上所显示的时间的，因为时间一到，铃声会被另一个感觉器官——耳朵所捕捉到。但是单片机就不同了，单片机并没有其他方法可以“感知”。它只能用一个方法，就是不断地检测引脚或标志位，当这些引脚或标志位变为高电平或低电平（不同的中断源有不同的要求）时，就认为是有中断产生，而检测电平的高、低，电子电路是完全可以做到的。

如果人也按照这种思路去用闹钟，那就麻烦了，把闹钟设定在 12 点，人得在做任何事情的时候，每隔一段固定的时间（假设是 1min）看一眼闹钟，看时间到了没有，没到，继续干活，到了，说明定时时间到了。计算机就是用这么“笨”的方法来实现中断的。所以实质上，所谓中断，其实就是由硬件执行的查询，并且是每个机器周期查询一遍。

80C51 单片机的 CPU 在每个机器周期采样各个中断源的中断请求信号，并将它们锁存到寄存器 TCON 或 SCON 中的相应位。而在下一个机器周期对采样到的中断请求标志按优先级顺序进行查询。查询到有中断请求标志，则在下一个机器周期按优先级顺序进行中断处理。中断系统通过硬件自动将对应的中断入口地址装入单片机的 PC 计数器，由于单片机总是以 PC 中的值作为地址，并取此地址单元中的值作为指令，所以程序自然就转向中断入口处继续执行，进入相应的中断服务程序。

在出现以下 3 种情况之一时，CPU 将封锁对中断的响应：

- CPU 正在处理同一级或高一级的中断。
- 现行的机器周期不是当前正在执行指令的最后一个机器周期（保证一条指令必须被完整地执行）。
- 当前正在执行的指令是返回（RETI）或访问 IE、IP 寄存器的指令（在此情况下，CPU 至少再执行完一条指令后才响应中断）。

2. 中断响应过程

80C51 中断系统中有两个不可编程的优先级有效触发器，高优先级有效触发器状态用以指明已进入高优先级中断服务，并禁止其他一切中断请求；低优先级有效触发器，用来指明已进入低优先级中断服务，并禁止除高优先级外的一切中断请求。

80C51 一旦响应中断,首先置位相应的优先级中断触发器,再由硬件执行一条调用指令,将当前 PC 值送入堆栈,保护断点,然后将对应中断的入口地址装入 PC,使程序转向该中断的服务程序入口地址单元,执行相应的中断服务程序。

在执行到中断服务程序最后一条返回指令(RETI)时,清除在中断响应时置位的优先有效触发器,然后将保存在堆栈中的断点地址返回给 PC,从而返回主程序。

80C51 响应中断后,只保护断点而不保护现场有关寄存器的状态(如 A、PSW 等),不能清除串行口中断标志 TI 和 RI 以及外部中断请求信号 INT0 和 INT1。因此,用户在编写中断服务程序时应根据实际情况自行编写程序对上述提到的未保护内容进行保护。

3. 中断的响应时间

根据前述 CPU 对中断响应的一些基本要求可知,CPU 并不是在任何情况下对中断进行响应,不同情况从中断请求有效到开始执行中断服务程序的第一条指令的中断响应时间也各不相同,下面以外部中断为例来说明中断响应时间。

如前所述,80C51 的 CPU 在每个周期采样外部中断请求信号,锁存到 IE0 或 IE1 标志位中,至下一个机器周期才按优先级顺序进行查询。在满足响应条件后,CPU 响应中断时,要执行一条两个周期的调用指令,转入中断服务程序的入口,进入中断服务。因此,从外部中断请求有效到开始执行中断服务程序,至少需要 3 个机器周期。若在申请中断时,CPU 正在处理乘、除法指令(这两条指令需要 4 个机器周期才能完成),那么最多可能要额外地多等 3 个周期,若正在执行 RETI 指令或访问 IP、IP 的指令,则额外等待的时间又将增加 2 个机器周期。综上所述,在系统中只有 1 个中断源申请中断时,中断响应的时间为 3~8 个周期,如果有其他中断存在,响应的时间就不能确定了。

使用 C 语言编程时,编程者接触不到汇编指令,但 C 语言最终还是要将程序行变换成为指令代码才能让单片机正常工作,因此,同样必须遵循这里所描述的规律。了解这些规律,才能更好地理解中断的实现过程,用好中断。

4.2.4 中断控制

在 80C51 单片机的中断系统中,对中断的控制除了前述的特殊功能寄存器 TCON 和 SCON 中的某些位,还有两个特殊功能寄存器 IE 和 IP 专门用于中断控制,分别用来设定各个中断源的打开或关闭以及中断源优先级。关于 IE,任务 1 中已做过介绍,下面来介绍 IP。

80C51 的中断系统有两个中断优先级,对每个中断源的中断请求都可通过对 IP 中有关位的状态设置,编程为高优先级中断或低优先级中断,实现 CPU 中响应中断过程中的二级中断嵌套。80C51 中 5 个中断源的自然优先级排序前已述及,即使它们被编程设定为同一优先级,这 5 个中断源仍会遵循一定的排序规律,实现中断嵌套。IP 是一个可位寻址的 8 位特殊功能寄存器,其中各位的定义和功能如表 4-5

所列。

表 4-5 优先级控制寄存器 IP 的格式

位	D7	D6	D5	D4	D3	D2	D1	D0
含 义	—	—	—	PS	PT1	PX1	PT0	PX0

对 IP 各位的功能描述如下：

- PS(IP.4)：串行口中断优先级控制位。
- PT1(IP.3)：定时器 T1 中断优先级控制位。
- PX1(IP.2)：外部中断 1 中断优先级控制位。
- PT0(IP.1)：定时器 T0 中断优先级控制位。
- PX0(IP.0)：外部中断 0 中断优先级控制位。

以上各位若被置 1,则相应的中断被设置成为高优先级中断,如果清 0,则相应的中断被设置成为低优先级中断。

例： 设(IP)=06H,如果 5 个中断同时产生,中断响应的次序是怎样的?

解： 06H 即 00000110,因此,外中断 1 和定时器 0 被设置为高优先级中断,其他 3 个中断为低优先级中断。

由于有两个高优先级中断,所以在响应中断时,这两个中断按自然优先级进行排队,首先响应定时器 T0,然后才响应外中断 1。剩下的 3 个低级中断,按自然优先级排队,响应的次序是：外中断 0,定时器 T1,串行口中断。

因此,综合考虑中断响应的次序应当是：定时器 T0,外中断 1,外中断 0,定时器 T1 和串行口中断。

巩固与提高

1. 80C51 有几个中断源？CPU 响应中断时,其中断入口地址各是多少？

2. 中断响就过程中,为什么要强调保护现场？通常如何保护？

3. 以下中断优先顺序是否可以实现,如果可以,写出实现方法。

(1) 外中断 0→定时器 T1→定时器 T0→外中断 1→串行口中断。

(2) 定时器 T1→外中断 0→定时器 T0→外中断 1→串行口中断。

(3) 串行口中断→外中断 0→定时器 T1→定时器 T0→外中断 1。

课题 5

80C51 单片机的定时器/计数器

定时器/计数器是单片机中最常用的外围功能部件之一，本课题通过流水线包装计数器、单片机唱歌等任务来学习 80C51 单片机中定时器/计数器的结构及编程方法。

任务 1　包装流水线中的计数器

在某包装流水线上有这样的要求：每 12 瓶饮料为 1 打，做一个包装。包装线上要对每瓶饮料计数，每计数到 12 就产生一个控制信号以带动某机械机构做出相应的动作，这就需要用到单片机的计数功能。包装线上每瓶饮料经过时通过光电开关产生一个计数信号，本任务用单片机对计数信号进行计数，计到指定的数值后通过单片机引脚送出一个控制信号。

5.1.1　定时/计数的基本知识

在学习定时器/计数器的结构、功能之前，首先了解一下关于定时/计数的概念。

1. 计　数

计数一般是指对事件的统计，通常以"1"为单位进行累加。生活中常见的计数应用有：录音机上的磁带量计数器、家用电度表、汽车、摩托车上的里程表等。此外，计数的工作也广泛应用于各种工业生产活动中。

2. 计数器的容量

录音机上的计数器通常最多只能计到 999，汽车上的里程表位数一般是 6～7 位，可见计数器总有一定的容量。80C51 单片机中有两个计数器，分别称之为 T0 和 T1，这两个计数器分别由两个 8 位的计数单元组成的，即每个计数器都是 16 位的，最大的计数量是 65 536。

3. 计数器的溢出

计数器的容量是有限的，当计数值大到一定程度就会出现错误。如：收录机上的计数器，其计数值最大只到 999，如果已经计数到了 999，再来一个计数信号，计数值就会变成 000。此时如果认为收录机没有动作显然是错误的，有一些应用场合必须要有一定的方法来记录这种情况。单片机中的计数器的容量也是有限的，会产生溢出，一旦产生溢出将使 TF0 或 TF1 变为 1，这样就记录了溢出事件。在生活中，闹钟的闹响可视作定时时间到时产生的溢出，这通常意味着要求人们开始做某件事(起床、出门等)，其他例子中的溢出也有类似的要求。推而广之，溢出通常都意味着要求对事件进行处理。

4. 任意设定计数个数的方法

80C51 单片机中的 2 个计数器最大的计数值是 65 536，因此每次计数到 65 536 会产生溢出。但在实际工作中，经常会有少于 65 536 个计数值的要求，如包装线上，一打为 12 瓶，这就要求每计数到 12 就要产生溢出。生产实践中的这类要求实际上就是要能够设置任意溢出的计数值，为此可采用"预置"的方法来实现。计数不从 0 开始，而是从一个固定的值开始，这个固定的值的大小，取决于被计数的大小，如果要计数 100，预先在计数器里放进 65 436，再来 100 个脉冲，就到了 65 536，这个 65 436 被称为预置值。

5. 定　时

工作中除了计数之外，还有定时的要求。如学校里面使用的打铃器，电视机定时关机，空调器的定时开关等场合都要用到定时，定时和计数有一定关系。

一个闹钟，将它设定在 1 个小时后闹响，换一种说法就是秒针走了 3 600 次之后闹响，这样，时间测量问题就转化为秒针走的次数问题，也就变成了计数的问题了。由此可见，只要每一次计数信号的时间间隔相等，则计数值就代表了时间的流逝。

单片机中的定时器和计数器是同一结构，只是计数器记录的是单片机外部发生的事件，由单片机外部的电路提供计数信号；而定时器是由单片机内部提供一个非常稳定的计数信号。从图 5-1 可看到，由单片机振荡信号经过 12 分频后获得一个脉冲信号，将该信号作为定时器的计数信号。单片机的振荡信号是一个由外接晶振构成的晶体振荡器产生的，一个 12 MHz 的晶振，提供给计数器的脉冲频率是 1 MHz，每个脉冲的时间间隔是 1 μs。

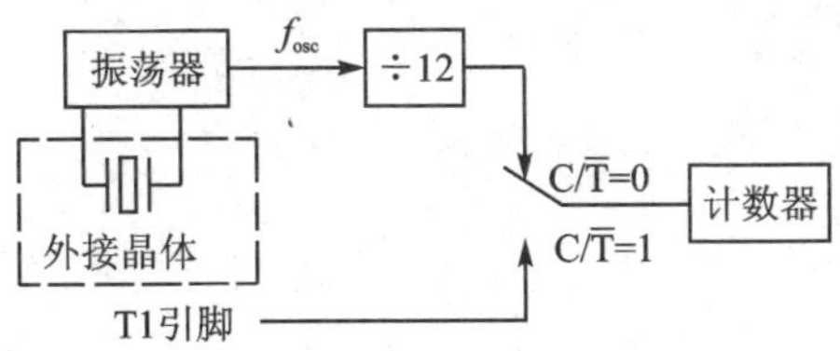

图 5-1　计数器的两个计数来源

定时同样有所需时间定时的问题，假设单片机所用晶体振荡器的频率是 12 MHz，那么每个计时脉冲是 1 μs，计满 65 536 个脉冲需时 65.536 ms，但某应用中只需要定时 10 ms，可以作这样的处理：

10 ms 秒即 10 000 μs，也即计数 10 000 时满，因此，计数之前预先在计数器里面放进 65 536－10 000＝55 536,开始计数后,计满 10 000 个脉冲到 65 536 即产生溢出。

与生活中的闹钟不同,单片机中的定时器通常要求不断重复定时,即在一次定时时间到之后,紧接着进行第二次的定时操作。一旦产生溢出,计数器中的值就回到 0,下一次计数从 0 开始,定时时间将不正确。为使下一次的计数也是 10 ms,需要在定时溢出后马上把 55 536 送到计数器,这样可以保证下一次的定时时间还是 10 ms。

5.1.2 任务实现

【例 5－1】 开机时 P1.0 引脚为高电平,每计满数 12 个脉冲即让 P1.0 引脚送出一个低电平,延时 50 ms 后 P1.0 回复成为高电平。

```
#include <at89x52.h>
sbit  OutPin = P1^0;
void Delay()
{   unsigned int i;
    for(i=0;i<30000;i++);
}
void main()
{   TMOD = 0x05;
    TH0 = 0xff;
    TL0 = 0xf4;
    OutPin = 1;
    TR0 = 1;
    for(;;)
    {   for(;;)
        {   if(TF0)
            {   TF0 = 0;
                break;
            }
        }
        TH0 = 0xff;
        TL0 = 0xf4;
        OutPin = 0;
        Delay();
        OutPin = 1;
    }
}
```

程序实现:输入源程序,命名为 count.c,建立名为 count 的工程文件,将源程序加入,设置工程,在 debug 页 Dialog :Parameter 后的编辑框内输入:－ddpj,以便使用实验仿真板“8 位数码管实验仿真板”来演示这一结果。编译、链接后获得正确的结果，进入调试状态，单击 Peripherals→8 位数码管实验仿真板，出现如图 5-2 所示界面。全速运行，单击右下侧信号发生器按钮（按下后处于“ON”的状态），信号发生器面板上的指示灯即以 1 Hz 的频率闪烁，当计数值到 12 或 12 的倍数时，P1.0 所示 LED 改变状态。

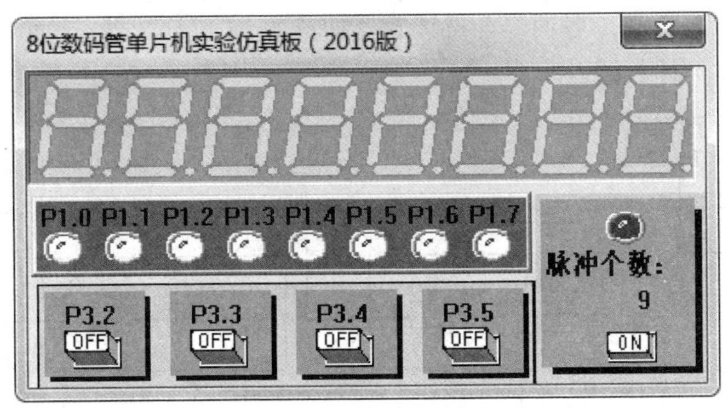

图 5-2　单片机实验仿真板

虽然这里已实现了计数功能，但程序为何要如此编写还不清楚，程序中的一些符号是什么意思也不清楚，为此需要学习有关 80C51 单片机中定时器/计数器的有关知识。

知识链接：break 语句和 Continue 语句

C 语言中，可以使用 break 语句强行退出循环结构。

```
for(;;)
{   if(TF0)
    {   TF0 = 0;
        break;
    }
}
```

这一段程序中，for(;;)构成了无限循环，只有当 TF0 为 1 时，执行到 break;语句才会跳出这个无限循环。

continue 语句的用途是结束本次循环，即跳过循环体中 continue 下面的语句，接着进行下一次是否执行循环的判定。

continue 语句和 break 语句的区别是：continue 语句只结束本次循环；而 break 语句则是结束整个循环过程，退出循环语句。

5.1.3　单片机中的定时器/计数器

80C51 单片机内部集成有两个 16 位可编程定时器/计数器，它们分别是定时器/

计数器 T0 和 T1,都具有定时和计数功能。它们既可工作于定时方式,实现对控制系统的定时或延时控制;又可工作于计数方式,用于对外部事件的计数。

1. 80C51 定时器/计数器的结构

图 5-3 是 80C51 单片机内定时器/计数器基本结构。定时器 T0 和 T1 分别由 TH0、TL0 和 TH1、TL1 各两个 8 位计数器构成的 16 位计数器,这两个 16 位计数器都是 16 位的加 1 计数器。

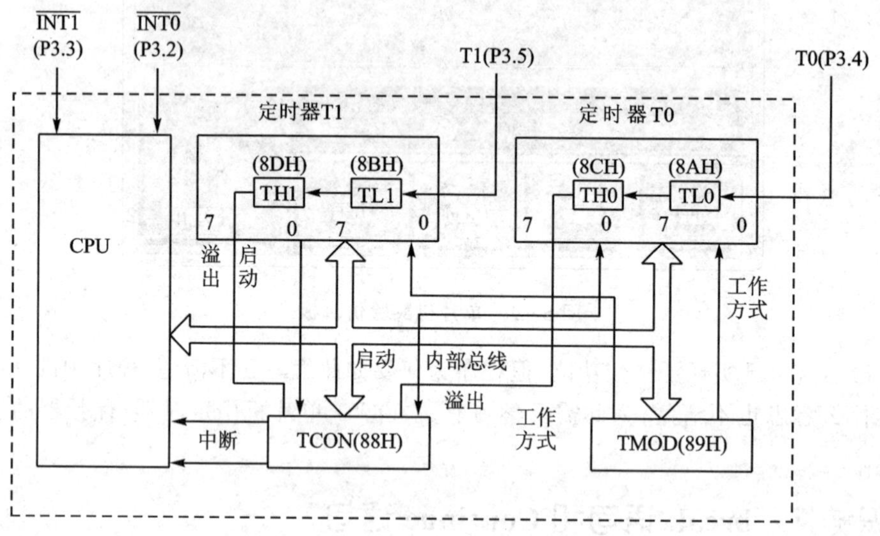

图 5-3 80C51 定时器/计数器的基本结构

T0 和 T1 定时器/计数器都可由软件设置为定时或计数工作方式,其中 T1 还可作为串行口的波特率发生器。T0 和 T1 这些功能的实现都由特殊功能寄存器中的 TMOD 和 TCON 进行控制。

- 当 T0 或 T1 用作定时器时,由时钟脉冲信号经过 12 分频后,提供给计数器,作为计数脉冲输入,计数器对输入脉冲进行计数,直至产生溢出。
- 当 T0 或 T1 用作对外部事件计数的计数器时,通过 80C51 外部引脚 T0 或 T1 对外部脉冲信号进行计数。当 T0 或 T1 引脚上出现一个由 1 到 0 的负跳变时,计数器加 1,如此直至计数器产生溢出。

不论 T0 或 T1 是工作于定时方式还是计数方式,它们在对内部时钟或外部事件进行计数时,都不占用 CPU 时间。当定时器/计数器产生溢出且满足条件时,CPU 才会停下当前的操作,去处理“时间到”或者“计数满”这样的事件。因此,计数器/定时器是和 CPU“并行”工作的,不会影响 CPU 的其他工作。

2. 定时器/计数器的控制字

T0 和 T1 有两个 8 位控制寄存器 TMOD 和 TCON,它们分别被用来设置各个定时器/计数器的工作方式,选择定时或计数功能,控制启动运行以及作为运行状态的标志等。当 80C51 系统复位时，TMOD 和 TCON 所有位都清 0。

(1) 定时器/计数器方式控制寄存器(TMOD)

TMOD 在特殊功能寄存器中，字节地址为 89H，格式如表 5－1 所列。

表 5－1　定时/计数器方式控制寄存器 TMOD 的格式

位	D7	D6	D5	D4	D3	D2	D1	D0
含义	GATE	$C/\overline{T}$	M1	M0	GATE	$C/\overline{T}$	M1	M0

在 TMOD 中，高 4 位用于对定时器 T1 的方式控制，而低 4 位用于对定时器 T0 的方式控制，其各位功能简述如下：

● M1M0：定时器/计数器工作方式选择位。通过对 M1M0 的设置，可使定时器/计数器工作于 4 种工作方式之一。

- M1M0＝00，定时器/计数器工作于方式 0(13 位的定时/计数工作方式)；
- M1M0＝01，定时器/计数器工作于方式 1(16 位的定时/计数方式)；
- M1M0＝10，定时器/计数器工作于方式 3(8 位自动重装方式)M1M0＝11；
- M1M0＝11，定时器/计数器工作于方式 3(T0 被分为两个 8 位定时器/计数器，而 T1 则只能工作于方式 2)。

● $C/\overline{T}$：定时器/计数器选择位。

- $C/\overline{T}=1$，工作于计数方式；
- $C/\overline{T}=0$，工作于定时器方式。

● GATE：门控位。由 GATE、软件控制位 TR1、TR0 和 $\overline{INT1}$、$\overline{INT0}$ 共同决定定时器/计数器的打开或关闭。

- GATE＝0，只要用指令置 TR1、TR0 为 1 即可启动定时器/计数器工作，而不管 INT 引脚的状态如何；
- GATE＝1，只有 $\overline{INT1}$、$\overline{INT0}$ 引脚为高电平且用指令置 TR1、TR0 为 1 时，才能启动定时器/计数器工作。

由于 TMOD 只能进行字节寻址，所以对 T0 或 T1 的工作方式控制只能整字节(8 位)写入。

(2) 定时器/计数器控制寄存器(TCON)

TCON 是特殊功能寄存器中的一个，高 4 位为定时器/计数器的运行控制和溢出标志，低 4 位与外部中断有关，各位的含义如表 5－2 所列。

表 5－2　定时/计数器控制寄存器 TCON 的格式

位	D7	D6	D5	D4	D3	D2	D1	D0
含　义	TF1	TR1	TF0	TR0	IE1	IT1	IE0	IT0

TCON 的字节地址为 88H，其中各位地址从 D0 位开始分别为 88H～8FH。TCON 高 4 位的功能描述如下：

- TF1/TF0：T1/T0 溢出标志位。当 T1 或 T0 产生溢出时由硬件自动置位中断触发器 TF(1/0)，并向 CPU 申请中断。如果用中断方式，则 CPU 在响应中断进入中断服务程序后，TF1、TF0 被硬件自动清 0。如果是用软件查询方式对 TF1、TF0 进行查询，则在定时器/计数器回 0 后，应当用指令将 TF1、TF0 清 0。
- TR1/TR0：T1/T0 运行控制位。用程序行(如"TR1＝1"、"TR1＝0"等)对 TR1/TR0 进行置位或清 0，即可启动或关闭 T1/T0 的运行。

3. 定时器/计数器的 4 种工作方式

T0 或 T1 的定时器功能可由 TMOD 中的 $C/\overline{T}$ 位选择，而 T0、T1 的工作方式选择则由 TMOD 中的 M1M0 共同确定。在由 M1M0 确定的 4 种工作方式中，方式 0、1、2 对 T0 和 T1 完全相同，但方式 3 仅为 T0 所具有。

(1) 工作方式 0

图 5－4 是工作方式 0 的逻辑电路结构图。定时器/计数器工作方式为 13 位计数器工作方式，由 TL1、TL0 的低 5 位和 TH1、TH0 的 8 位构成 13 位计数器，此时 TL1、TL0 的高 3 位末用。

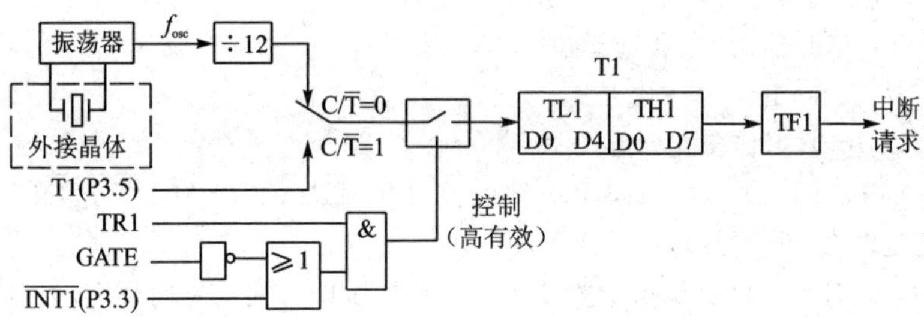

图 5－4 工作方式 0 13 位计数器方式

从图中可以看出，当 $C/\overline{T}$＝0 时，T1、T0 为定时器。定时脉冲信号是经 12 分频后的振荡器脉冲信号。当 $C/\overline{T}$＝1 时，T1、T0 为计数器，计数脉冲信号来自引脚 T1、T0 的外部信号。T1/T0 能否启动工作，取决于 TR1/TR0、GATE、引脚 $\overline{INT1}$/$\overline{INT0}$ 的状态。

- 当 GATE＝0 时，只要 TR1/TR0 为 1 就可启动 T1/T0 工作；
- 当 GATE＝1 时，只有 $\overline{INT1}$ 或 $\overline{INT0}$ 引脚为高电平，且 TR1 或 TR0 置 1 时，才能启动 T1/T0 工作。

一般在应用中，可置 GATE＝0，这样，只要利用指令来置位 TR1/TR0 即可控制定时器/计数器的运行。在一些特定的场合，需要由外部事件来控制定时/计数器是否开始运行，可以利用门控特性，实现外同步。

定时器/计数器启动后，定时或计数脉冲加到 TL1/TL0 的低 5 位，对已预置好的定时器/计数器初值不断加 1。在 TL1/TL0 计满后，进位给 TH1/TH0，在 TL1/

TL0 和 TH1/TH0 都计满以后,置位 TF1/TF0,表明定时时间/计数次数已到。在满足中断条件时,向 CPU 申请中断。若需继续进行定时或计数,则应用指令对 TL1/TL0 和 TH1/TL0 重置时间常数,否则下一次的计数将会 0 开始,造成计数量或定时时间不准。

(2) 工作方式 1

图 5-5 是定时/计数器工作方式 1 的逻辑电路结构图,定时器/计数器工作方式 1 是 16 位计数器方式,分别由 TH0TL0、TH1/TL1 共同构成 16 位计数器。

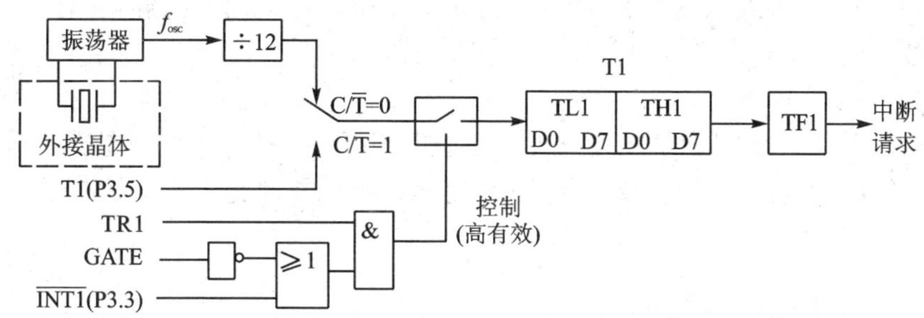

图 5-5 工作方式 1 16 位计数器方式

工作方式 1 与工作方式 0 的基本工作过程相似,但由于工作方式 1 是 16 位计数器,因此,它比工作方式 0 有更宽的定时/计数范围。

(3) 工作方式 2

图 5-6 是定时器/计数器工作方式 2 的逻辑结构图,定时/计数器的工作方式 2 是自动再装入时间常数的 8 位计数器方式。

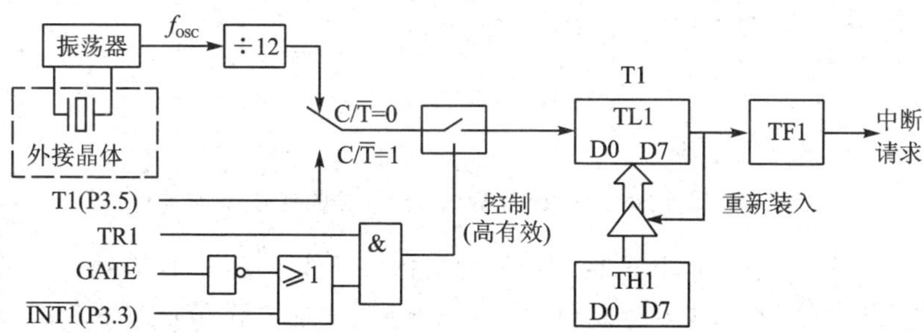

图 5-6 工作方式 2 自动重装入时间常数的 8 位计数器方式

在工作方式 2 中,由 TL1/TL0 构成 8 位计数器,TH1/TH0 仅用来存放 TL1/TL0 初次置入的时间常数。在 TL1/TL0 计数满后,即置位 TF1/TF0,向 CPU 申请中断,同时存放在 TH1、TH0 中的时间常数自动再装入 TL1/TL0,然后重新开始定时或计数。

为什么需要这种操作方式呢?在方式 0 和方式 1 中,当定时时间到或计数次数到之后,对计数器进行重新赋初值,使下一次的计数还是从这个初值开始。这项工作是由软件来完成的,需要花一定时间;而且由于条件的变化,这个时间还有可能是不确定的,这样就会造成每次计数或定时产生误差。比如,在第一次定时时间到以后,定时器马上就会开始计数,过了一段时间(假设是 5 个机器周期以后),软件才将初值再次放进计数器里面,这样,第二次的定时时间就比第一次多了 5 个机器周期,如果每次相差的时间都相同,那么可以事先减掉 5,也没有什么问题;但事实上时间是不确定的,有时可能是差 5,有时则可能差了 8 或更多。如果是用于一般的定时,那是无关紧要的,但是有一些工作,对于时间要求非常严格,不允许定时时间不断变化,用上面的两种工作方式就不行了,所以就引入了工作方式 2。但是这种工作方式的定时/计数范围要小于方式 0 和方式 1,只有 8 位。

(4) 工作方式 3

图 5-7 是定时/计数器工作方式 3 的逻辑电路结构图,定时器/计数器工作方式 3 是两个独立的 8 位计数器且仅对 T0 起作用,如果把 T1 置为工作方式 3,T1 将处于关闭状态。

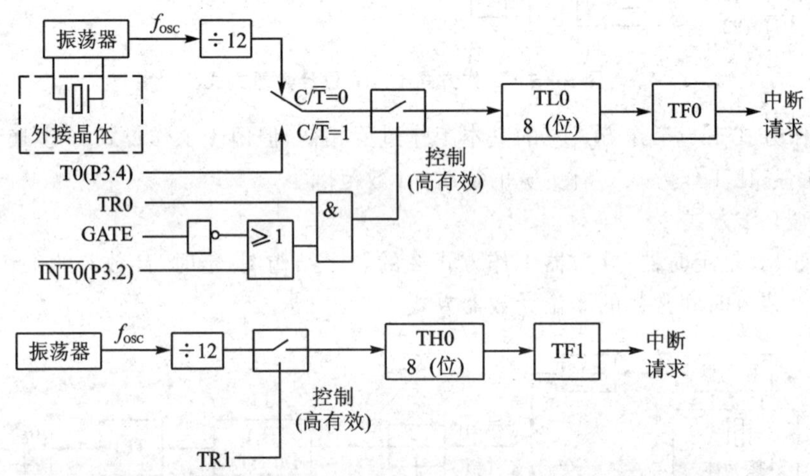

图 5-7 工作方式 3—T0 被拆成 2 个 8 位的定时/计数器使用

在 T0 工作方式 3 时,TL0 构成 8 位计数器可工作于定时/计数状态,并使用 T0 的控制位 TR0 和 T0 的中断标志位 TF0。TH0 则只能工作于定时器状态,使用 T1 的控位 TR1 和 T1 的中断标志位 TF1。

一般情况下,T0 以工作方式 3 状态运行,仅在 T1 工作于方式 2 而且不要求中断的前提下才可以使用,此时 T1 可被用作串行口波特率发生器。因此,方式 3 特别适合于单片机需要 1 个独立的定时器/计数器、1 个定时器及 1 个串行口波特率发生器的情况。

4. 计数器的计数初值计算

在 80C51 中,T1 和 T0 都是增量计数器,因此,不能直接实际将要计数的值作为初值放入计数寄存器中，而是要用其补数（计数的最大值减去实际要计数的值）放入计数寄存器中。

（1）工作方式 0 工作方式 0 是 13 位的定时/计数工作方式，其计数的最大值是 $2^{13}=8\ 192$，因此，装入的初值是：

8 192－待计数的值

因为这种工作方式下只用了定时/计数器的高 8 位和低 5 位，因此计算出来的值要转化为二进制并作转换后才能送入计数寄存器中。定时/计数方式 0 是一种特别的方式，它是为了兼容其上一代单片机而保留下来的，实际上，工作方式 1 完全可以取代这种工作方式，因此，这里就不介绍如何设置工作方式 0 的初值了。

（2）工作方式 1 工作方式 1 是 16 位的定时/计数工作方式，其计数的最大值是 $2^{16}=65\ 536$，因此，装入的初值是：

65 536－待计数的值

（3）工作方式 2 工作方式 2 是 8 位的定时/计数工作方式，其计数的最大值是 $2^{8}=256$，因此，装入的初值是：

256－待计数的值

（4）工作方式 3 工作方式 3 是 8 位的定时/计数工作方式，其计数的最大值是 $2^{8}=256$，因此，装入的初值是：

256－待计数的值

任务 2 用单片机唱歌

课题 3 中的任务 3 实现了用拨动开关让单片机按预定声调来发声，不难设想，如果在程序中预置好各种不同音调的声音，那么就能按一定的曲调唱出歌来。

5.2.1 歌谱与歌曲的基本知识

一首歌的歌谱记录了音符，还记录了该音符持续的时间。有关音符的知识已在课题 3 中学习过，这里不再重复介绍。音符持续的时间在歌谱中以“节拍”为单位来设定，乐谱中每个音符持续的时间可以是 1/4 节拍、2/4 节拍、3/4 节拍、1 拍等多种节拍。至于每个“节拍”持续的时间，取决于作曲者，当然，有时演员在演唱或演奏时也为达到某种效果，也可能会更改节拍的时长，但必须保证各个音符之间相对时长关系不变。以一拍 0.64 s 为例，1/4 节拍、2/4 节拍、3/4 节拍所持续的时间就是 0.16 s、0.32 s、0.48 s。

要唱出一首歌来，首先要根据歌谱的音符标记确定送出的信号的频率值，然后根据节拍标记确定该频率的信号持续的时间。当发声持续的时间到达以后，发出下一个声音，依此类推，直到将整首歌都唱完。

从上面的描述可以看到，要唱一首完整的歌曲，需要用到两个时间关系，一个用于确定发声频率,另一个用以确定延迟时间。因此本任务使用两个定时器配合来实现这一功能,下面首先学习如何使用定时中断来获得不同频率的信号。

5.2.2 用定时中断来产生不同频率的信号

如果在定时中断程序中对 Sound 引脚取反,那么,当定时中断不断发生时,Sound 引脚不断取反,即实现一定频率的方波输出,其频率取决于定时中断的时间,下面介绍根据定时时间设定计数初值的方法。

定时模式计数脉冲是由单片机的晶体振荡器产生的频率信号经十二分频得到的,因此,在考虑定时时间之前,首先就要确定机器的晶振频率。以 12 MHz 晶振为例,其计数信号周期是:

$$计数信号周期=\frac{12}{12\ \text{MHz}}=1\ \mu\text{s}$$

也就是每来一个计数脉冲就过去了 1 μs 的时间,因此,计数的次数就应当是:

$$计数次数=\frac{定时时间}{1\ \mu\text{s}}$$

假设需要定时的时间是 5 ms,则

$$计数次数=\frac{5\times 1\ 000\ \mu\text{s}}{1\ \mu\text{s}}=5\ 000(次)$$

如果选用定时器 0,工作于方式 1,则计数初值就应当是:65 536－5 000＝60 536。将 60 536 转换为十六进制即 EC78H,把 0ECH 送入 TH0,78H 送入 TL0,即可完成 5 ms 的定时。

根据这样的计算方法,可以如表 5-3 列出音名、频率与定时常数之间的对应关系。其中第 3 行定时时间的值为周期的一半,因为在一个周期信号中要改变 2 次输出。根据前述计数次数的计算方法,可以得知,在晶振为 12 MHz 时,计数次数与定时时间的数值相等。而当定时器采用工作方式 1 时,定时器中的预置数是(65 536－计数次数)。为方便程序的编写,表中第 4、5 行分别用十六进制格式列出了定时器预置常数的高 8 位和低 8 位。

表 5-3 音名、频率、时间与定时常数的关系表

音 名	C4	D4	E4	F4	G4	A4	B4
频率/Hz	262	294	330	349	392	440	494
周期 /μs	3 817	3 401	3 030	2 865	2 551	2 273	2 024
定时时间/μs	1 908	1 700	1 515	1 432	1 275	1 136	1 012
定时常数高 8 位	0xF8	0xF9	0xFA	0xFA	0xFB	0xFB	0xFC
定时常数低 8 位	0x8C	0x5C	0x15	0x68	0x5	0x90	0xC

注:系统晶振为 12 MHz。

【例 5－2】 根据拨码开关的设定，利用定时器 T0 的定时中断来发出不同声音。

```
#include <at89x52.h>
typedef unsigned char uchar;
typedef unsigned int uint;

sbit    Sound = P3^6;
uchar   sName = 0;      //唱名 syllable names

uchar SoundH[] = {0xf8,0xf9,0xfa,0xfa,0xfb,0xfb,0xfc};
uchar SoundL[] = {0x8C,0x5b,0x15,0x67,0x4,0x8F,0xC};

void Tmr0() interrupt 1
{
    Sound = !Sound;
    TH0 = SoundH[sName];
    TL0 = SoundL[sName];
}
void main()
{   uchar iDat;
    TMOD = 0x1;                //定时器 T0 工作于方式 1
    EA = 1;                    //开总中断
    ET0 = 1;                   //开定时器 T0 中断
    TR0 = 1;                   //定时器 T0 开始运行
    for(;;)
    {   iDat = ~P2;            //取 P2 口值的反
        switch(iDat)           //根据所取得的值决定 sName 的值
        {   case 0x1:{         //P2.0 接地,P2 = 0xfe,取反后就是 0x01
                sName = 0;
                break;
            }
            case 0x2:{         //P2.1 接地,P2 = 0xfd,取反后就是 0x02
                sName = 1;
                break;
            }
            case 0x4:{         //P2.2 接地,P2 = 0xfb,取反后就是 0x04
                sName = 2;
                break;
            }
            case 0x8:{         //P2.3 接地,P2 = 0xf7,取反后就是 0x08
                sName = 3;
                break;
```

```
            }
            case 0x10:{      //P2.4 接地,P2 = 0xef,取反后就是 0x10
                sName = 4;
                break;
            }
            case 0x20:{      //P2.5 接地,P2 = 0xdf,取反后就是 0x20
                sName = 5;
                break;
            }
            case 0x40:{      //P2.6 接地,P2 = 0xbf,取反后就是 0x40
                sName = 6;
                break;
            }
            default:         //如果 iDat 不是上述值,由这个分支处理
                break;       //这里未做特别处理,直接退出
        }
    }
}
```

程序实现:输入源程序,命名为 voice. c,建立名为 voice 的工程文件,将源程序加入,设置工程,在 Output 页选中"Creat Hex File"。编译、链接程序,直到没有错误为止。使用课题 1 任务 1 所制作的电路板,将代码写入芯片,通电,即可听到蜂鸣器发出的声音,并使用 P2 端所接 S2 拨码开关来设置不同的音调。

知识链接:switch/case 语句

在实际问题中,常常会遇到多分支选择问题,例如以一个变量的值为判断条件,将此变量的值域范围分成几段,每一段对应着一种选择或操作。这种问题可以使用 if 嵌套实现,但是当分支较多时,则嵌套的 if 语层数多,程序冗长而且可读性降低。C 语言提供了 switch 语句直接处理多分支选择,switch 实现选择的执行过程如图 5-8 所示。

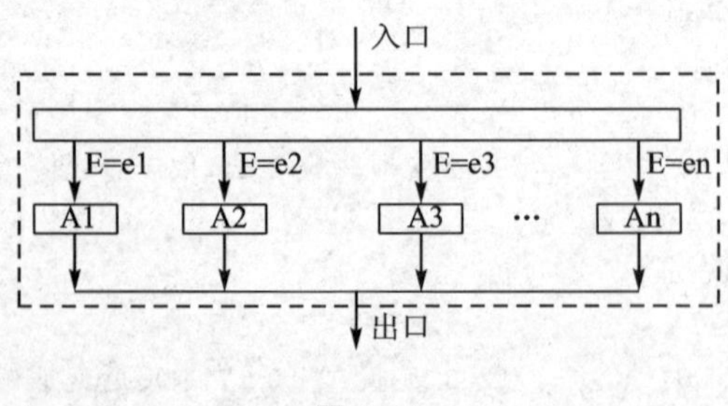

图 5-8

switch 语句的一般形式如下：

```
switch(表达式)
{   case   常量表达式 1:语句 1
    case   常量表达式 2:语句 2
    ……
    case   常量表达式 n:语句 n
    default:语句 n+1·
}
```

说明：

① switch 后面括号内的"表达式"可以是任何类型。

② 当表达式的值与某一个 case 后面的常量表达式相等时，就执行此 case 后面的语句，若所有的 case 中的常量表达式的值都没有与表达式值匹配的，就执行 default 后面的语句。

③ 每一个 case 的常量表达式的值必须不相同。

④ 各个 case 和 default 的出现次序不影响执行结果。

⑤ 执行完一个 case 后面的语句后，并不会自动跳出 switch，转而去执行其后面的语句。而是紧接着执行这个 case 后面的语句。

5.2.3 单片机唱歌的实现

从表 5-3 中可以看到，表中只列出了一个 8 度的音名与定时常数的关系，因此，这里编写的歌曲只能在一个 8 度范围之内。如图 5-9 所示是一首简单的儿歌，正好能满足这样的要求。

两 只 老 虎

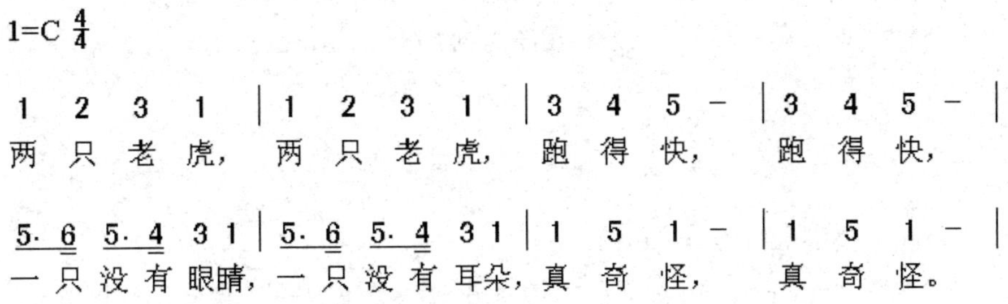

1=C 4/4

1 2 3 1 | 1 2 3 1 | 3 4 5 – | 3 4 5 – |
两 只 老 虎， 两 只 老 虎， 跑 得 快， 跑 得 快，

5· 6 5· 4 3 1 | 5· 6 5· 4 3 1 | 1 5 1 – | 1 5 1 – |
一 只 没 有 眼睛， 一 只 没 有 耳朵， 真 奇 怪， 真 奇 怪。

图 5-9 歌曲"两只老虎"的歌谱

【例 5-3】 用单片机唱出"两只老虎"歌曲。

```
#include <at89x52.h>
typedef unsigned char uchar;
typedef unsigned int uint;
```

```
sbit  Sound = P3^6;
uint code SoundTab[] = {0xf88c,0xf95c,0xfa15,0xfa67,0xfb04,0xfb8f,0xfc0c};
//歌谱:音调及时间
uchar code Music1[] = {1,2,3,1,7,1,2,3,1,7,3,4,5,7,3,4,5,7,5,6,5,4,3,1,7,5,6,5,4,
3,1,7,1,5,1,7,1,5,1,7};
//音名
uchar code Music2[] = {64,64,64,64,0xff,64,64,64,64,0xff,64,64,128,0xff,64,64,128,
0xff,48,16,48,16,64,64,0xff,48,16,48,16,64,64,0xff,64,64,128,0xff,64,64,128,0};
//时长
Uchar    Note;                    //音符
uchar    Meter;                   //节拍计数器
uchar    meterCount;              //节拍计数中的辅助计数器
uchar    noteCount;               //音符计数器

void Tmr0()   interrupt 1
{   unsigned int iTmp;
    Sound = !Sound;
    iTmp = SoundTab[Note];  //Note 的值由 Tmr1()传来
    iTmp += 0x11;
    TH0 = iTmp/256;
    TL0 = iTmp % 256;
}

void Tmr1()  interrupt 3
{
    TH1 = 0xd8;
    TL1 = 0xf0;                   //10 ms 定时
    if( -- Meter! = 0)            //计数器,未到 0 则直接退出
        return;
    if(!TR0)
        TR0 = 1;                  //如果 T0 停止运行,则开启 T0
    noteCount ++ ;
    Note = Music1[noteCount];
    Note -- ;                     //音符直接用 1,2...表示,但在表中第 0 位是 1
    meterCount ++ ;
    Meter = Music2[meterCount];
    if(Meter == 0)                //是结束符
    {
        TR0 = 0;                  //关 T0 运行
        Note = 0;
```

```
        meterCount = 0;
        noteCount = 0xff;
        Meter = 200;                          //延时 2 s
    }
    else  if(Meter == 0xff)                   //是休止符
    {   TR0 = 0;                              //关定时器 T0
        Sound = 0;                            //关声音
        Meter = 10;                           //准备延时 10 ms
    }
}

void main()
{
    TMOD = 0x11;
    EA = 1;
    ET0 = 1;
    ET1 = 1;
    TR0 = 1;
    TR1 = 1;

    TH1 = 0xd8;
    TL1 = 0xf0;
    TH0 = 0xff;
    TL0 = 0xff;
    Meter = 64;
    for(;;);
}
```

程序实现：输入源程序，命名为 music.c，建立名为 music 的工程，将源程序加入，设置工程，在 Output 页选中"Creat Hex File"。设置完毕，回到主界面。编译、链接程序，直到没有错误为止。将代码写入芯片，运行即可听到蜂鸣器唱出的歌声。

程序分析：本程序使用了定时器 T0 和 T1，其中 T0 用于产生音调，关于这部分内容已在【例 5-2】中有分析，这里不再重复。

定时器 T1 中断服务程序中用到了两个表，第一个是音符表 MUSIC1，即根据歌谱按顺序写出的音符列表；第二个是时长表 MUSIC2，即每个音符持续的时间。定时器 T1 每 10 ms 中断一次，时长表中的数值是软件计数器值。以 music2 表中的第一个数为例，该数是 64，它被送入到寄存器 R1 中。在进入中断服务程序后，执行：

```
if( -- Meter! = 0)      //计数器，未到 0 则直接退出
    return;
```

即将 R1 中的值减 1，如果未到 0 则直接退出。因此，该音符将发声持续 0.64 s。

当持续时间到达以后,将执行其后的代码:

```
else   if(Meter == 0xff)        //是休止符
{   TR0 = 0;                    //关定时器 T0
    Sound = 0;                  //关声音
    Meter = 10;                 //准备延时 10 ms
}
```

知识链接:C 语言中的数组

数组是一种具有固定数目和相同类型成分的有序集合。其成分分量的类型为该数组的基本类型,如由整型数据组成的数组称为整型数组,字符型数据的有序集合称为字符型数组。

构成一个数组的各元素必须具有相同的数据量型,不允许同一数组中出现不同类型的数据。数组元素是用同一个名字的不同下标访问的,数组的下标放在方括号中。

1. 一维数组

(1) 一维数组的定义

一维数组的定义方式为:

类型说明符 数组名[常量表达式]

例如:

```
int    a[10];
```

它表示数组名为 a,整型数组,共有 10 个元素,每个元素都是一个整型数,因此该数组将在内存中占用 20 个字节的存储单元位置。

说明:

① 数组名的命名规则和变量名相同,遵循标识符定名规则。

② 数组名后是用方括号括起来的常量表达式,如果学过 BASIC 语言,一定小心,不要和 BASIC 语言中的数组表达式方式混淆起来,不能使用圆括号。如:

```
int    a(10);
```

是不正确的。

③ 常量表达式表示元素的个数,即数组长度。例如在 a[10]中,表示数组共有 10 个元素。使用数组元素时,使用下标的方式,下标从 0 开始,而非从 1 开始。上述例子中,一共有 10 个元素:a[0]、a[1]、a[2]、a[3]、a[4]、a[5]、a[6]、a[7]、a[8]和 a[9],而 a[10]不是该数组中的一个元素。

④ 常量表达式中可以包括常量和符号常量,但不能包括变量。也就是说,C 语言中数组元素不能够动态定义,数组大小在编译阶段就已经确定。

(2) 一维数组的引用

数组必须先定义，然后再使用。C 语言规定只能引用数组元素而不能引用整个数组。

数组元素的表示形式为：

数组名[下标]

下标可以是整型变量或整型表达式。例如：

```
a[0];
a[i];      /* i 是一个整型变量 */
```

(3) 一维数组的初始化

对数组元素的初始化可以用以下方法实现：

① 在定义数组时对数组元素赋以初值。例如：

```
int a[10] = {0,1,2,3,4,5,6,7,8,9};
```

将数组元素的初值依次放在一对花括号内。经过上面的定义和初始化后，a[0]=0，a[1]=1，a[2]=2，a[3]=3，a[4]=4，a[5]=5，a[6]=6，a[7]=7，a[8]=8，a[9]=9。

② 可以只给一部分元素赋值。例如：

```
int a[10] = {0,1,2,3,4};
```

定义 a 数组有 10 个元素，但花括号内只提供 5 个初值，初始化后，a[0]=0，a[1]=1，a[2]=2，a[3]=3，a[4]=4，后 5 个元素的值均为 0。

③ 在对全部数组元素赋值时，可以不指定数组长度。例如

```
int a[10] = {0,1,2,3,4,5,6,7,8,9};
```

也可以写成：

```
int a[] = {0,1,2,3,4,5,6,7,8,9};
```

在这种写法中，由于花括号内有 10 个数，因此，系统自动定义 a 的数组个数为 10，并将这 10 个数分配给 10 个数组元素。如果只对一部分元素赋值，就不能够省略掉表示数组长度的常量表达式，否则将会与预期不符。

2. 二维数组

(1) 二维数组的定义

二维数组定义的一般形式为：

类型说明符 数组名[常量表达式][常量表达式]

例如：

```
int a[2][5];
```

定义 a 为 2 行、5 列的数组。

二维数组的存取顺序是：按行存取，先存取第一行元素的第 0 列，1 列，2 列……直到第一行的最后一列。然后返回到第二行开始，再取第二行的第 0 列，1 列，2 列……直到第二行的最后一列。……，如此顺序下去，直到最后一行的最后一列。

C 语言允许使用多维数组，有了二维数组的基础，多维数组也不难理解。例如：

```
int a[2][3][4];
```

定义了一个类型为整型的三维数组。

(2) 二维数组的初始化

可以用下面两种方法对数组元素全部赋初值：

① 分行给二维数组的全部元素赋初值：

例：

```
int a[3][4] = {{1,2,3,4},{5,6,7,8},{9,10,11,12}};
```

这种赋值方式很直观，把第一个花括号内的数据赋给第一行元素，第二个花括号内的数据赋给第二行元素。

② 也可以将所有数据写在一个花括内，按数组的排列顺序对各元素赋初值。如：

```
int a[3][4] = {1,2,3,4,5,6,7,8,9,10,11,12};
```

对数组中部分元素赋值。

例：

```
int a[3][4] = {{1},{2},{3}};
```

赋值后的数组元素如下：

1	0	0	0
2	0	0	0
3	0	0	0

例：

```
int a[3][4] = {{1},{},{5,6}};
```

赋值后数组元素如下：

1	0	0	0
0	0	0	0
5	6	0	0

3. 字符数组

基本类型为字符类型的数组称为字符数组，在字符数组中的一个元素存放一个字符。

(1) 字符数组的定义

字符数组的定义与前面介绍的数组定义的方法类似。

如:

```
char c[10];  定义 c 为一个有 10 个字符的一维字符数组。
```

(2) 字符数组的初始化

字符数组置初始化的最直接的方法是将各字符逐个赋给数组中的各个元素。如:

```
char a[10] = {'Z','h','o','n','g','G','u','o',' '};
```

定义了一个字符型数组 a[10],一共有 10 个元素,

C 语言还允许用字符串直接给字符数组置初值,方法有如下两种形式:

```
char a[] = {"ZhongGuo"};
char a[] = "ZhongGuo";
```

用双引号" "括起来的一串字符,称为字符串常量。如"Welcome!"等。C 编译器将自动给字符串结尾加上结束符'\0'。

用单引号''括起来的字符为字符的 ASCII 码值,而不是字符串。比如'a'表示 a 的 ASCII 码值为 97,而"a"表示一个字符串,不是一个字符。

那么"a"和'a'究竟有什么区别呢?前面已说过'a'表示一个字符,其 ASCII 值是 97,在内存中的存放如下图所示。

97

"a"则表示一个字符串,它由两个字符组成,在内存中由 97 和 0 两个数字组成,在内存中的存放如下图所示。

97	0

其中 0 是由 C 编译系统自动加上的。

若干个字符串可以装入一个二维字符数组中,称为字符串数组。数组的第一个下标是字符串的个数,第二个下标定义每个字符串的长度,该长度应当比这批字符串中最长的字符的个数多一个字符,用于装入字符串的结束符"\0"。比如 char a[10][20],定义了一个二维字符数组 a,它可以容纳 10 个字符串,每个字符串最多能够存放 19 个字符。

例:

```
uchar code String[3][15] =
{{"Hellow World!"},
{"This is Test!"},
```

```
{"C Programmer!"}
}
```

这是一个二维数组,第二个下标必须给定,因为它不能从数据表中得到,第一个下标可以省略,由常数表确定,本例中,如果省略第一个下标,那么其值是3。

巩固与提高

1. 80C51单片机内部有几个定时器/计数器?它们由哪些专用寄存器组成?

2. 定时器/计数器用作定时器时,其定时时间与哪些因素有关?用作计数器时,对外界计数频率有何限制?

3. 简述定时器/计数器4种工作方式的特点,应当如何选择和设定初值?

4. 当定时器T0工作方式3时由于TR1位已被T0占用,如何控制定时器T1的开启和关闭?

5. 查找资料,完善表格5-3,实现3个8度,并编写更复杂的歌曲。

课题 6

80C51 单片机的串行接口与串行通信

80C51 内部具有一个全双工的串行接口，这一接口可以被用于扩展输入/输出，也可以用于串行通信。本课题通过“使用串行口来扩展并行口”“PC 机与单片机通信”等任务来学习串行接口的使用、串行通信相关知识等内容。

任务 1　使用串行口扩展并行接口

80C51 单片机共有 4 个 8 位的并行接口，在某些应用场合需要应用更多的并行接口，这可以使用串行接口加上一些接口芯片来进行扩展。本任务通过扩充串/并转换芯片，使用串行口来扩展并行接口，以便获得更多的输入和输出端口。

6.1.1　用串行口扩展并行输出

要使用单片机的串行接口，需要用到串行输入转并行输出的功能芯片，这一类芯片有多种，这里以常用的 CD4094 芯片为例来介绍，这是一块 8 位移位/锁存寄存器芯片，图 6-1 是其逻辑功能图。

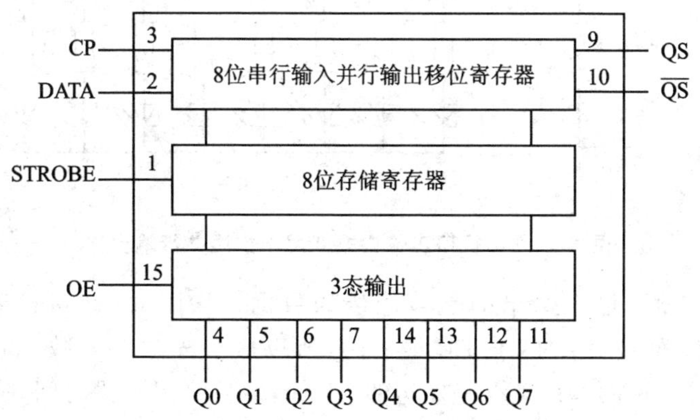

图 6-1　CD4094 芯片逻辑功能图

CD4094 的逻辑功能如表 6-1 所列。

从图和表中可以看到，CP 是时钟端，DATA 是数据端，STROBE 是锁存端。当时钟上升沿到来时，DATA 引脚上的状态进入 CD4094 内部的移位寄存器，同时移位寄存器向前移一位。STROBE 引脚是锁存端,如果这 1 位是 0,则并行输出端保持不变,但是串行数据依然可以进入移位寄存器。数据输入时首先变化的是 Q0,即最先到达的数据位会被移到 Q7,而最后到达的数据位则由 Q0 输出。

表 6-1　CD4094 逻辑功能表

CP	DATA	STROBE	OE	并行输出	
				Q_0	Q_N
X	X	X	0	高阻	高阻
X	X	0	1	无变化	无变化
↑(上升沿)	1	1	1	1	Q_{N-1}
↑(上升沿)	0	1	1	0	Q_{N-1}

由于 CD4094 有 STORBE 输出端,可以在数据移位时锁定输出,因而可以避免串行传输时,并行输出引脚上电平的无关变化,因而得到广泛的应用。

【例 6-1】 用 80C51 的串行口外接 CD4094 扩展 8 位并行输出口,如图 6-2 所示,CD4094 的各个输出端均接 1 个发光二极管,要求发光二极管从左到右流水显示。

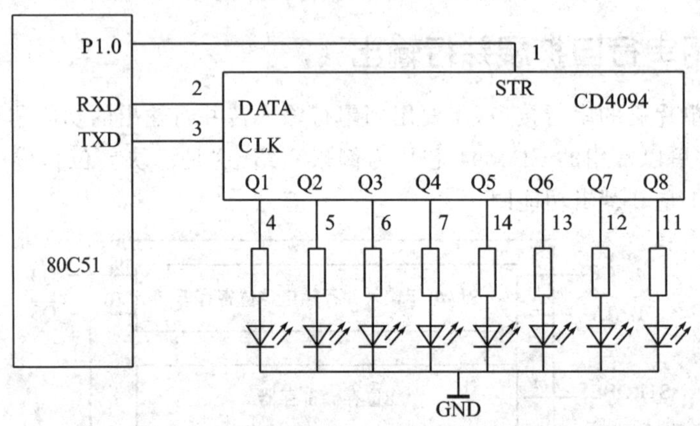

图 6-2　串行口工作方式 0 用于扩展并行输出口

串行口输出时,最先送出的是最低位的数据。从图 6-2 可以看出,Q1 接的 LED 在最左边,而 Q8 接的 LED 在最右边,所以应当先送 1 个数 10000000B(这样“1”会被送到最左边的 Q1,点亮最左边的 LED),然后延迟一段时间,将数进行右移,即变为 01000000,再次送入 CD4094,这样第 2 只 LED 点亮,如此不断右移,数据就依次按:

10000000,01000000,00100000,00010000……

变化,也就是灯按从左到右逐一点亮。

注意: 在数据送出之前,首先将 STR 清 0,以保持输出端不发生变化,在数据送完之后再将 STR 置 1,以送出数据进行显示。否则当数据在 CD4094 内部的移位寄存器中移动时,同时也会反映到输出引脚上,造成输出引脚的电平产生不希望的变化,从现象上来说这会造成 LED 显示的“串红”,就是本不应当显示的 LED 会产生一些微弱的的显示。

程序如下:

```
#include <at89x52.h>
#include <intrins.h>
typedef unsigned char uchar;
typedef unsigned int uint;
sbit  Cnt4094 = P1^0;
void Delay()
{   uint i;
    for(i=0;i<30000;i++){;}
}
void main()
{   uchar OutDat=0x80;
    SCON=0x00;
    for(;;)
    {
        Cnt4094=0;                  //关闭并行输出
        SBUF=OutDat;                //将数据送入串口,开始发送
        for(;;)                     //无限循环,等待发送完毕
        {   if(TI)                  //如果 TI 为 1,说明已发送完毕
            {   TI=0;               //清 TI 标志
                break;              //退出无限循环
            }
        }
        Cnt4094 = 1;                //允许 CD4094 芯片并行输出
        Delay();                    //延时
        OutDat = _crol_(OutDat,1);
    }
}
```

程序实现: 输入源程序,命名为 ser2para.c,建立名为 ser2para 的工程文件,将源程序加入,设置工程,在 Output 页选中“Creat Hex File”。设置完毕,回到主界面。编译、链接程序,直到没有错误为止。本例程序不能通过书中已有的实验板来完成,建议读者使用万能板或者面板包自行搭建电路板来观察程序运行效果。

自行搭建电路板有个“偷懒”的办法,即使用 STC11F、STC15W 等系列的芯片来替代 STC89C51 芯片,这些芯片内置振荡电路和复位电路,不需外接晶振及复位电路,只要给芯片通电就能工作,非常方便,如图 6-3 所示就是作者用 STC11F04 芯片

和面包板搭建的电路。

图 6-3　使用 STC11F04 和面包板搭建的串口扩展电路

在烧写芯片时,注意选择时钟为内部 RC 振荡器,如图 6-4 所示。

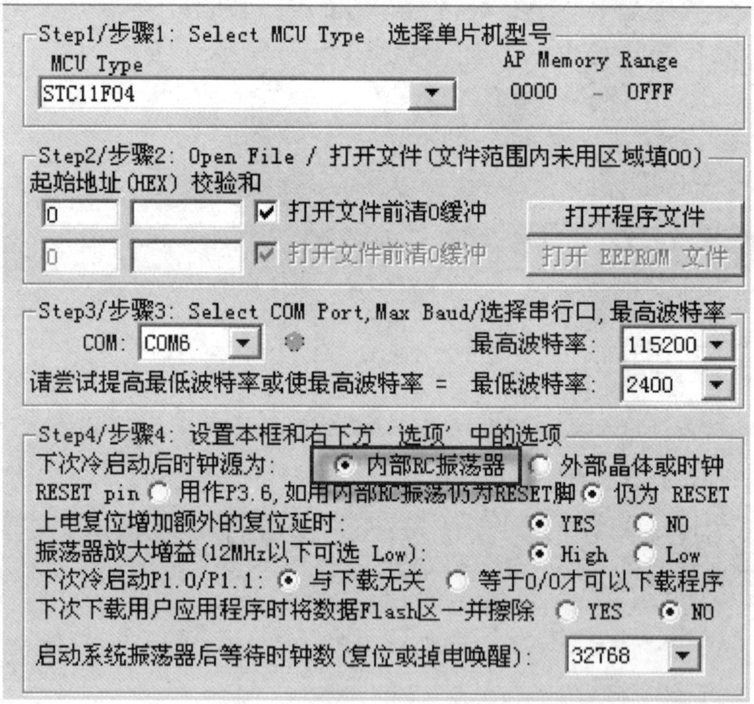

Step1/步骤1: Select MCU Type　选择单片机型号
MCU Type　STC11F04　AP Memory Range　0000 - 0FFF

Step2/步骤2: Open File / 打开文件(文件范围内未用区域填00)
起始地址(HEX)　校验和
0　☑ 打开文件前清0缓冲　打开程序文件
0　☑ 打开文件前清0缓冲　打开 EEPROM 文件

Step3/步骤3: Select COM Port, Max Baud/选择串行口,最高波特率
COM: COM6　最高波特率: 115200
请尝试提高最低波特率或使最高波特率 =　最低波特率: 2400

Step4/步骤4: 设置本框和右下方'选项'中的选项
下次冷启动后时钟源为: ⊙ 内部RC振荡器　○ 外部晶体或时钟
RESET pin ○ 用作P3.6,如用内部RC振荡仍为RESET脚 ⊙ 仍为 RESET
上电复位增加额外的复位延时: ⊙ YES　○ NO
振荡器放大增益(12MHz以下可选 Low): ⊙ High　○ Low
下次冷启动P1.0/P1.1: ⊙ 与下载无关　○ 等于0/0才可以下载程序
下次下载用户应用程序时将数据Flash区一并擦除　○ YES　⊙ NO
启动系统振荡器后等待时钟数(复位或掉电唤醒): 32768

图 6-4　烧写芯片时选择内部 RC 振荡器

STC11F04 芯片与 80C51 在指令级兼容,本程序生成的代码可以直接写入该芯片运行。需要注意的是,该芯片是一种高速芯片,程序中的 Delay()函数延时时间会变得不正确,因此需要通过尝试来重新编写 Delay()函数。

方式 0 的数据发送速度固定等于时钟频率的 1/12,当所用时钟频率较高时,注意从 80C51 单片机到驱动芯片的 CLK、DAT 引线尽量短。

知识链接：用 typedef 定义类型

除了可以直接使用 C 提供的标准类型名如 int、char 等以外，还可以用 typedef 声明新的类型名来代替已有的类型名。如：

```
typedef   int         INTEGER;
typedef   float       REAL;
```

指定用 INTEGER 代表 int 类型，REAL 代表 float。这样，以下两行等价：

```
int      i;
INTEGERi;
```

在一些程序中常可以看到这样的定义：

```
typedef     unsigned int        UINT;
typedef     unsigned long       ULONG;
typedef     unsigned char       BYTE;
typedef     bit                 BOOL;
```

这样，可以使熟悉其他编程语言（如 Visual C＋＋等）的人能用 UINT、ULONG、BYTE、BOOL 等来定义变量，以适应个人的编程习惯。通常把用 typedef 声明的类型名用大写字母表示，以便与系统提供的标准类型标识符相区别。

用 typedef 声明类型的说明如下：

（1）用 typedef 可以声明各种类型名，但不能用来定义变量。

（2）用 typedef 只是对已经存在的类型增加一个类型名，而没有创造新的类型。也就是它仅仅是用来起一个新的名字。

（3）typedef 和＃define 有相似之处，但又不相同。＃define 是编译之前进行预处理时作简单的字符串替换，而 typedef 是在编译时处理的。

（4）使用 typedef 有利于程序的通用与移植。有时程序会依赖于硬件特性，用 tyepdef 便于移植。例如，有的计算机系统 int 型数据用两个字节，数值范围为－32 768～32 767，而目前的 32 位机则以 4 个字节存放一个整数，数值范围达到±21 亿。如果把一个 C 程序从一个以 4 字节存放整数的计算机系统移植到以 2 个字节存放整数的系统，按一般办法需要将定义变量中的每个 int 改为 long。例如：

```
int   a,b,c;
```

改为：

```
long   a,b,c;
```

但这样逐个修改非常不便。如果在编写源程序时用了这样的定义：

```
typedef   int   INTEGER;
```

在程序中所有的 int 型变量均用 INTEGER 来定义：

```
INTEGER  a,b,c;
```

在移植时只要改动一下 typedef 定义即可,不需要逐一修改变量的定义。

```
typedef  long  INTEGER;
```

6.1.2 用串行口扩展并行输入

要实现串行口扩展并行输入,需要用到并行输入串行输出功能芯片。这一类芯片也有多种,这里介绍常用的 74HC165 芯片,图 6-5 是这一芯片的逻辑功能图。

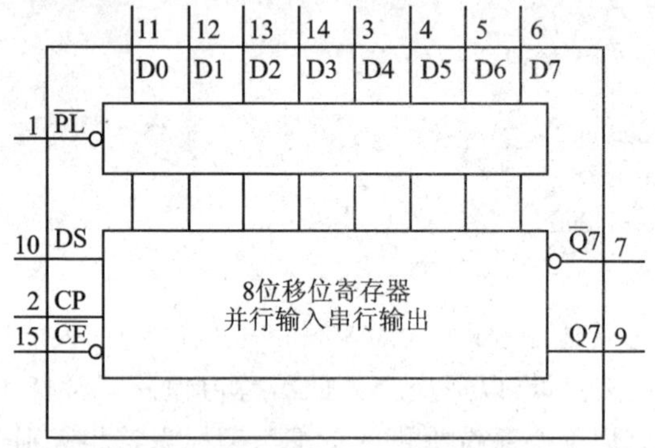

图 6-5 74HC165 芯片逻辑功能图

74HC165 芯片的逻辑功能如表 6-2 所示。

表 6-2 74HC165 逻辑功能表

输入					输出
$\overline{PL}$	$\overline{CE}$	CP	DS	D0～D7	Q7
L	X	X	X	L	L
L	X	X	X	H	H
H	L	↑	L	X	Q6
H	L	↑	H	X	Q6

74HC165 的工作过程可以分为 2 个过程,即从 D0～D7 读取并行输入状态过程和将读取到的数据从串行输出端送出的过程。从图和表中可以看到,当 $\overline{PL}$ 低电平时,为并行数据读入阶段,此时 D0～D7 引脚上的电平状态将被取回芯片内部的移位寄存器输入端。将 $\overline{PL}$ 置高电平、$\overline{CE}$ 置低电平,当 CP 端有上升沿出现时,芯片内部将刚才所读取到的 D0～D7 数据依次从 Q7 端移位输出。

【例 6-2】 用 80C51 的串行口外接 74HC165 扩展 8 位并行输入口,如图 6-6 所示,74HC165 的 D0～D7 接 8 只按键,P2 口接 LED 显示条,要求读取按键的输入状态,并在 P2 口所接 LED 显示条上显示出来。

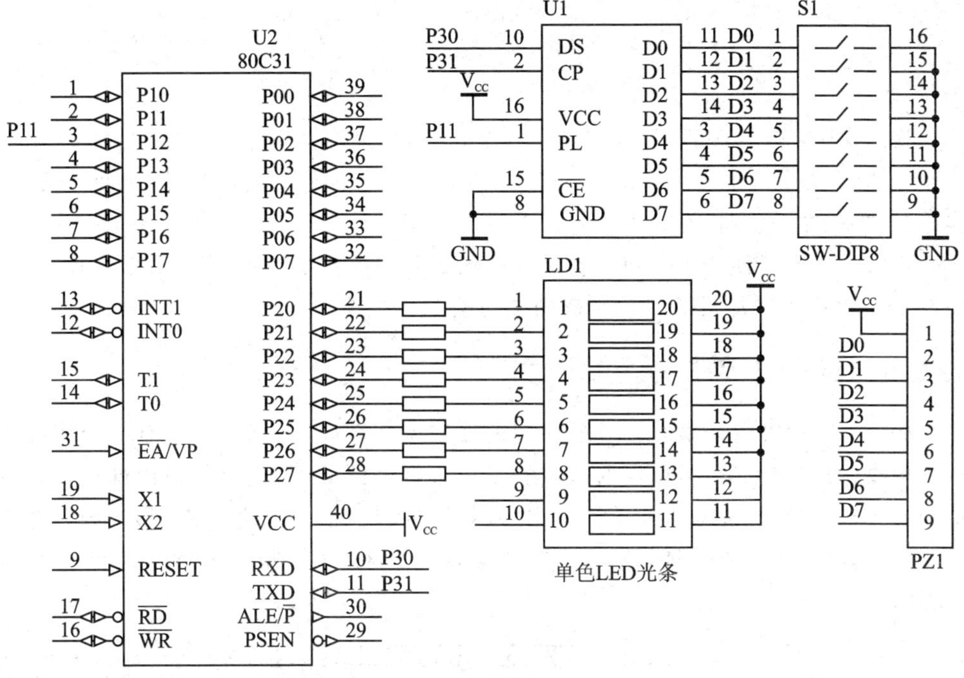

图 6－6

程序如下：

```
#include <at89x52.h>
#include <intrins.h>

sbit  Cntr165 = P1^1;
void main()
{
    unsigned char RecDat;
    for(;;)
    {   Cntr165 = 0;            //74HC165 接收并行输入数据
        _nop_();
        Cntr165 = 1;            //关闭并行输入数据
        SCON = 0x10;            //置串行口方式 0,清 RI,置 REN 允许接收位
        for(;;)                 //进入无限循环
        {   if(RI)              //如果 RI 标志为 1,说明数据接收完毕
            {   RI = 0;         //清 RI 标志
                break;          //退出无限循环
            }
        }
        RecDat = SBUF;          //从接收缓冲区 SBUF 中获取数据
```

```
        P0 = RecDat;                //将数据送 P0 口显示出来
    }
}
```

程序实现：输入源程序，命名为 para2ser.c，建立名为 para2ser 的工程文件，将源程序加入，设置工程，在 Output 页选中"Creat Hex File"。设置完毕，回到主界面。编译、链接程序，直到没有错误为止。读者可使用自行搭建电路的方法来完成实验。

虽然已实现了使用串行口来扩展并行输入和并行输出，但要真正理解程序，还必须要学习 80C51 单片机的串行接口相关知识。

6.1.3 80C51 单片机的串行接口

80C51 单片机内部集成有一个功能很强的全双工串行通信口，设有 2 个相互独立的接收、发送缓冲器，可以同时接收和发送数据。图 6-7 是串行口内部缓冲器的结构，发送缓冲器只能写入而不能读出，接收缓冲器只能读出而不能写入，因而两个缓冲器可以共用一个地址：99H。两个缓冲器统称为串行通信特殊功能寄存器 SBUF。

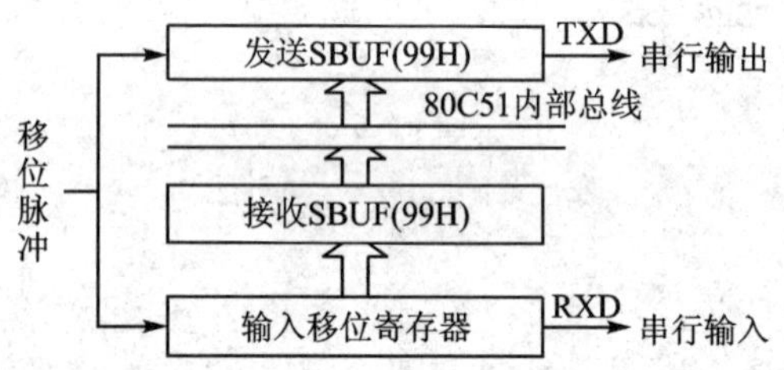

图 6-7　串行口内部缓冲器的结构

注意：*发送缓冲器只能写入不能读出意味着只要把数送进了 SBUF(写入)，就永远也不可能再用读 SUBF 的方法得到这个数了，但读出来的是接收 SBUF(图 6-7 中下面那个寄存器)中的数，而不是发送 SBUF(图 6-7 中上面那个寄存器)中的数。*

1. 串行口控制寄存器

为了对串行口进行控制，80C51 的串行口设有两个控制寄存器：串行控制寄存器 SCON 和波特率选择特殊功能寄存器 PCON。

(1) 串行控制寄存器 SCON

SCON 寄存器用于选择串行通信的工作方式和某些控制功能。其格式及各位含义如下表 6-3 所列。

表 6-3　串行口控制寄存器 SCON 的格式

位	D7	D6	D5	D4	D3	D2	D1	D0
含　义	SMOD	SM1	SM2	REN	TB8	RB8	TI	RI

对 SCON 中各位的功能描述如下：

- SM0 和 SM1：串行口工作方式选择位，可选择 4 种工作方式，如表 6－4 所列。

表 6－4　串行口工作方式控制

SM0	SM1	方式	功能说明
0	0	0	移位寄存器工作方式(用于 I/O 扩展)
0	1	1	8 位 UART，波特率可变(T1 溢出率/n)
1	0	2	9 位 UART，波特为 $f_{osc}/64$ 或 $f_{osc}/32$
1	1	3	9 位 UART，波特率可变(T1 溢出率/n)

- SM2：多机通信控制位。允许方式 2 或方式 3 多机通信控制位。
- REN：允许/禁止串行接收控制位。由软件置位 REN＝1 为允许串行接收状态，可启动串行接收器 RXD，开始接收信息。如用软件将 REN 清零，则禁止接收。
- TB8：在方式 2 或方式 3，它为要发送的第 9 位数据。按需要由软件置 1 或清 0。例如，可用作数据的校验位或多机通信中表示地址帧/数据帧的标志位。
- RB8：在方式 2 或方式 3，是接收到的第 9 位数据。在方式 1，若 SM2＝0，则 RB8 是接收到的停止位。
- TI：发送中断请求标志位。在方式 0，当串行接收到第 8 位结束是由内部硬件自动置位 TI＝1，向主机请求中断，响应中断后必须用软件复位 TI＝0。在其他方式中，则在停止位开始发送时由内部硬件置位，必须用软件复位。
- RI：接收中断标志。在接收到一帧有效数据后由硬件置位。在方式 0 中，第 8 位数据被接收后，由硬件置位；在其他 3 种方式中，当接收到停止位中间时由硬件置位。RI＝1，申请中断，表示一帧数据已接收结束并已装入接收 SBUF，要求 CPU 取走数据。CPU 响应中断，取走数据后必须用软件对 RI 清 0。

由于串行发送中断标志和接收中断标志 TI 和 RI 是同一中断源，因此在向 CPU 提出中断申请时，必须由软件对 RI 或 TI 进行判别，以进入不同的中断服务。复位时，SCON 各位均清 0。

(2) 电源控制寄存器 PCON

PCON 的字节地址为 87H，不具备位寻址功能。在 PCON 中，仅有其最高位与串行口有关。PCON 格式如表 6－5 所列。

表 6－5　电源控制寄存器 PCON 的格式

位	D7	D6	D5	D4	D3	D2	D1	D0
含　义	SMOD	—	—	—	GF1	GF0	PD	IDL

其中SMOD为波特率选择位。在串行方式1、方式2和方式3时,如果SMOD=1,则波特率提高1倍。

2. 串行口工作方式0

根据SCON中的SM0、SM1的状态组合,80C51串行口可以有4种工作方式。在串行口的4种工作方式中,方式0主要用于扩展并行输入/输出口,方式1、方式2和方式3则主要用于串行通信。

方式0称为同步移位寄存器输入/输出方式,常用来扩展并行I/O口。在工作于这种方式时,串行数据通过RXD进行输入或输出,TXD用于输出同步移位脉冲,作为外接扩展部分的同步信号。

在方式0中,当串行口用作输出时,只要向发送缓冲器SBUF写入一个字节的数据,串行口就将此8位数据以时钟频率的1/12速度从RXD依次送入外部芯片,同时由TXD引脚提供移位脉冲信号。在数据发送之前,中断标志TI必须清0,8位数据发送完毕后,中断标志TI自动置1。如果要继续发送,必须用软件将TI清0。

在方式0输入时,用软件置REN=1,如果此时RI=0,满足接收条件,串行口即开始接收输入数据。RXD为数据输入端,TXD仍为同步信号输出端,输出频率为1/12时钟频率的脉冲,使RXD端的电平状态逐一移入输入缓冲寄存器。在串行口接收到一帧数据后,中断标志RI自动置为1,如果要继续接收,必须用软件将RI清0。

任务2 单片机与PC机通信

计算机与外界的信息交换称为通信。通信的基本方式有两种:并行通信和串行通信。并行通信(即并行数据传送)是指计算机与外界进行通信(数据传输)时,一个数据的各位同时通过并行输入/输出口进行传送,如图6-8(a)所示。并行通信的优点是数据传送速度快,缺点是一个并行的数据有多少位,就需要多少根传输线,在数据的位数较多、传输的距离较远时不太方便。

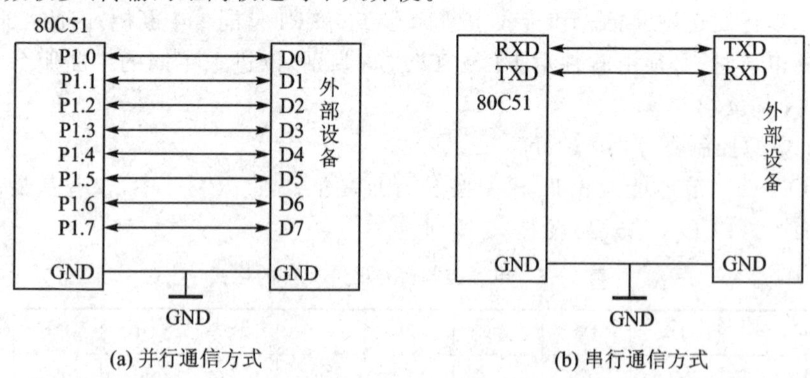

图6-8 两种基本通信方式

串行通信是指一个数据的所有位按一定的顺序和方式，一位一位地通过串行输入/输出口进行传送，如图6-8(b)所示。由于串行通信是数据的逐位顺序传送，在进行串行通信时，只需一根传输线，这在传送的数据位数多且通信距离很长时，这种传输方式的优点就显得很突出了。

6.2.1 串行通信的基本知识

串行通信是将构成数据或字符的每个二进制码位，按照一定的顺序逐位进行传输，其传输有两种基本的通信方式：

1. 同步通信方式

同步通信的基本特征是发送与接收保持严格的同步。由于串行传输是一位接一位顺序进行的，为了约定数据是由哪一位开始传输，需要设定同步字符。这种方式速度快，但是硬件复杂。由于80C51单片机中没有同步串行通信的方式，所以这里不详细介绍。

2. 异步通信方式

异步通信方式规定了传输格式，每个数据均以相同的帧格式传送。

异步通信中一帧数据的格式如图6-9所示，每帧信息由起始位、数据位、奇偶校验位和停止位组成，帧与帧之间用高电平分隔开。

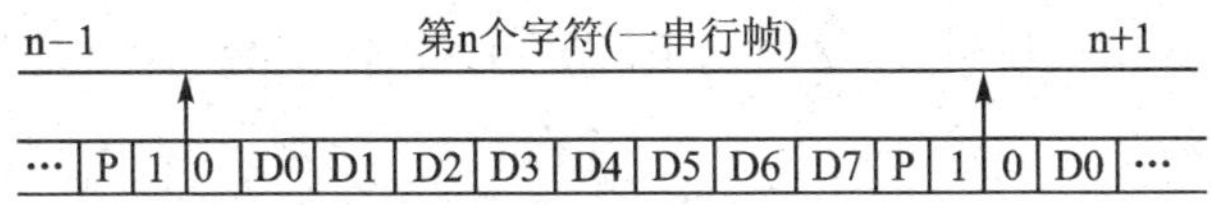

图6-9 异步通信中一帧数据的格式

- 起始位：在通信线上没有数据传送时呈现高电平(逻辑1状态)。当需发送一帧数据时，首先发送一位逻辑0(低电平)信号，称起始位。接收端检测到由高到低的一位跳变信号(起始位)后，就开始接收数据位信号的准备。所以，起始位的作用就是表示一帧数据传输的开始。
- 数据位：紧接起始位之后的即为数据位。数据位可以是5、6、7或8位。一般在传送中从数据的最低位开始，顺序发送和接收，具体的位数应事先设定。
- 奇偶校验位：紧跟数据位之后的为奇偶校验位，用于对数据检错。通信双方应当事先约定采用奇校验还是偶校验。
- 停止位：在校验后是停止位，用以表示一帧的结束。停止位可以是1、1.5、2位，用逻辑1(高电平)表示。

异步通信是一帧一帧进行传输，帧与帧之间的间隙不固定，间隙处用空闲位(高电平)填补，每帧传输总是以逻辑0(低电平)状态的起始位开始，停止位结束。信息传输可随时或不间断地进行。不受时间的限制，因此，异步通信简单、灵活。但由于异步通信每帧均需起始位、校验位和停止位等附加位，真正有用的信息只占到全部传输时间的一部分，传输效率降低了。

在异步通信中，接收与发送之间必须有两项规定：

(1) 帧格式的设定

即帧的字符长度、起始位、数据位及停止位，奇偶校验形式等的设定。例如，以ASCII 码传送，数据位 7 位，1 位起始位，1 位停止位，奇校验方式。这样，一帧的字符总数是 10 位，而一帧的有用信息是 7 位。

(2) 波特率的设定

波特率反映了数据通信位流的速度，波特率越高，数据信息传输越快。常用的波特率有 300，600，1 200，2 400，4 800，9 600，19 200，38 400 等。

3. 串行通信中数据的传输方向

串行通信中，数据传输的方向一般可分为以下几种方式。

(1) 单工方式

在单工方式下，一根通信线的一端连接发送方，另一端连接收方，形成单向连接，数据只允许按照一个固定的方向传送。

(2) 半双工方式

半双工方式系统中的每一个通信设备均有发送器和接收器，由电子开关切换，两个通信设备之间只用一根通信线相连接。通信双方可以接收或发送，但同一时刻只能单向传输。即数据可以从 A 发送到 B，也可以由 B 发给 A，但是不能同时在这两个方向中进行传送。

(3) 全双工方式

采用两根线，一根专门负责发送，另一根专门负责接收，这样两台设备之间的接收与发送可以同时进行，互不相关。当然，这要求两台设备也能够同时进行发送和接收，这一般是可以做到的，例如，80C51 单片机内部的串行口就有接收和发送两个独立的设备，可以同时进行发送与接收。

4. 串行通信中的奇偶校验

串行通信的关键不仅是能够传输数据，更重要的是要能正确地传输，但是串行通信的距离一般较长，线路容易受到干扰，要保证完全不出错不太现实，尤其是一些干扰严重的场合，因此，如何检查出错误，就是一个较大的问题。如果可以在接收端发现接收到的数据是错误的，那么，就可以让接收端发送一个信息到发送端，要求将刚才发送过来的数据重新发送一遍，由于干扰一般是突发性的，不见得会时时干扰，所以重发一次可能就是正确的了。如何才能够知道发送过来的数据是错误的？这好像很难，因为在接收数据时不知道正确的数据是怎么样的(否则就不要再接收了)，怎么能判断呢？如果只接收一个数据本身，那么可能永远也没有办法知道，所以必须在传送数据的同时再传送一些其他内容，或者对数据进行一些变换，使一个或一批数据具有一定的规律，这样才有可能发现数据传输中出现的差错。由此产生了很多种查错的方法，其中最为简单但应用广泛的就是奇偶校验法。

奇偶校验的工作原理简述如下：

程序状态字PSW最低位P的值根据累加器A中运算结果而变化，如果运算后A中"1"的个数为偶数，则P=0，奇数时P=1。如果在进行串行通信时，把A中的值(数据)和P的值(代表所传送数据的奇偶性)同时传送，接收到数据后，也对数据进行一次奇偶校验，如果校验的结果相符(校验后P=0，而传送过来的数据位也等于0，或者校验后P=1，而接收到的检验位也等于1)，就认为接收到的数据是正确的，反之，如果对数据校验的结果是P=0，而接收到的校验位等于1或者相反，那么就认为接收到的数据是错误的。

有读者可能马上会想到，发送端和接收端的校验位相同，数据就能保证一定正确吗？不同就一定不正确吗？的确不能够保证。比如，在发送过程中，受到干扰的不是数据位，而是校验位本身，那么收到的数据可能是正确的，而校验位却是错的，接收程序就会把正确的数据误判成错误的数据。又比如，在数据传送过程中数据受到干扰，出现错误，但是变化的不止一位，有两位同时变化，那么就会出现数据虽然出了差错，但是检验的结果却把它当成是对的，设有一个待传送的数据是17H，即00010111B，它的奇偶校验位应当是0(偶数个1)，在传送过程中，出现干扰，数据变成了77H即01110111B，接收端对收到的数据进行奇偶校验，结果也是0(偶数个1)，因此，接收端就会认为是收到了正确的数据，这样就出现了差错。这样的问题用奇偶校验是没有办法解决的，必须用其他的办法。好在根据统计，出现这些错误的情况并不多见，通常情况下奇偶校验方法已经能够满足要求，如果采用其他的方法，必然要增加附加的信息量，降低通信效率，所以在单片机通信中，最常用的就是奇偶校验的方法。当然，读者自己开发项目时要根据现场的实际情况来进行软、硬件的综合处理，以保证得到最好的通信效果。

5. 串行通信中的电平接口

单片机的串行口使用TTL电平标准，这种标准中用高电平(大于2.4 V)表示逻辑1，而用低电平(小于0.4 V)表示逻辑0。当传输距离较远时，由于传输线分布电容的影响，波形将发生较为严重的崎变，接收端无法正确判断高电平或低电平，因而不能进行长距离的通信。

为了能够长距离传输数据，人们开发了各种接口标准，其中RS232标准被广泛应用。这种标准规定逻辑0的范围是+3～+25 V，逻辑1的范围是−3～−25 V。PC(个人微型计算机)上如果有串行接口，那么它就是采用的RS232标准。TTL电平与RS232接口不能兼容，无法直接连接，因此，单片机如果要和PC通信，就必须安装RS232接口。

现在可以购买到专门用于RS232接口的芯片，这类芯片内置了升压用的电荷泵，不需要外接高电压，因而用这类专用芯片实现RS232接口较为方便。图6-10

是单片机上所用 RS232 接口的典型电路。这个图中只用到了 3 根线,分别用于数据的输入、输出及公共地。这是一种简化的 RS232 接口,完全能够满足一般通信工作的要求。

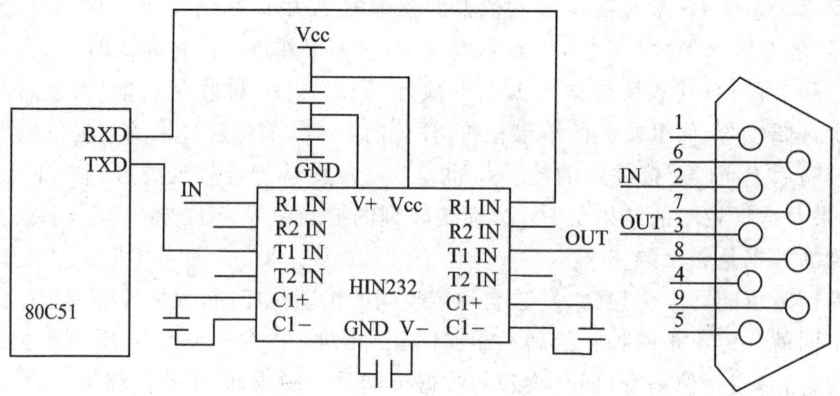

图 6-10 单片机与 PC 机的串行通讯接口电路

6.2.2 任务实现

80C51 单片机的串口是全双工的,可以同时发送数据和接收数据,不过为简单起见,以下用两个例子分别实现数据的发送和接收。

1. 数据的发送

以下例子完成单片机发送数据的工作,使用 PC 机来接收数据,并将数据显示出来。

【例 6-3】 单片机不断从串行口送出 AA 和 55 两个十六进制数,设单片机所用晶振为 11.059 2 MHz。

```
#include "reg52.h"
typedef   unsigned char uchar;
typedef   unsigned int uint;

void init()
{   TMOD = 0x20;         //定时器 T1 工作于方式 2
    TH1 = 0xfd;
    TL1 = 0xfd;
    PCON |= 0X80;        //SMOD = 1;
    TR1 = 1;             //定时器 T1 开始运行
}
void Delay()
{   uint i;
    for(i = 0;i<10000;i++){;}
```

```
}
void main()
{   uchar OutDat = 0xaa;
    P1  =  0x55;
    init();
    for(;;)
    {
        SBUF = OutDat;
        for(;;)
        {   if(TI)
            {   TI = 0;
                break;
            }
        }
        OutDat = ~OutDat;
        Delay();
    }
}
```

程序实现：输入上述程序，并完成其中的延时程序部分，存盘并命名为 ckss. c。建立名为 ckss 的工程，将 ckss. c 源程序加入，然后汇编、连接，完全正确以后，按 CTRL＋F5 进入调试，单击菜单 View→Ser ＃1，打开 Keil 内置的串行窗口。全速运行程序，即可以看到该窗口出中连续不断出现 55 、AA，如图 6－11 所示。

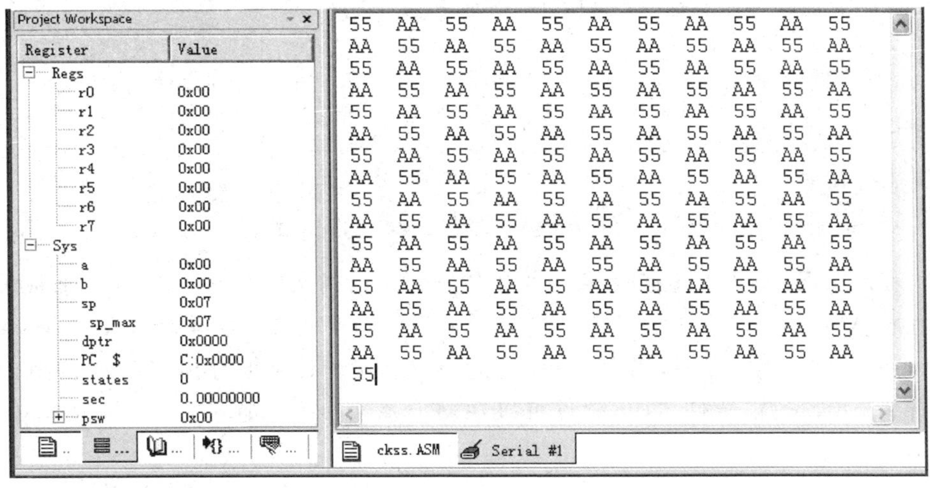

图 6－11　使用 Keil 软件内置的串行窗口来观察数据

2. 数据的接收

第 2 个异步通信的应用例子是单片机接收数据，单片机接收到由 PC 机送来的十六进制数后将其送到P1口,从P1口LED亮、灭的情况可以看出接收是否正常。

【例6-4】 异步通信任务2:单片机接收从PC送来的数,设单片机所用晶振为11.059 2 MHz。

```
#include <reg51.h>
typedef unsigned char uchar;

void main()
{   uchar RecDat;          //定义一个变量用来存放数据
    TMOD = 0x20;           //定时器1工作于方式2
    RI = 0;                //清RI标志
    TH1 = 0xfd;            //给T1定时器置初值
    TL1 = 0xfd;
    PCON |= 0x80;          //SMOD = 1
    TR1 = 1;               //定时器1开始运行
    SCON = 0x50;           //串行口工作于模式1
    REN = 1;               //允许接收
    for(;;)
    {
        for(;;)            //进入无限循环,等数据接收完毕
        {   if(RI)         //如果RI等于1,说明数据接收完毕
            {   RI = 0;    //清RI标志
                break;     //跳出无限循环
            }
        }
        RecDat = SBUF;     //从接收缓冲区SBUF中读取数据
        P1 = RecDat;       //将数据送到P1口显示
    }
}
```

程序实现: 输入上述程序,存盘并命名为ckjs.c,建立名为ckjs的工程,将ckjs.c源程序加入,然后汇编、连接至完全正确。使用课题1任务1实验板来完成这一练习,将ckjs.hex写入芯片,用DB9串口线连接实验板与计算机的串行接口,在PC端运行一个串口通信软件,这类软件可以在网上找到很多,如图6-12所示是串口助手。

单击串口配置,打开对话框,按图示设定将波特率19 200,数据位:8,停止位:1,检验位:无。单击“OK”按钮退出对话框,打开串口。在“HEX发送”和“连续发送”两个多选项上打勾,然后在发送区写入数据,则数据将会被送往实验电路板,板上P1口所接LED按数据要求点亮。

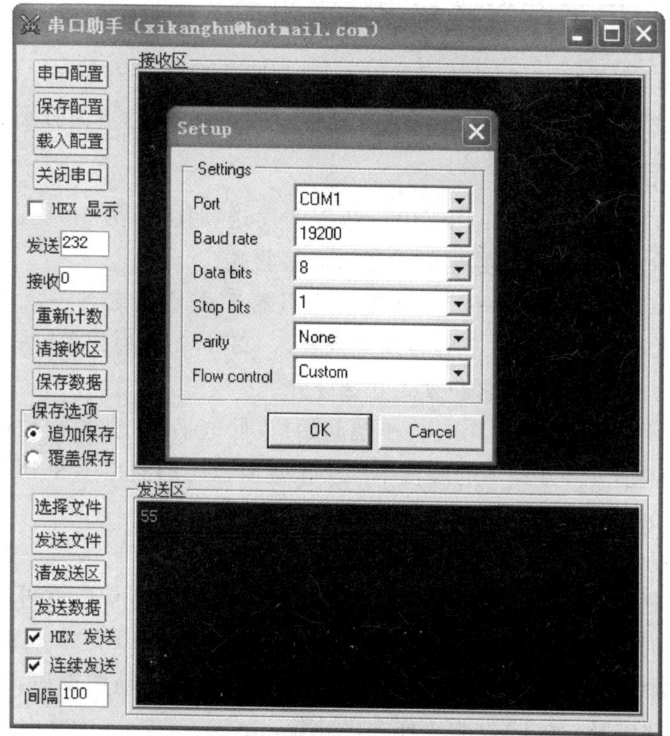

图 6－12　使用串口助手来向实验板发送数据

3. 用计算机控制家电

使用开放式 PLC，可以体会一下使用计算机控制电器的成就感。如图 6－13 所示，将电视、打印机、电灯等设备分别接入开放式 PLC 的输出端，分别编写单片机程序和 PC 端程序，或在 PC 端直接使用串口助手来送出数据，就能控制这些设备的开关，这与仅在计算机上进行仿真练习的感受是完全不相同的。

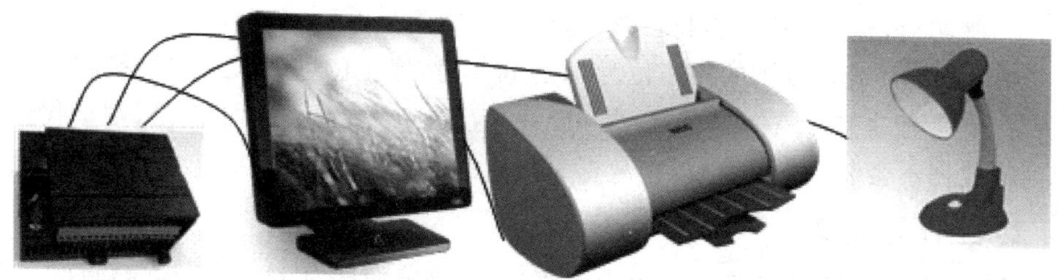

图 6－13　使用开放式 PLC 来控制电气设备

6.2.3 串行口工作方式与波特率设置

任务1中用到了串行口的工作方式0,它是同步移位寄存器输入/输出方式,专用于扩展并行输入/输出口。串行口还有其他一些工作方式,下面分别介绍。

1. 工作方式1

串行通信口的工作方式1用于串行数据的发送和接收,为10位通用异步方式。引脚TXD和RXD分别用于数据的发送端和接收端。

注意: 方式0需要TXD和RXD这2个引脚配合才能完成一次输入或输出工作,而以下的几种方式都是1个引脚线完成输入,另1个引脚完成输出,输入与输出相互独立,可以同时进行,注意和方式0区分开。

在方式1中,一帧数据为10位:1位起始位(低电平)、8位数据位(低位在前)和1位停止位(高电平)。方式1的波特率取决于定时器1的溢出率和PCON中的波特率选择位SMOD。

(1) 工作方式1发送

方式1发送时,数据由TXD端输出,利用写发送缓冲器指令就可启动数据的发送过程。发送时的定时信号号即发送移位脉冲,由定时器T1送来的溢出信号经16分频或32分频(取决于SMOD的值)后获得。在发送完一帧数据后,置位发送中断标志TI,并申请中断,置TXD为1作为停止位。

(2) 工作方式1接收

在REN=1时,方式1即允许接收。接收并检测RXD引脚的信号,采样频率为波特率的16倍。当检测到RXD引脚上出现一个从“1”到“0”的负跳变(就是起始位,跳变的含义可以参考前面关于中断下降沿触发的内容)时,就启动接收。如果接收不到有效的起始位,则重新检测RXD引脚上是否有信号电平的负跳变。

当一帧数据接收完毕后,必须在满足下列条件时,才可以认为此次接收真正有效。

- RI=0,即无中断请求,或在上一帧数据接收完毕时RI=1发出的中断请求已被响应,SUBF中的数据已被取走。
- SM2=0或接收到的停止位为1(方式1时,停止位进行RB8),则接收到的数据是有效的,并将此数据送入SBUF,置位RI。如果条件不满足,则接收到的数据不会装入SBUF,该帧数据丢失。

2. 工作方式2

串行口的工作方式2是9位异步通信方式,每帧信息为11位:1位起始位,8位数据位(低位在前,高位在后),1位可编程的第9位和1位停止位。

(1) 工作方式2的发送

串行口工作在方式2发送时,数据从TXD端输出,发送的每帧信息是11位,其中附加的第 9 位数据被送往 SCON 中的 TB8，此位可以用作多机通信的数据、地址标志，也可用作数据的奇偶校验位，可用软件进行置位或清 0。

发送数据前，首先根据通信双方的协议，用软件设置 TB8，再执行一条写缓冲器的程序如：SBUF＝Data;，将数据 Data 写入 SBUF，即启动发送过程。串行口自动取出 SCON 中的 TB8，并装到发送的帧信息中的第 9 位，再逐位发送，发送完一帧信息后，置 TI＝1。

(2) 工作方式 2 的接收

在方式 2 接收时，数据由 RXD 端输入，置 REN＝1 后，即开始接收过程。当检测到 RXD 上出现从“1”到“0”的负跳变时，确认起始位有效，开始接收此帧的其余数据。在接收完一帧后，在 RI＝0，SM2＝0，或接收到的第 9 位数据是“1”时，8 位数据装入接收缓冲器，第 9 位数据装入 SCON 中 RB8，并置 RI＝1。若不满足上面的两个条件，接收到的信息会丢失，也不会置位 RI。

方式 2 接收时，位检测器采样过程与操作同方式 1。

3. 工作方式 3

串行口被定义成方式 3 时，为波特率可变的 9 位异步通信方式。在方式 3 中，除波特率外，均与方式 2 相同。

4. 波特率的设计

在串行通信中，收、发双方对接收和发送数据都有一定的约定，其中重要的一点就是波特率必须相同。80C51 的串行通信的 4 种工作方式中，方式 0 和方式 2 的波特率是固定的，而方式 1 和方式 3 的波特率是可变的，下面就来讨论一下这几中通信方式的波特率。

(1) 工作方式 2 的波特率

方式 2 的波特率取决于 PCON 中的 SMOD 位的状态，如果 SMOD＝0，方式 2 的波特率为 f_{osc} 的 1/64，而 SMOD＝1，方式 2 的波特率为 f_{osc} 的 1/32。即

$$\text{波特率}=2^{SMOD}/64$$

(2) 工作方式 1 和工作方式 3 的波特率

方式 1 和方式 3 的波特率与定时器的溢出率及 PCON 中的 SMOD 位有关。如果 T1 工作于模式 2(自动重装初值的方式)，则：

$$\text{方式 1、方式 3 的波特率}=2^{SMOD}/32\times f_{osc}/12/(2^8-x)$$

其中 x 是定时器的计数初值。

由此可得，定时器的计数初值 $x=256-2^{SMOD}\times f_{osc}/(384\times\text{波特率})$

为了方便使用，将常用的波特率与晶振、SMOD、定时器工作方式，定时器计数初值等列表如表 6 - 6 所示，可供实际应用参考。

表 6-6 常用波特率与 f_{osc}、SMOD、TH1 表

常用波特率	f_{osc}(MHz)	SMOD	TH1 初值
19 200	11.059 2	1	FDH
9 600	11.059 2	0	FDH
4 800	11.059 2	0	FAH
2 400	11.059 2	0	F4H
1 200	11.059 2	0	E8H

巩固与提高

1. 什么是串行异步通信？它有哪些特点？其一帧格式如何？

2. 某异步通信接口,其帧格式由一个起始位 0,8 个数据位,一个奇偶校验位和一个停止位 1 组成。当该接口每秒钟传送 1 800 个字符时,计算其传送波特率。

3. 为什么定时器 T1 用作串行口波特率发生器时,常用工作方式 2? 若已知系统时频率和通信选用的波特率,如何计算其初始值?

4. 在 80C51 应用系统中,时钟频率为 12 MHz,现用定时器 T1 方式 2 产生波特率为 1 200,请计算初值。实际得到的波特率有误差吗?

课题 7

显示接口

单片机被广泛地应用于工业控制、智能仪表、家用电器等领域，由于实际工作的需要和用户的不同要求，单片机应用系统往往将有关信息显示出来，这就需要用到各种 LED 显示器、液晶显示器等。本课题通过“一位计数器”、“银行利率屏”、“秒表”、“小小迎宾屏”等任务来学习单片机中常用的显示接口技术。

任务 1　一位计数器的制作

在单片机控制系统中，常用 LED 显示器来显示各种数字或符号。这种显示器显示清晰，亮度高，接口方便，因此被广泛应用于各种控制系统中。

下面通过在一个数码管上轮流显示 0～9 这一任务来学习用单片机控制单个 LED 数码管的方法。

7.1.1　单个数码管的结构

如图 7－1 所示是 8 段 LED 显示器的结构示意图，从图中可以看出，一个 8 段 LED 数码管由 8 个发光二极管组成。其中 7 个长条形的发光管排列成“日”字形，另一个小圆点形的发光管在显示器的右下角作为显示小数点用。这种组合的显示器可以显示 0～9 共 10 个数字及部分英文字母。

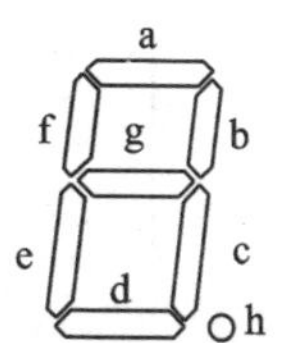

图 7－1　LED 数码管

图 7－2 是 LED 数码管的电路原理图，从图中可以看出：LED 数码管在电路连接上有两种形式：一种是 8 个发光二极管的阳极都连在一起的，称之为共阳极型 LED 数码管，如图 7－2(a)所示；另一种是 8 个发光二极管的阴极都连在一起的，称为共阴极型 LED 数码管，如图 7－2(b)所示。

共阴和共阳结构的 LED 显示器各笔段名的位置及名称是相同的，当二极管导通时，相应的笔划段发亮，由发亮的笔划段组合而显示出各种字符。

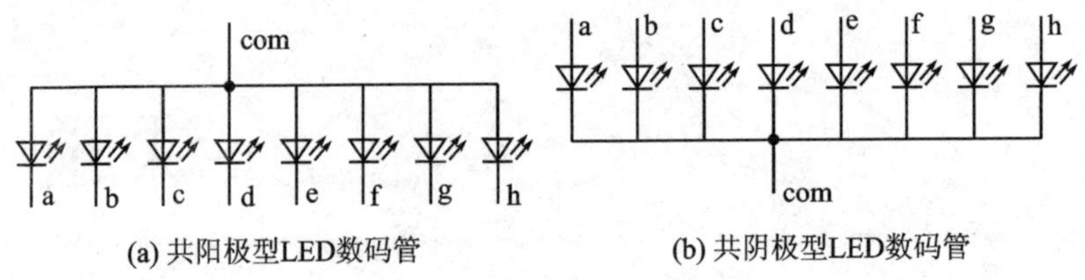

图 7-2 LED 数码管电路原理图

7.1.2 任务实现

本任务使用共阳型数码管，80C51 单片机的引脚可以“吸收”较强的电流，可以直接将共阳型数码管的各笔段与单片机的引脚相连，为编程简单，通常都是将 8 个引脚接到同一个输出端的 8 位上，如接到 P0 口等，连接时必须加上限流电阻，如图 7-3 所示。图中 COM 端使用了 PNP 型三极管作为电子开关来控制，虽然对于该图所示电路来说这并非必要，直接将 COM 端接 Vcc 即可，但考虑到使用 dpj6.dll 实验仿真板来演示，故作此安排。

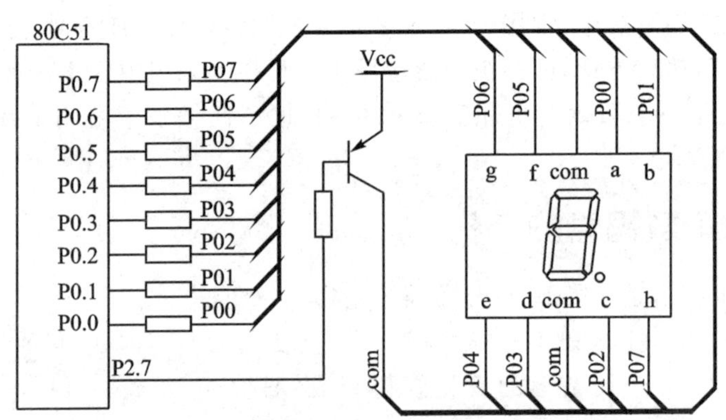

图 7-3 共阳极型数码管与单片机连接图

从图 7-3 可以看到，笔段所接 I/O 口按笔段点亮要求需要输出相应电平外，还必须使 COM 端为高电平，COM 端接到 PNP 型三极管的集电极，只有该三极管导通才能使 COM 端为高电平，要使该三极管导通，就要让 P2.7 为低电平。

如果将数码管的 8 个笔划段 h、g、f、e、d、c、b、a 对应于一个字节(8 位)的 D7、D6、D5、D4、D3、D2、D1、D0，那么用 8 位二进制码就可以表示欲显示字符的字形代码。参考图 7-3 可以看出，如果要显示数字 0，字段 a、b、c、d、e、f 必须点亮，而其他字段则不能被点亮。由于这是一个共阳极型的数码管，欲要某个笔段点亮，该笔段对应的 I/O 引脚必须输出为低电平。将字段与单片机 I/O 的关系列表如表 7-1 所示，按要求将相应位清“0”，其他各位置“1”，可得到数据 C0H，这个数据就是字符“0”的字形码。

表 7-1　字符 0 的字形

引脚	P0.7	P0.6	P0.5	P0.4	P0.3	P0.2	P0.1	P0.0	字形码
字段	H	G	F	E	D	C	B	A	
电平	1	1	0	0	0	0	0	0	0xC0

同样的方法,可以写出其他字符的字形码,如表 7-2 所示。从表中可以看出,设计表格时,第一行将引脚按从高位到低位列出,便于最后写字形码,第二行写入对应连接的笔段,便于确定该引脚的高或低电平,填表时,根据字形笔段的亮灭,写出对应引脚应处的状态。然后根据第一行的对应关系,即可写出字形码。

表 7-2　根据数码管连接方法写出字形码

显示数字	字段及对应的控制引脚								字形码
	P0.7	P0.6	P0.5	P0.4	P0.3	P0.2	P0.1	P0.0	
	H	G	F	E	D	C	B	A	
0	1	1	0	0	0	0	0	0	0xC0
1	1	1	1	1	1	0	0	1	0xF9
2	1	0	1	0	0	1	0	0	0xA4
3	1	0	1	1	0	0	0	0	0xB0
4	1	0	0	1	1	0	0	1	0x99
5	1	0	0	1	0	0	1	0	0x92
6	1	0	0	0	0	0	1	0	0x82
7	1	1	1	1	1	0	0	0	0xF8
8	1	0	0	0	0	0	0	0	0x80
9	1	0	0	1	0	0	0	0	0x90

【例 7-1】 电路如图 7-3 所示,要求数码管显示 0～9 不断循环。

```
#include <at89x52.h>
typedef unsigned char uchar;
typedef unsigned int uint;
uchar code DispTab[] = {0xC0,0xF9,0xA4,0xB0,0x99,0x92,0x82,0xF8,0x80,0x90};
void Delay()                    //延时程序
{   uint     i;
    for(i = 0;i<32768;i ++ ){;}
}
sbit COM  =  P2^7;              //公共端由 P2.7 控制

void Disp(uchar Dat)            //显示程序
```

```
{
    COM = 0;                //该引脚为低电平,PNP型三极管导通
    P0 = DispTab[Dat];
}

void main()
{   uchar Count;            //计数器
    for(;;)
    {
        Disp(Count);        //显示计数值
        Delay();
        Count++;            //计数值加1
        if(Count>= 10)      //如果计数值大于等于10
            Count = 0;      //计数值回0
    }
}
```

程序实现: 输入源程序,命名为smg.c,在keil软件中建立名为smg的工程文件。设置工程,在debug页Dialog:Parameter后的编辑框内输入:－ddpj6,以便使用实验仿真板"6位数码管实验仿真板"来演示这一结果。编译、链接后获得正确的结果,进入调试状态,单击Peripherals→51单片机实验仿真板,全速运行,可以看到第1个数码管轮流显示0~9,如图7－4所示。

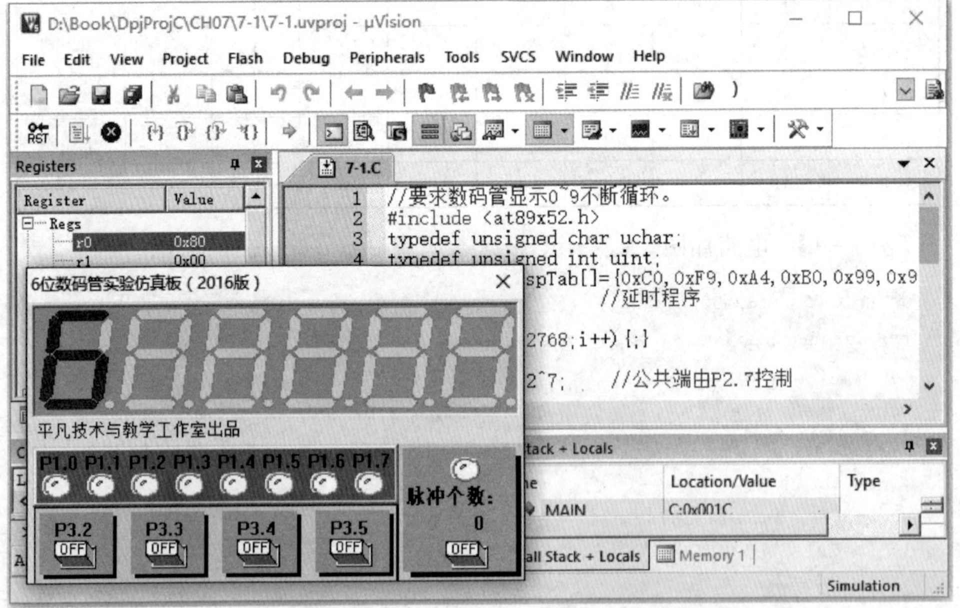

图7－4　使用6位数码管实验板仿真观板察运行效果

程序分析：在显示子程序中，用 COM=0 语句让 P2.7 引脚变为低电平，PNP 型三极管导通；定义名为 count 的变量作为计数器用，在 main 函数的循环中令 count 不断加 1，然后判断 count 是否到 10，如果到 10，则回到 0。通过查表来确定待显示数值的字形码，并把字形码送到 P0 口，这样就能显示出相应的数字。

任务 2　银行利率屏的制作

很多应用中单片机必须连接多个 LED 数码管，这时有两种连接方法，即静态显示接口与动态显示接口。

如图 7－5 所示是某银行的利率屏，从图中可以看到用于显示年利率的数码管一共有 12×4=48 位，此外还有用于显示日期、时间等数字的数码管。这些数码管可以采用静态方式来显示。

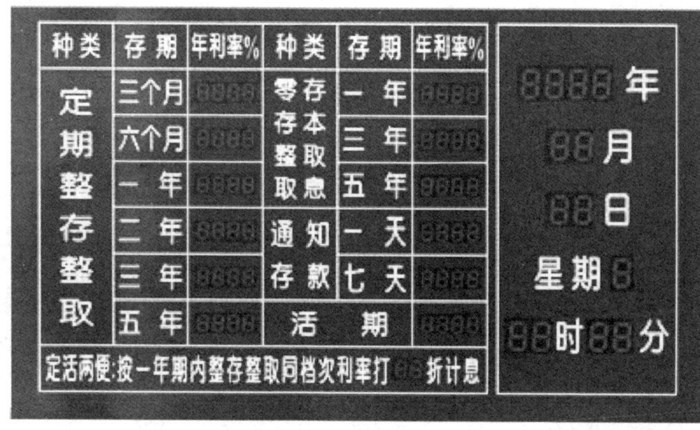

图 7－5　银行利率屏

7.2.1　相关知识

所谓静态显示是指当显示器显示某一个字符时，相应段的发光二极管处于恒定的导通或截止状态，直到需要显示另一个字符为止。

这种工作方式 LED 的亮度高，软件编程也比较容易，但是它占用比较多的 I/O 口的资源，常用于显示位数不多或者易于扩充 I/O 的情况。

LED 静态显示方式的接口有多种不同形式，图 7－6 是以 74HC164 组成的静态显示接口的电路图。80C51 单片机串行口工作于方式 0，外接 6 片 74HC164 作为 6 位 LED 显示器的静态显示接口。74HC164 是 HCMOS 型 8 位移位寄存器，实现串行输入、并行输出，其中 A、B(第 1、2 脚)为串行输入端，2 个引脚按逻辑与运算规律输入信号，如果只有一个输入信号，这两个引脚可以并接，第一片 74HC164 的 A、B 端接到 80C51 的 RXD 端，后面的 74HC164 芯片的 A、B 端则接到前一片 74HC164

的 Q7 端。CLK 为时钟端，所有 74HC164 芯片的 CLK 端并联并接到单片机的 TXD 端。

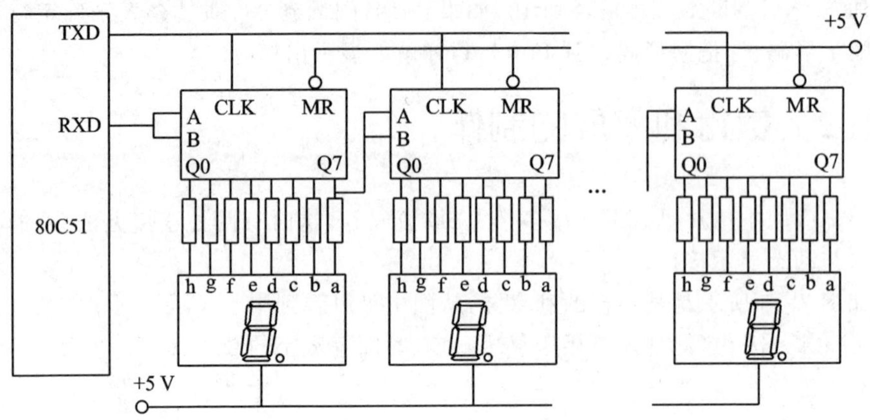

图 7-6 用 74HC164 扩展静态显示接口

7.2.2 任务实现

【例 7-2】 串行显示接口的程序清单。

```
#include <at89x52.h>
typedef unsigned char uchar;
typedef unsigned int uint;
uchar code DispTab[] = {0xC0,0xF9,0xA4,0xB0,0x99,0x92,0x82,0xF8,0x80,0x90};
uchar DispBuf[6] = {1,2,3,4,5,6};

void Disp()
{   uchar i;
    uchar cTmp;
    for(i = 0;i<6;i++)              //i 在 0~6 之间循环
    {   cTmp = DispBuf[i];          //取出显示缓冲区待显示数值
        SBUF = DispTab[cTmp];       //根据待显示数值查表得字形码,并将其送入 SBUF 中
        for(;;)                     //等待数据发送完毕
        {   if(TI)                  //TI = 1,说明数据已发送完毕
            {   TI = 0;             //清 TI
                break;
            }
        }
    }
}
void main()
```

```
{   SCON = 0x00;       //设置串口工作于方式 0
    Disp();            //调用显示程序
    for(;;);           //无限循环,不再调用显示程序
}
```

程序实现：输入源程序，命名为 74hc164.c，在 keil 软件中建立名为 74hc164 的工程文件。将源程序加入工程中，编译、链接获得 HEX 文件。读者可以使用实验板或者面包板自行搭建电路来测试。

程序分析：图 7－6 中 74HC164 都是串连的，数据会依次往前传，第一次送出来的数会先在第一个 LED 数码管点亮，然后依次在第二、三、四、五个数码管点亮，在送了第六个数据后，第一个送出的数据最终被传送到右边的那个数码管并显示出来。

不管数码管的数量有多少，采用这种"串接"的方法都能很好地显示各数码管的数值，当然，当数码管的数量很多时，刷新一次就需要较长的时间。因此，这类显示方式较适合于长时间静态显示的场合，如银行利率屏，而不适合于需要不断动态变化的场合，如秒表等。

任务 3　数码管显示秒表的制作

LED 静态方式需要占用较多 I/O 口，因此，在需要显示多位数码管时，往往采用动态接口方式，可以大大减少 I/O 口的用量。

7.3.1　LED 显示器动态接口原理

LED 显示器动态接口的基本原理是利用人眼的"视觉暂留"效应，接口电路把所有显示器的 8 个笔段 a～h 分别并联在一起，构成"字段口"，每一个显示器的公共端 COM 各自独立地受 I/O 线控制，称"位扫描口"。CPU 向字段口送出字形码时，所有显示器的 a～h 都处于同一电平，但是究竟点亮哪一只显示器，取决于此时位扫描口的输出端接通了哪一只 LED 显示器的公共端。所谓动态就是利用循环扫描的方式，分时轮流选通各显示器的公共端，使各个显示器轮流导通。当扫描的速度达到一定程度的时候，人眼就分辨不出来了，认为是各个显示器同时发光。

动态显示时可以使用单个的数码管组合起来使用，另外还可以使用组合式数码管。由于动态显示是一种常用的显示方式，因此市场上有很多 LED 显示模块将多个 8 段数码管组合在一起构成组合式数码管，如图 7－7 所示是市场上一种常见的 4 位组合式数码管外形图，图 7－8(a)是其引脚图，图(b)是其内部电路图，图中 a,b,c,d,e,f,g,h 分别表示各笔段的引脚，而 1,2,3,4 分别表示第 1,2,3,4 位数码管的公

图 7－7　组合式数码管外形图

共端。

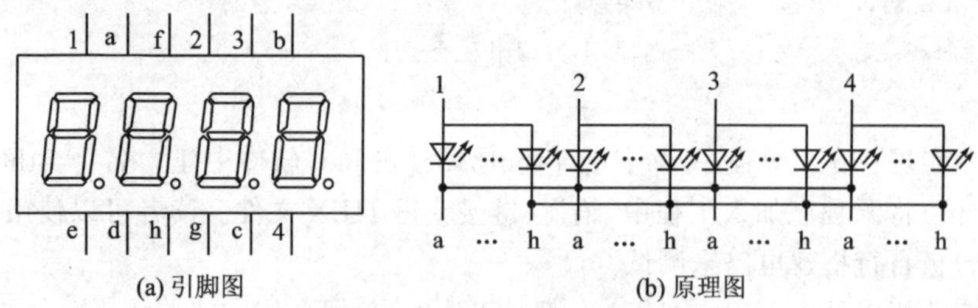

(a) 引脚图　　(b) 原理图

图 7-8　组合式数码管的引脚图和原理图

这种组合式数码管只需要较少的引脚个数，以 4 位组合式数码管为例，需要 8+4=12 个引脚，而如果每个数码管都要单独引脚，至少需要 4×9=36 个引脚。引脚数减少使得印刷线路板布置等变得更为简单，因此，在需要使用多位数码管时，使用这种组合式的数码管较为方便。

不论使用组合式数码管还是使用单个数码管进行组合，对于单片机编程并无区别，因此分析时不区分究竟使用何种数码管，只用示意图的方式表示数码管与单片机的连接。如图 7-9 所示，P0 口作为笔段控制，P2 口作为位控制，这两个 I/O 口均接入 74HC245 芯片作为缓冲器。74HC245 芯片具有 ±35 mA 电流驱动能力，既可以输出电流，也可以灌入电流，足以驱动数码管。

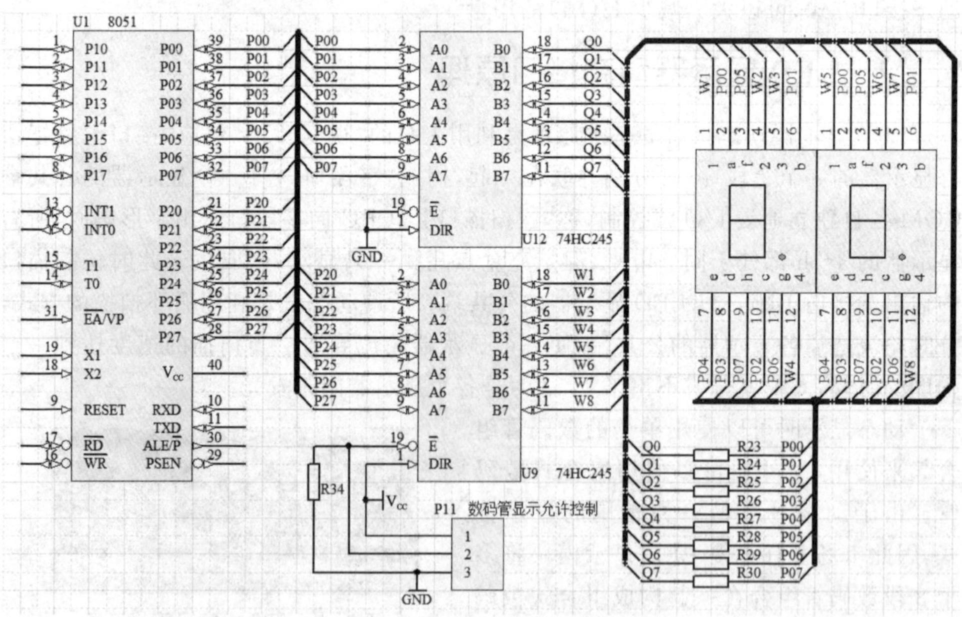

图 7-9　动态方式使用数码管

7.3.2 动态显示程序编写

按图 7-9 所示,如果要点亮第一位数码管,P2.0 必须输出"1",这样,U9 的 B0 脚输出高电平,通过第 1 位数码管的 COM 端向第一位数码管供电,如果要点亮第 2 位数码管,P2.1 必须输出"1",U9 的 B1 引脚输出高电平,通过第 2 位数码管的 COM 端向第 2 位数码管供电。依此类推可以分时点亮这 8 个 LED 数码管。当然,编程时要注意,不能让 P2.0~P2.7 引脚中的两个或两个以上同时为"1",否则会造成显示混乱。

【例 7-3】 用实验板上的 8 位数码管显示 1、2、3、4、5、6、7、8。

```
#include <at89x52.h>
typedef unsigned char uchar;
typedef unsigned int uint;

uchar DispBuf[8] = {1,2,3,4,5,6,7,8};
uchar code DispTab[] = {0xC0,0xF9,0xA4,0xB0,0x99,0x92,0x82,0xF8,0x80,0x90};
uchar code BitTab[] = {0x01,0x02,0x04,0x08,0x10,0x20,0x40,0x80};
void mDelay(uint DelayTim)
{
    uchar i;
    for(;DelayTim>0;DelayTim--)
    {   for(i=0;i<125;i++){;}
    }
}
void Disp()
{   static uchar Count;
    uchar cTmp;
    P2=0;                        //关显示
    cTmp=BitTab[Count];          //查位码表
    P2=cTmp;                     //位码送 P2 口
    cTmp=DispBuf[Count];         //取显示缓冲区中待显示的数值
    P0=DispTab[cTmp];            //查字形码并送 P0 口
    Count++;                     //计数器加 1
    if(Count>=8)                 //如果计数器的值等于或超过 6
        Count=0;                 //计数器的值回 0
    mDelay(1);                   //延时 1 ms
}
```

```
void main()
{
    for(;;)
    {   Disp();
//      mDelay(100);        //延时较长时间
    }
}
```

程序实现: 输入源程序,命名为 disp.c,在 keil 软件中建立名为 disp 的工程文件。设置工程,在 debug 页 Dialog :Parameter 后的编缉框内输入:-ddpj,以便使用实验仿真板"8位数码管实验仿真板"来演示这一结果。根据程序提示,然后编译、链接后获得正确的结果,进入调试状态,单击 Peripherals→8位数码管单片机实验仿真板,全速运行,可以看到前7个数码管分别显示1234567,最后一位数码管依次循环显示0~9,如图7-10所示。

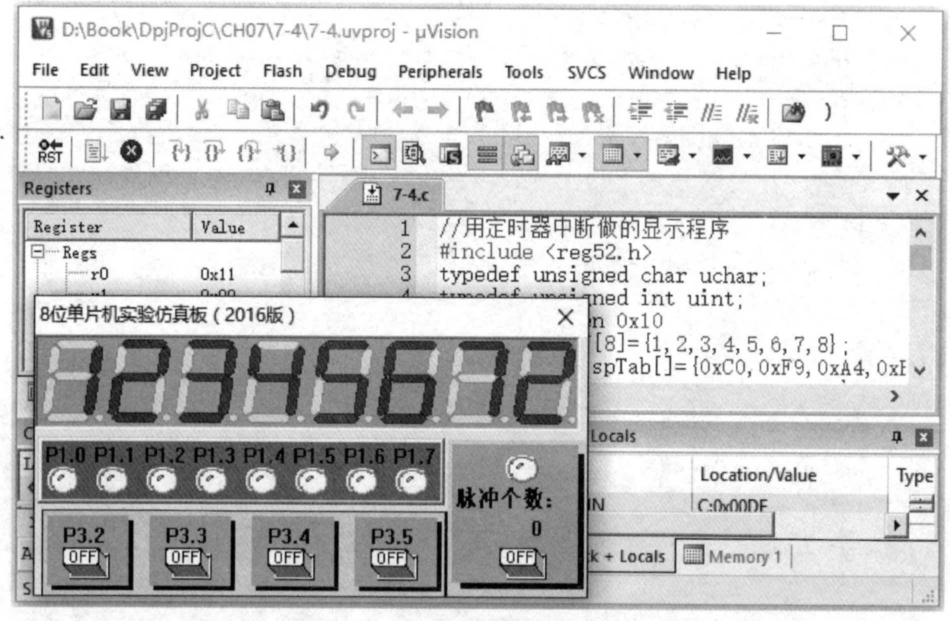

图7-10 动态扫描显示程序

程序分析:

(1) 程序中定义了位码表 BitTab,注意其中的值,将其写成二进制码,如表7-3所示。表格中第2行和第3行是引脚与数码管位的对应关系,即 P2.0~P2.7 分别驱动第1~第8位数码管。

从表中可以看到,BitTab 中的每个数据都只有一个 bit 是高电平1,保证了任意时刻都只有一个数码管被点亮。

表 7-3　位码表

待显示位	引脚对应的数码管位								位　码
	P2.7	P2.6	P2.5	P2.4	P2.3	P2.2	P2.1	P2.0	
	8	7	6	5	4	3	2	1	
1	0	0	0	0	0	0	0	1	0x01
2	0	0	0	0	0	0	1	0	0x02
3	0	0	0	0	0	1	0	0	0x04
4	0	0	0	0	1	0	0	0	0x08
5	0	0	0	1	0	0	0	0	0x10
6	0	0	1	0	0	0	0	0	0x20
7	0	1	0	0	0	0	0	0	0x40
8	1	0	0	0	0	0	0	0	0x80

(2) 主程序在完成初始化任务后，就是调用显示程序，不断循环，如下所示：

```
for(;;)
    {     Disp();
    //    mDelay(100);      //延时较长时间
    }
```

也说是说：动态扫描显示必须由 CPU 不断地调用显示程序，才能保证持续不断的显示。本程序可以实现数字的显示，但不太实用。这里程序并没有什么其他功能，仅仅就用来显示 8 个数字。因此，8 个数码管轮流显示一段时间，这没有问题。而实际在用单片机解决问题时，不可能仅用来显示 8 个数字，还要做其他工作。这样在两次调用显示程序之间的时间间隔就不一定了，如果两次调用显示程序的时间间隔比较长，会使显示不连续，LED 有闪烁的感觉，为此，可以在两次调用显示程序的中间插入一段延时程序，看一看效果，把上面那段程序中的：

```
mDelay(100)
```

前面的双斜杠去掉重新编译一下再运行，就会看到显示器有明显的闪烁现象。要保证不出现闪烁，则在两次调用显示程序中间所用的时间必须很短，但实际工作中很难保证所有工作都能在很短时间内完成。

为了解决这一问题，可以使用定时器，设定时器每 3 ms 产生一次中断，则每当定时时间到之后，进入中断服务程序，在中断服务程序中点亮 LED 数码管。图 7-11 用定时中断写的显示程序流程图，从图中可以看到，中断程序将点亮一个数码管，然后返回，这个数码管一直亮，下一次定时时间到则熄灭第一个数据管并点亮第二个数码管，然后下一次再熄灭第二个数码管并点亮第一个数码管，这样轮流显示，不需要调用延时程序，很少浪费。

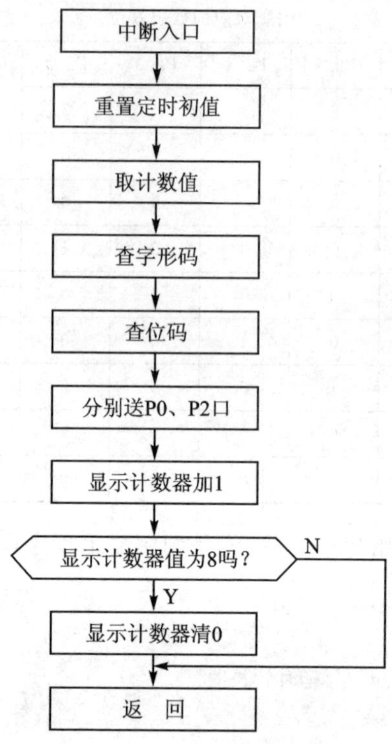

图 7-11　动态扫描流程图

【例 7-4】　用定时器中断做的显示程序。

```
#include <reg52.h>
typedef unsigned char uchar;
typedef unsigned int uint;
#define Hidden 0x10
uchar DispBuf[8] = {1,2,3,4,5,6,7,8};
uchar code DispTab[] = {0xC0,0xF9,0xA4,0xB0,0x99,0x92,0x82,0xF8,0x80,0x90,
0x88,0x83,0xC6,0xA1,0x86,0x8E,0xFF};
uchar code BitTab[] = {0x01,0x02,0x04,0x08,0x10,0x20,0x40,0x80};
void mDelay(uint DelayTim)
{
    uchar i;
    for(;DelayTim>0;DelayTim--)
    {    for(i=0;i<76;i++){;}
    }
}
```

```
void Tmr0() interrupt 1
{
    static uchar Count;
    uchar cTmp;
    TH0 = (65537 - 3000)/256;
    TL0 = (65537 - 3000) % 256;

    P2 = 0x0;                   //关显示
    cTmp = BitTab[Count];       //查位码表
    P2 = cTmp;                  //位码送 P2 口
    cTmp = DispBuf[Count];      //取显示缓冲区中待显示的数值
    P0 = DispTab[cTmp];         //查字形码并送 P0 口
    Count ++ ;                  //计数器加 1
    if(Count> = 8)              //如果计数器的值等于或超过 6
        Count = 0;              //计数器的值回 0
}
void init_T0()
{
    TMOD = 0x01;                //初始化 T0
    TH0 = (65537 - 3000)/256;
    TL0 = (65537 - 3000) % 256;
    ET0 = 1;
    TR0 = 1;
    EA = 1;
}
void main()
{   uchar Dat = 0;
    init_T0();
    DispBuf[0] = 0;DispBuf[1] = 0;DispBuf[2] = 0;
    DispBuf[3] = 0;DispBuf[4] = 0;DispBuf[5] = 0;DispBuf[6] = 0;
    for(;;)
    {
        DispBuf[7] = Dat;
        Dat ++ ;
        if(Dat> = 10)
            Dat = 0;
        mDelay(1000);
    }
}
```

程序分析：main 函数定义了一个变量 Dat，程序完成的工作是将 Dat 从 0 加到 9 并不断循环。在定时中断函数中定义了一个名为 Count 的变量，每次进入中断处理函数,即令 Count 加 1,当该值加到 8 时,即回到 0,如此循环。根据 Count 的值决定当前应该显示哪一位数据,取出相应的数据,并查出字形码、位码分别发送出去。由于中断函数是断续执行的,因此必须保证变量 Count 能够连续计数,这是这段程序的关键。如何实现这一点,请见下面的知识链接部分。

这个程序有一定的通用性,只要对程序中的位显示部分稍加改动及更改计数器的值就可以显示更多或更少的位数。

从这两个动态显示程序可以看出,和静态显示相比,动态扫描的程序有些复杂,不过,这是值得的,因为动态扫描的方法节省了硬件的开支。

知识链接:变量的存储方式

从变量的作用域(即从空间)角度来分,可以分为全局变量和局部变量。若从变量值存在的时间(生存期)角度来分,可以分为静态存储方式和动态存储方式。

1. 动态存储方式与静态存储方式

静态存储方式是指在程序运行期间分配固定的存储空间的方式。动态存储方式是在程序运行期间根据需要进行动态分配存储空间的方式。

在 C 语言中每一个变量和函数有数据类型和数据的存储类别两个属性。数据类型是指前面所谈到的字符型、整型、浮点型等,而存储类别指的是数据在内存中存储的方法。存储方法分为两大类:静态存储类和动态存储类。具体包括自动的(auto)、静态的(static)、寄存器的(register)、外部的(extern)4 种。根据变量的存储类别,可以知道变量的作用域和生存期。这 4 类变量中,register 类型的变量是指允许将该变量保存在寄存器中而非内部 RAM 中,以便程序运行速度更快。对于目前的 C 编译器,这一指定并没有实际的意义,因此下面不再介绍 register 类型的存储类型。

2. atuo 变量

函数中的局部变量,如不专门声明为 static 存储类别,则都是动态分配存储空间的。函数中的形参和在函数中定义的变量(包括在复合语句中定义的变量),都属于此类。在调用该函数时系统会给它们分配存储空间,在函数调用结束时就自动释放这些存储空间,这类局部变量称为“自动变量”,自动变量用关键字 auto 作存储类别的声明。例如:

```
int func()
{   auto int  a,b,c;
    ......
}
```

实际程序中 auto 可以省略,因此,程序中未加特别申明的都是自动变量。

3. static 变量

有时希望函数中局部变量的值在函数调用结束后不消失而保留原值,即其占用的存储单元不释放,在下一次调用该函数时,该变量的值仍得以保留。这时就该为此局部变量指定为“静态局部变量”,用关键字 static 进行声明。

在例 7—5 中,6 位数码管采用动态显示驱动,使用定时器 T0 中断函数显示,每次定时中断后只显示这 6 位显示器中的 1 位,下一次定时中断后再显示另一位,这样就需要一个计数器,该计数器的值从 0～5,对应显示第 1 至第 6 位数码管。显然,这个计数器的值必须保持连贯,不能每次进入程序时都对其进行初始化。使用全局变量可以达到这样的要求,但是这个变量仅只在本函数中有效,其他函数用不到也不应当用到这个变量,因此最好不要使用全局变量。此时,采用 static 型的变量就较为合适。有关程序如下:

```
void Tmr0() interrupt 1
{
    static uchar Count;
    ……                      /*其他程序*/
}
```

对静态变量的说明:

① 静态局部变量在程序整个运行期间都不释放。

② 对静态局部变量是在编译时赋初值的,即只赋初值一次,在程序运行时已有初值。以后每次调用函数时不再重新赋值。

③ 如果定义局部变量不赋初值的话,则对静态局变量来说,编译时自动赋初值 0。而对自动变量来说,如果不赋初值则它的值是一个不确定的值。

④ 虽然静态变量在函数调用结束后仍然存在,但在其他函数并不能引用。

7.3.3 秒表的实现

学习了动态显示的实现方法后,下面来完成秒表这一任务。这个 0～59 秒不断运行的秒表每 1 秒钟到数码管显示的秒数加 1,加到 59 秒,再过 1 秒,又回到 0,从 0 开始加。电路如图 7-10 所示。

为实现这样的功能,程序中要有这样的几个部分:

(1) 秒信号的产生,这可以利用定时器来做,但直接用定时器产生 1 s 的信号行不通,因为定时器没有那么长的定时时间,所以要稍加变化。

(2) 计数器,用一个内部 RAM 单元,每 1 s 时间到,该 RAM 单元的值加 1,加到 60 就回到 0,这个功能用一条比较指令不难实现。

(3) 把计数器的值转换成十进制并显示出来,由于这里的计数值最大只到 59,也就是一个两位数,所以只要把这个数值除以 10,得到的商和余数就分别是十位和个位了。如：计数值37在内存中以十六进制数25H表示，该数除以10，商是3，而余数是7，分别把这两个值送到显示缓冲区的高位和低位，然后调用显示程序，就会在数码管上显示37。此外，在程序编写时还要考虑到首位“0”消隐的问题，即十位上如果是0，那么应该不显示，在进行了十进制转换后，对首位进行判断，如果是“0”，就送一个消隐码到累加器A，再将A中的值送往显示缓冲区首位，否则将累加器A中的值直接送往显示缓冲区首位，图7-12是秒表主程序流程图。

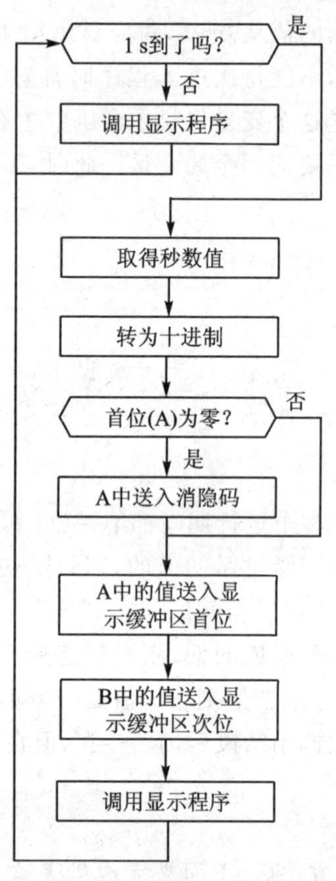

图7-12 秒表工作的流程图

【例7-5】 秒表的实现。

```
#include <at89x52.h>
typedef unsigned char uchar;
typedef unsigned int uint;

uchar DispBuf[8] = {1,2,3,4,5,6,7,8};
uchar code DispTab[] = {0xC0,0xF9,0xA4,0xB0,0x99,0x92,0x82,0xF8,0x80,0x90,
0x88,0x83,0xC6,0xA1,0x86,0x8E,0xFF};
```

```
uchar code BitTab[] = {0x01,0x02,0x04,0x08,0x10,0x20,0x40,0x80};

bit  Sec;                          //1 s 到的标记
uchar sCount = 0;                  //秒计数器
#define TMRVAR     16875
#define Hidden 0x10

void Tmr0() interrupt 1
{
    static uchar tCount;
    TH0 = TMRVAR/256;
    TL0 = TMRVAR % 256;
    tCount ++ ;
    if(tCount> = 20)
    {   tCount = 0;
        Sec  =  1;
        sCount ++ ;
        if(sCount> = 60)
        {   sCount  =  0;
        }
    }
}

void mDelay(uint DelayTim)
{
    uchar i;
    for(;DelayTim>0;DelayTim -- )
    {   for(i = 0;i<125;i ++ ){;}
    }
}
void init_T0()
{   TMOD = 0x01;                   //初始化 T0 为 50 ms 的定时器
    TH0 = TMRVAR/256;
    TL0 = TMRVAR % 256;            //送定时初值
    ET0 = 1;
    TR0 = 1;
    EA = 1;
}

void Disp()
{   static uchar Count;
```

```
    uchar cTmp;
    P2 = 0;                        //关显示
    cTmp = BitTab[Count];          //查位码表
    P2 = cTmp;                     //位码送 P2 口
    cTmp = DispBuf[Count];         //取显示缓冲区中待显示的数值
    P0 = DispTab[cTmp];            //查字形码并送 P0 口
    Count ++ ;                     //计数器加 1
    if(Count> = 8)                 //如果计数器的值等于或超过 8
        Count = 0;                 //计数器的值回 0
    mDelay(1);                     //延时 1 ms
}
void main()
{   uchar cTmp;
    DispBuf[0] = Hidden;DispBuf[1] = Hidden;DispBuf[2] = Hidden;
    DispBuf[3] = Hidden;DispBuf[4] = Hidden;DispBuf[5] = Hidden;
    init_T0();                     //初始化定时器 T0
    Sec  =  0;                     //清徐 1 s 时间到的标志
    for(;;)
    {
        for(;;)
        {   if(Sec)
            {   Sec = 0;
                break;
            }
            Disp();
        }
        cTmp = sCount/10;
        if(cTmp! = 0)
            DispBuf[6] = cTmp;
        else
            DispBuf[6] = Hidden;
        DispBuf[7] = sCount % 10;
    }
}
```

程序分析：秒信号的形成：由于单片机外接晶振是 11.059 2 MHz，即使定时器工作于方式 1(16 位的定时/计数模式)，最长定时时间也只有 71 ms 左右，不能直接利用定时器来实现 1 s 的定时值，为此利用软件计数器的概念，设置一个计数单元(COUNT)并置初值为 0，把定时器 T0 的定时时间设定为 10 ms，每次定时时间一到，COUNT 单元中的值加 1，当 COUNT 加到 100，说明已有 100 次 10 ms 的中断，也就是 1 s 时间到了。1 s 时间到后，置位 1 s 时间到的标记(SEC)后返回。图 7－13

是定时中断处理的流程图。

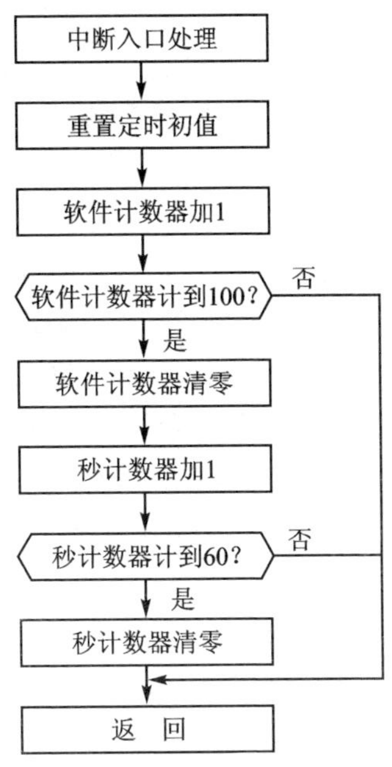

图 7-13 秒信号形成流程图

主程序是一个无限循环，不断判断(SEC)标志是否为1，如果为1，说明1 s时间已到，首先把 SEC 标志清 0，避免下次错误判断，然后把用作秒计数的内存单元(VALUE)加1，再把 VALUE 单元中的数据变换成 BCD 码，送入显示缓冲区，这样，就可以把这个值显示出来。

任务 4 小小迎宾屏的制作

字符式液晶显示器以其价廉、显示内容丰富、美观、无须定制、使用方便等特点被广泛使用。图 7-14 是某 1602 型字符液晶的外形图。

图 7-14 某 1602 字符型液晶显示器外形图

7.4.1 字符型液晶显示器简介

字符型液晶显示器用于显示数字、字母、图形符号并可显示少量自定义符号，这类显示器均把LCD控制器、点阵驱动器、字符存储器等做在一块板上，再与液晶屏一起组成一个显示模块，因此，这类显示器的安装与使用都较简单。

这类液晶显示器的型号通常为×××1602、×××1604、×××2002、×××2004等，其中×××为商标名称，16表示液晶屏每行可显示16个字符，02表示共有2行，即这种显示器可同时显示32个字符，20表示液晶每行可显示20个字符，02表示该屏可显示2行，即这种液晶显示器可同时显示40个字符，其余型号依此类推。

这类液晶显示器通常有16根接口线，表7-4是这16根线的定义。

表7-4 字符型液晶接口说明

编　号	符　号	引脚说明	编　号	符　号	引脚说明
1	Vss	电源地	9	D2	数据线2
2	V_{DD}	电源正	10	D3	数据线3
3	VL	液晶显示偏压信号	11	D4	数据线4
4	RS	数据/命令选择端	12	D5	数据线5
5	R/W	读/写选择端	13	D6	数据线6
6	E	使能信号	14	D7	数据线7
7	D0	数据线0	15	BLA	背光源正极
8	D1	数据线1	16	BLK	背光源负极

图7-15是字符型液晶显示器与单片机的接线图，这里用了P0口的8根线作为液晶显示器的数据线，用P2.5、P2.6 、P2.7作为3根控制线，与VL端相连的电位器的阻值为10 kΩ，用来调节液晶显示器的对比度，5 V电源通过一个电阻与BLA相连用以提供背光，该电阻可用10 Ω、1/2 W。

7.4.2 字符型液晶显示屏驱动程序

字符型液晶一般均采用HD44780及兼容芯片作为控制器，因此，其接口方式基本是标准的。为便于使用，编写了驱动程序软件包。

这个驱动程序适用于1602型字符液晶显示器，提供了这样的一些命令：

(1) 初始化液晶显示器命令：void RstLcd()

功能：设置控制器的工作模式，在程序开始时调用。

参数：无

(2) 清屏命令：void ClrLcd()

功能：清除屏幕显示的所有内容。

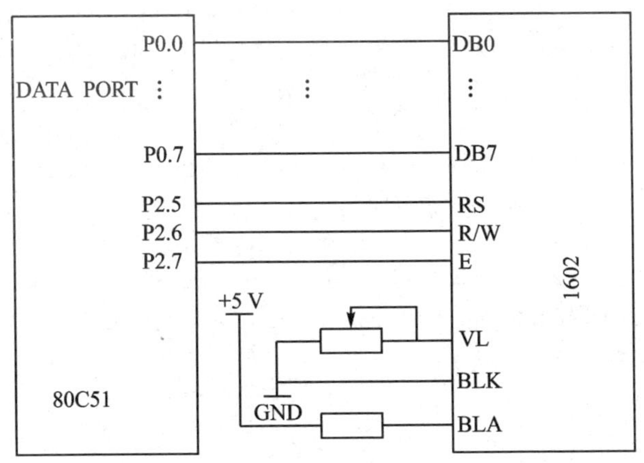

图 7－15　字符型液晶与单片机的接线图

参数：无

(3) 光标控制命令：void SetCur(uchar Para)

功能：控制光标是否显示及是否闪烁。

参数：1 个，用于设定显示器的开关、光标的开关及是否闪烁。

程序中预定义了 4 个符号常数，只要使用 4 个符号常数作为参数即可，这 4 个常数分别是 NoDisp、NoCur、CurNoFlash 和 CurFlash。

(4) 写字符命令：void WriteChar(uchar c, uchar xPos, uchar yPos)

功能：在指定位置(行和列)显示指定的字符

参数：共有 3 个，即待显示字符、行值和列值，分别存放在字符 c 和 XPOS、YPOS 中。

例如：要求在第一行的第一列显示字符'a'。

```
WriteChar('a',0,0);
```

有了以上 4 条命令，已可以使用液晶显示器，但为使用方便，再提供一条写字符串命令。

(5) 字符串命令：void WriteString(uchar * s, uchar xPos, uchar yPos)

功能：在指定位置显示一串字符。

参数：共有 3 个，即字符串指针 s，行值、列值。字符串须以"0"结尾，如果字符串的长度超过了从该列开始可显示的最多字符数，则其后字符被截断，并不在下一行显示出来。

以下是完整的驱动程序源程序。

```
typedef    unsigned char uchar;
typedef    unsigned int   uint;
#define    NoDisp          0                //无显示
```

```
#define    NoCur         1            //有显示无光标
#define    CurNoFlash    2            //有光标但不闪烁
#define    CurFlash      3            //有光标且闪烁

/*************************************************************
函数功能：在指定的行与列显示指定的字符。
参    数：xpos：光标所在行，ypos：光标所在列，c：待显示字符
*************************************************************/
void WriteChar(uchar c,uchar xPos,uchar yPos)
{   LcdPos(xPos,yPos);
    LcdWd(c);
}
/*************************************************************
函数功能：在指定位置显示字符串
参    数：*s指向待显示的字符串，x：Pos光标所在行，yPos：光标所在列
说    明：如果指定的行显示不下，将余下字符截断，不换行显示
*************************************************************/
void WriteString(uchar *s,uchar xPos,uchar yPos)
{   uchar i;
    if(*s == 0)                  //遇到字符串结束
        return;
    for(i = 0;;i++)
    {   if(*(s + i) == 0)
            break;
        WriteChar(*(s + i),xPos,yPos);
        xPos++;
        if(xPos >= 15)       //如果 XPOS 中的值未到 15(可显示的最多位)
            break;
    }
}
/*************************************************************
函数功能：设置光标。
参    数：Para是光标类型，有4种预定义值可供使用
*************************************************************/
void SetCur(uchar Para)                  //设置光标
{   mDelay(2);
    switch(Para)
    {   case 0:
        {   LcdWc(0x08);break;       //关显示
        }
        case 1:
        {   LcdWc(0x0c);break;       //开显示但无光标
```

```
        }
        case 2:
        {   LcdWc(0x0e); break;     //开显示有光标但不闪烁
        }
        case 3:
        {   LcdWc(0x0f); break;     //开显示有光标且闪烁
        }
        default:break;
    }
}
/***********************************************************
函数功能:清屏。
***********************************************************/
void ClrLcd()
{   LcdWc(0x01);
}
/***********************************************************
函数功能:正常读写操作之前检测 LCD 控制器状态
***********************************************************/
void WaitIdle()
{   uchar tmp;
    RS = 0;RW = 1;E = 1;
    _nop_();
    for(;;)
    {   tmp = DPORT;
        tmp& = 0x80;
        if(tmp == 0)
            break;
    }
    E = 0;
}
/***********************************************************
函数功能:写字符
参    数:c是待写入的字符
***********************************************************/
void LcdWd(uchar c)
{   WaitIdle();
    RS = 1;  RW = 0;
    DPORT = c;               //将待写数据送到数据端口
    E = 1;_nop_();  E = 0;
}
/***********************************************************
```

```
函数功能：送控制字子程序(检测忙信号)
参    数：c是控制字
*****************************************************************/
void LcdWc(uchar c)
{   WaitIdle();
    LcdWcn(c);
}
/*****************************************************************
函数功能：送控制字子程序(不检测忙信号)
参    数：c是控制字
*****************************************************************/
void LcdWcn(uchar c)
{   RS = 0;RW = 0;
    DPORT = c;
    E = 1;_nop_();    E = 0;    //Epin引脚产生脉冲
}
/*****************************************************************
函数功能：设置第(xPos,yPos)个字符的地址
参    数：xPos,yPos:光标所在位置
*****************************************************************/
void LcdPos(uchar xPos,uchar yPos)
{   unsigned char tmp;
    xPos& = 0x0f;          //x 位置范围是 0～15
    yPos& = 0x01;          //y 位置范围是 0～1
    if(yPos == 0)          //显示第一行
        tmp = xPos;
    else
        tmp = xPos + 0x40;
    tmp|= 0x80;
    LcdWc(tmp);
}
/*****************************************************************
函数功能:复位 LCD 控制器
*****************************************************************/
void RstLcd()
{   mDelay(15);      //使用 12 MHz 或以下晶振不必修改,12 MHz 以上晶振改为 30
    LcdWc(0x38);     //显示模式设置
    LcdWc(0x08);     //显示关闭
    LcdWc(0x01);     //显示清屏
    LcdWc(0x06);     //显示光标移动位置
    LcdWc(0x0c);     //显示开及光标设置
}
```

```
/**********************************************************
函数功能：延时
参　　数：j 是待延时的毫秒数
**********************************************************/
void mDelay(uchar j)
{   uint i = 0;
    for(;j>0;j--)
    {  for(i = 0;i<124;i++)
         {;}
    }
}
```

7.4.3　小小迎宾屏的实现

在编写完成驱动程序以后，就可以利用这个驱动程序来显示各种字符了。显示时，只要在主函数中定义好 xPos 和 yPos 两个变量，定义一个字符数组或者字符型指针，然后调用此液晶显示函数，即可将数组中的字符在液晶显示器规定的位置显示出来。

【例 7-6】　字符型液晶的接线如图 7-15 所示，要求从第 1 行第 1 列开始显示"Welcome!"，打开光标并闪烁显示。

```
void main()
{   uchar xPos,yPos;
    uchar *s = "Welcome !";
    xPos = 0;yPos = 1;              //确定 x 和 y 坐标
    RstLcd();                       //复位液晶显示控制器
    ClrLcd();                       //清屏
    SetCur(CurFlash);               //开光标显示、闪烁
    WriteString(s,xPos,yPos);       //在指定位置显示字符串
    for(;;){;}
}
```

程序实现：输入源程序，命名为 Welcome.c，在 keil 软件中建立名为 Welcome 的工程文件。将源程序加入 Welcome 工程中，编译、链接获得 HEX 文件。使用课题 1 任务 3 介绍的实验电路板，购买一块 1602 型液晶显示器，将代码写入芯片，注意 JP1 短路块插于 LCD 位置，上电，即可在 1602 上看到运行效果。

任务 5　智能仪器显示屏的制作

点阵式液晶显示屏又称之为 LCM，它既可以显示 ASCII 字符，又可以显示包括汉字在内的各种图形。

7.5.1 LCM 显示屏简介

目前,市场上的 LCM 产品非常多,从其接口特征来分可以分为通用型和智能型两种。智能型 LCM 一般内置汉字库,具有一套接口命令,使用方便。通用型 LCM 必须由用户自行编程来实现各种功能,使用较为复杂,但其成本较低。LCM 的功能特点主要取决于其控制芯片,目前常用的控制芯片有 T6963、HD61202、SED1520、SED13305、KS0107、ST7920、RA8803 等。

1. FM12864I 及其控制芯片 HD61202

如图 7-16 所示是 FM12864I 产品的外形图。

图 7-16 FM12864I 外形图

这款液晶显示模块使用的是 HD61202 控制芯片,内部结构示意图如图 7-17 所示。由于 HD61202 芯片只能控制 64×64 点,因此产品中使用了 2 块 HD61202,分别控制屏的左、右两个部分。也就是这块 128×64 的显示屏实际上可以看作是 2 块 64×64 显示屏的组合。除了这两块控制芯片外,图中显示还用到了一块 HD61203A 芯片,但该芯片仅供内部使用以提供列扫描信号,没有与外部的接口,使用者无需关心。

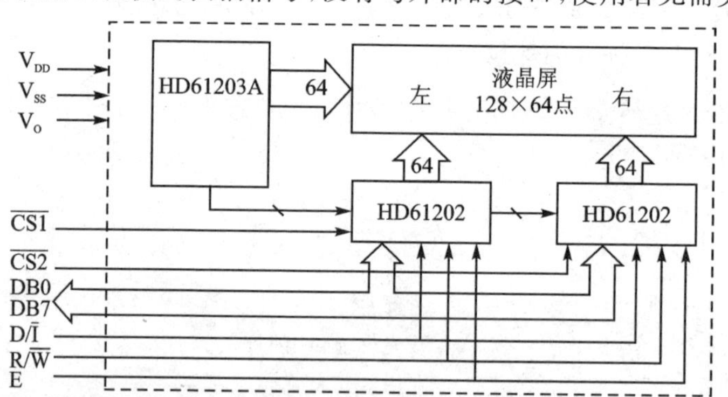

图 7-17 FM12864I 的内部结构示意图

这块液晶显示器共有 20 根引脚,其引脚排列如表 7-5 所示。

表 7-5 FM12864 接口

编 号	符 号	引脚说明	编 号	符 号	引脚说明
1	V_{SS}	电源地		CSA	片选 IC1
2	V_{DD}	电源正极(+5 V)		CSB	片选 IC2
3	V_O	LCD 偏压输入		RST	复位端(H:正常工作,L:复位)
4	RS	数据/命令选择端(H/L)	18	V_{EE}	LCD 驱动负压输出(-4.8 V)
5	R/W	读写控制信号(H/L)	19	BLA	背光源正极
6	E	使能信号	20	BLK	背光源负极
7~14	DB0~DB7	数据输入口			

2. HD61202 及其兼容控制驱动器的特点

HD61202 及其兼容控制驱动器是一种带有列驱动输出的液晶显示控制器，它可与行驱动器 HD61203 配合使用组成液晶显示驱动控制系统。HD61202 芯片具有如下一些特点：

- 内藏 64×64 共 4 096 位显示 RAM，RAM 中每位数据对应 LCD 屏上一个点的亮暗状态。
- HD61202 是列驱动，具有 64 路列驱动输出。
- HD61202 读写操作时序与 68 系列微处理器相符因此它可直接与 68 系列微处理器接口相联，在与 80C51 系列微处理接口时要作适当处理，或使用模拟口线的方式。
- HD61202 占空比为 1/32——1/64

3. HD61202 及其兼容控制驱动器的指令系统

HD61202 的指令系统比较简单，总共只有 7 种。

(1) 显示开/关指令

R/W	D/I	DB7	DB6	DB5	DB4	DB3	DB2	DB1	DB0
0	0	0	0	1	1	1	1	1	1/0

注：表中前两列是此命令所对应的引脚电平状态，后 8 位是读/写字节。以下各指令表中的含义相同，不再重复说明。

该指令中，如果 DB0 为 1 则 LCD 显示 RAM 中的内容，DB0 为 0 时关闭显示。

(2) 显示起始行 ROW 设置指令

R/W	D/I	DB7	DB6	DB5	DB4	DB3	DB2	DB1	DB0
0	0	1	1	显示起始行 0…63					

该指令设置了对应液晶屏最上面的一行显示 RAM 的行号，有规律地改变显示起始行，可实现显示滚屏的效果。

(3) 页 PAGE 设置指令

R/W	D/I	DB7	DB6	DB5	DB4	DB3	DB2	DB1	DB0
0	0	1	0	1	1	1	页号 0…7		

显示 RAM 可视作 64 行，分 8 页，每页 8 行对应一个字节的 8 位。

(4) 列地址设置指令

R/W	D/I	DB7	DB6	DB5	DB4	DB3	DB2	DB1	DB0
0	0	0	1	显示列地址 0…63					

设置了页地址和列地址,就唯一地确定了显示 RAM 中的一个单元。这样 MCU 就可以用读指令读出该单元中的内容,用写指令向该单元写进一个字节数据。

(5) 读状态指令

R/W	D/I	DB7	DB6	DB5	DB4	DB3	DB2	DB1	DB0
1	0	BUSY	0	ON/OFF	REST	0	0	0	0

该指令用来查询 HD61202 的状态,执行该条指令后,得到一个返回的数据值,根据数据各位来判断 HD61202 芯片当前的工作状态。各参数含义如下:

- BUSY:1—内部在工作 0—正常状态。
- ON/OFF:1—显示关闭 0—显示打开。
- REST:1—复位状态 0—正常状态。

如果芯片当前正处在在 BUSY 和 REST 状态,除读状态指令外其他指令均无操作效果。因此,在对 HD61202 操作之前要查询 BUSY 状态,以确定是否可以对其进行操作。

(6) 写数据指令

R/W	D/I	DB7	DB6	DB5	DB4	DB3	DB2	DB1	DB0
0	1	写数据指令							

该指令用以将显示数据写入 HD61202 芯片中的 RAM 区中。

(7) 读数据指令

R/W	D/I	DB7	DB6	DB5	DB4	DB3	DB2	DB1	DB0
1	1	读数据指令							

该指令用以读出 HD61202 芯片 RAM 中指定单元的数据。

读写数据指令每执行完一次,读写操作列地址就自动增 1。必须注意的是进行读操作之前,必须要有一次空读操作,紧接着再读,才会读出所要读的单元中的数据。

7.5.2 字模的产生

图形液晶显示器的重要用途之一是显示汉字,编程的重要工作之一是获得待显示汉字的字模。目前网络上可以找到各种各样的字模软件,为用好这些字模软件,有必要学习字模的一些基本知识,才能理解字模软件中一些参数设置的方法,以获得正确的结果。

1. 字模生成软件

如图 7-18 所示是某字模生成软件,其中用黑框圈起来的是其输出格式及取模方式设定部分。

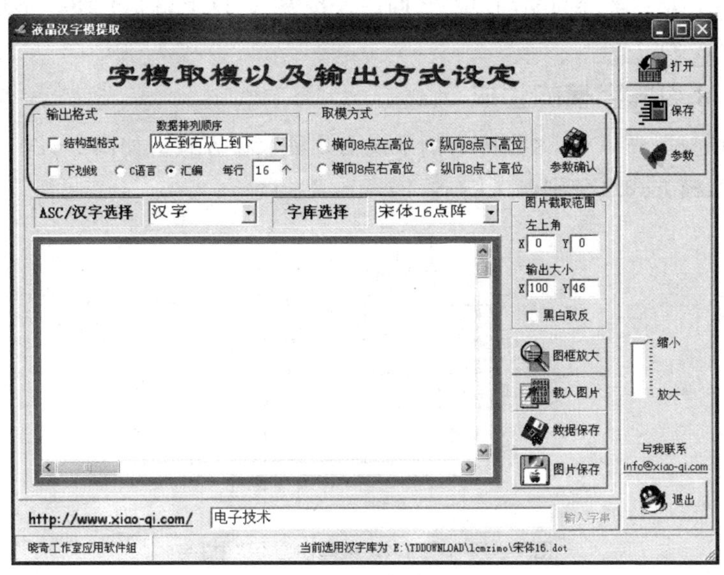

图 7-18　某字模提取软件取模方式的设置

使用该软件生成字模时，按需要设定好各种参数，单击“参数确认”按钮。界面下方的“输入字串”按钮变为可用状态，在该按钮前的文本输入框中输入需要转换的汉字，单击“输入字串”按钮，即可按所设定的输出格式及取模方式来获得字模数据。如图7-19所示，即可按所设置方式生成“电子技术”这4个字的字模表。

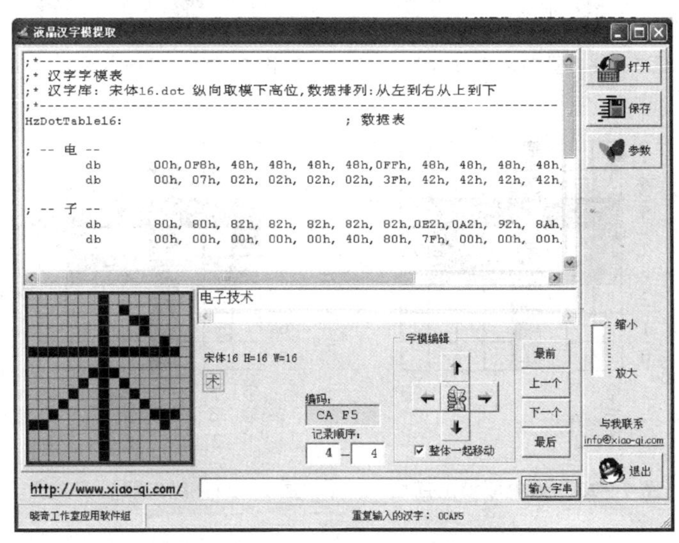

图 7-19　按所设定方式生成字模表

从图7-18中可以看到该软件有4种取模方式，实用时究竟应选择何种取模方式，取决于LCM点阵屏与驱动电路之间的连接方法，以下就来介绍一下这4种取模方式的具体含义。

2. 8×8点阵字模的生成

为简单起见，先以8×8点阵为例来说明几种取模方式。如图7-20所示的“中”字，有4种取模方式可分别参考图7-21～图7-24。

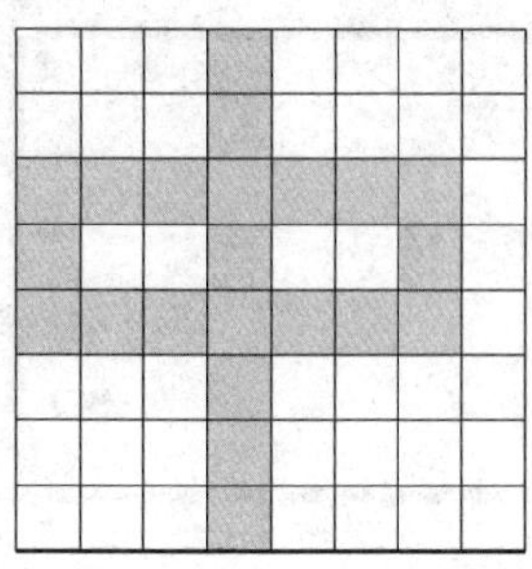

图7-20　在8×8点阵中显示“中”字

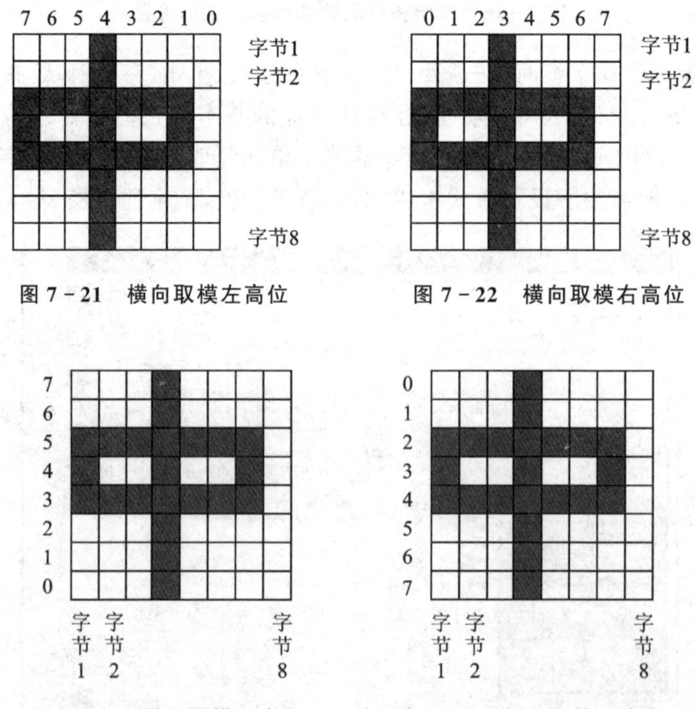

图7-21　横向取模左高位

图7-22　横向取模右高位

图7-23　纵向取模上高位

图7-24　纵向取模下高位

如果将图中有颜色的方块视为为“1”，空白区域视为“0”，则按图7-21～图7-24这4种不同方式取模时，字模分别如下：

(1) 横向取模左高位(见表 7-6)

表 7-6 字形与字模的对照关系表(横向取模左高位)

位	7	6	5	4	3	2	1	0	
字节 1	0	0	0	1	0	0	0	0	10H
字节 2	0	0	0	1	0	0	0	0	10H
字节 3	1	1	1	1	1	1	1	0	0FEH
字节 4	1	0	0	1	0	0	1	0	92H
字节 5	1	1	1	1	1	1	1	0	0FEH
字节 6	0	0	0	1	0	0	0	0	10H
字节 7	0	0	0	1	0	0	0	0	10H
字节 8	0	0	0	1	0	0	0	0	10H

即在该种方式下字模表为:

```
ZM DB: 10H,10H,0FEH,92H,0FEH,10H,10H,10H
```

(2) 横向取模右高位

这种取模方式与表 7-6 类似,区别仅在于表格的第一行,即位排列方式不同,排列方式如表 7-7 所列。

表 7-7 字形与字模的对照关系表(横向取模右高位)

位	0	1	2	3	4	5	6	7	
字节 1	0	0	0	1	0	0	0	0	08H
…									
字节 8	0	0	0	1	0	0	0	0	08H

在该种方式下字模表为:

```
ZM DB: 08H,08H,7FH,49H,7FH,08H,08H,08H
```

(3) 纵向取模下高位

```
ZM DB: 1CH,14H,14H,0FFH,14H,14H,1CH,00H
```

(4) 纵向取模上高位

```
ZM DB: 38H,28H,28H,0FFH,28H,28H,38H,00H
```

究竟应该采取哪一种取模方式,取决于硬件电路的连接方式。

图 7-25 所示是 HD61202 内部 RAM 结构示意图,从图中可以看出每片 HD61202 可以控制 64×64 点,每 8 行称为 1 页。为方便 MCU 控制,一页内任意一

列的8个点对应一个字节的8个位,并且是高位在下。由此可知,如果要进行取字模的操作,应该选择"纵向取模下高位"的方式。

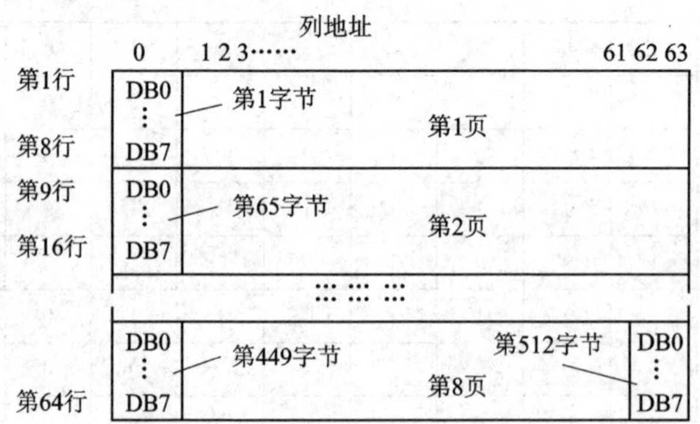

图7-25 HD61202内部RAM结构示意图

字模数据取决于RAM结构,而数据排列方式则与编程方法有关,下面就来介绍16点阵字模产生的方法。

3. 16点阵字模的产生

通常用8×8点阵来显示汉字太过粗糙,为显示一个完整的汉字,至少需要16×16点阵的显示器。这样,每个汉字就需要32个字节的字模,这时就需要考虑字模数据的排列顺序。图7-18所示软件中有两种数据排列顺序,如图7-26所示。

要解释这两种数据排列顺序,就要了解16点阵字库的构成。如图7-27所示,是"电"字的16点阵字形。

这个16×16点阵的字形可以分为4个8×8点阵,如图7-28所示。

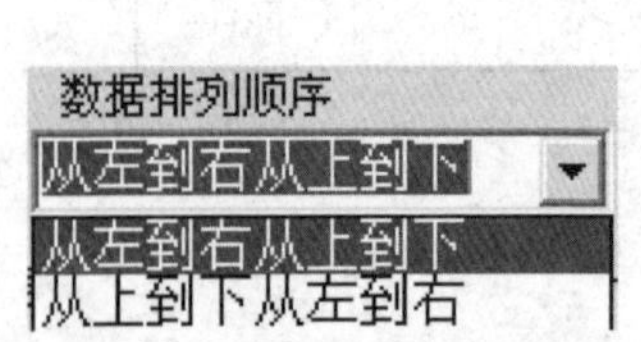

图7-26 数据排列方式

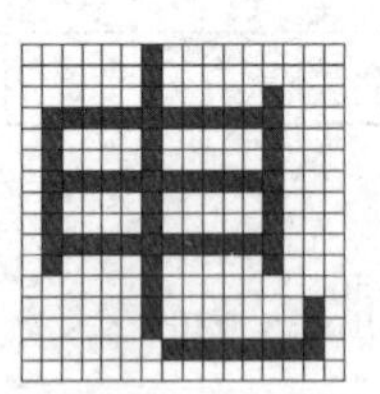

图7-27 "电"字的16点阵字形

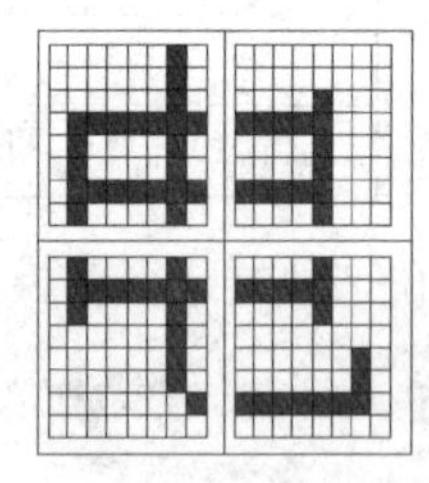

图7-28 将16×16点阵分成4个8×8点阵

对于这4个8×8点阵的每一部分的取模方式由上述4种方式确定,每个部分有8个字节的数据。各部分数据的组合方式有两种,第一种是"从左到右,从上到下",字模数据应该按照"![]"、"![]"、"![]"、"![]"的顺序排列,即先取第1部分的字模数据共8个字节,然后取第2部分的8个字节放在第1部分的8个字节之后。剩余的2部分依此类推,这种方式不难理解。

第二种数据排列顺序是“从上到下，从左到右”，字模数据按照“![]”、“![]”、“![]”、“![]”的顺序排列，但其排列方式并非先取第 1 部分 8 个字节，然后将第 2 部的 8 个字节加在第 1 部分的 8 个字节之后，而是第 1 部分的第 1 个字节后是第 2 部分的第 1 个字节，然后是第 1 部分的第 2 个字节，后面接着的是第 2 部分的第 2 个字节，依此类推。如果按此种方式取模，则部分字模如下：

```
    0x00, 0x00,0xF8, 0x07, 0x48, 0x02, 0x48, 0x02
……
```

读者可以对照字形来看，其中第 1 和第 2 个字节均为 00H，从图 7－28 中可以看到这正是该字形左侧的上下两个部分的第 1 个字节。而 0F8H 和 07H 则分别是左侧上下两个部分的第 2 个字节，余者依次类推。

这两种方法获得的字模并无区别，究竟采用哪种方式取决于编程者的编程思路。

目前在网上可以找到的字模软件非常多，参数设置包括参数名称等也各不相同，但理解了上述原则就不难进行相关参数的设定了。

7.5.3　点阵型液晶显示器的使用

在了解了控制芯片内部的结构以后，就能编写驱动程序了。只要将数据填充入相应的 RAM 位置，即可在显示屏上显示出相应的点。

1. 点阵型液晶显示器的驱动程序

这个驱动程序提供了这样的一些命令：

(1)初始化液晶显示器命令：LcmReset()

功能：设置控制器的工作模式，在程序开始时调用。

参数：无

(2) 显示汉字字符串命令：PutString(uchar，uchar xPos，uchar yPos，bit attr)

功能：在指定位置显示汉字字符串。

参数：* pStr 指向字符串首地址，xPos 和 yPos 是起点座标，attr 是否反色

(3) 显示 ASCII 字符：AscDisp(uchar AscNum，uchar xPos，uchar yPos，bit attr)

功能：在指定位置显示 1 个 ASCII 字符：

参数：HzNum 汉字字形表中位置，xPos 和 yPos 分别是 x 方向和 y 方向座标，attr 是否在字符底部加一条线，形成光标效果。

(4) 用指定数据填充屏幕：LcmFill(uchar FillDat)

功能：用指定数据填充屏幕，可以实现清屏功能

参数：FillDat 填充数据

(5) 在指定位置显示汉字：ChsDisp16(uchar HzNum，uchar xPos，uchar yPos，bit attr)

功能：在指定位置显示 1 个汉字

参数：HzNum 汉字字形表中位置，xPos、yPos 显示起点的 x 和 y 座标，attr 显示属性。

以下为驱动程序。

```
/***************************************************************
函数功能：判断第一块控制芯片是否可以写入
返    回：可以写入时退出本函数，否则无限循环
***************************************************************/
void WaitIdleL()                          //判断当前是否能够写入指令
{   uchar cTmp;
    Port = 0xff;
    sPin = 0;RwPin = 1;CsLPin = 1;
    EPin = 1;nop4;
    for(;;)
    {   cTmp = DPort;
        nop4;
        if((cTmp&0x80) == 0)              //如果 DPort.7 = 1，循环
            break;
    }
    nop4;EPin = 0;CsLPin = 0;
}
/***************************************************************
函数功能：判断第二块控制芯片是否可以写入
***************************************************************/
void WaitIdleR()                          //判断当前是否能够写入指令
{   uchar cTmp;
    DPort = 0xff;
    RsPin = 0;RwPin = 1;CsRPin = 1;
    EPin = 1;nop4;
    for(;;)
    {   cTmp = DPort;
        nop4;
        if((cTmp&0x80) == 0)              //如果 DPort.7 = 1，循环
            break;
    }
    nop4;EPin = 0;CsRPin = 0;
}
/***************************************************************
函数功能：将控制字写入第一块控制芯片
参    数：待写入的控制字
***************************************************************/
void LcmWcL(uchar Dat)                    //Lcm 左写命令
```

```
{    WaitIdleL();                              //等待上一命令完成结束
     DPort = Dat;                              //送出命令
     RsPin = 0;RwPin = 0;CsLPin = 1;           //RS = 0,RW = 0,CSL = 1
     EPin = 1;nop4;EPin = 0;
     CsLPin = 0;
}
/**********************************************************
函数功能:将控制字写入第二块控制芯片
参    数:待写入的控制字
**********************************************************/
void LcmWcR(uchar Dat)                         //Lcm 右写命令
{    WaitIdleR();                              //等待上一命令完成结束
     DPort = Dat;                              //送出命令
     RsPin = 0;RwPin = 0;CsRPin = 1;           //RS = 0,RW = 0,CSR = 1
     EPin = 1;nop4;EPin = 0;
     CsRPin = 0;
}
/**********************************************************
函数功能:将数据写入第一块控制芯片
参    数:待写入的数据
**********************************************************/
void LcmWdL(uchar Dat)                         //Lcm 左写数据
{    WaitIdleL();                              //等待上一命令完成结束
     DPort = Dat;                              //送出数据
     RsPin = 1;RwPin = 0;CsLPin = 1;           //RS = 1,RW = 0,CSL = 1
     EPin = 1;nop4;EPin = 0;
     CsLPin = 0;
}
/**********************************************************
函数功能:将数据写入第二块控制芯片
参    数:待写入的数据
**********************************************************/
void LcmWdR(uchar Dat)                         //Lcm 右写数据
{    WaitIdleR();                              //等待上一命令完成结束
     DPort = Dat;                              //送出数据
     RsPin = 1;RwPin = 0;CsRPin = 1;           //RS = 1,RW = 0,CSR = 1
     EPin = 1;nop4;EPin = 0;                   //形成脉冲
     CsRPin = 0;
}
/**********************************************************
函数功能:将数据写入指定位置
参    数:待写入的数据,x 座标,y 座标
```

```
备    注：根据 xpos 的值自动判断对 2 块 HD61202 中的哪一块芯片操作
**********************************************************/
void LcmWd(uchar Dat,uchar xPos,yPos)
{   uchar xTmp,yTmp;
    xTmp = xPos;xTmp& = 0x3f;xTmp|= 0x40;
    yTmp = yPos;yTmp& = 0x07;yTmp + = 0xb8;
    if(xPos<64)
    {   LcmWcL(yTmp);                    //设页码
        LcmWcL(xTmp);                    //设列码
    }
    else
    {   LcmWcR(yTmp);
        LcmWcR(xTmp);
    }
    if(xPos<64)                          //xPos 小于 64 则对 CSL 操作
        LcmWdL(Dat);
    else
        LcmWdR(Dat);
}
/**********************************************************
函数功能：用指定数据填充屏幕数据
参    数：FillDat 填充数据
**********************************************************/
void LcmFill(uchar FillDat)
{   uchar xPos = 0;
    uchar yPos = 0;
    for(;;)
    {   LcmWd(FillDat,xPos,yPos);
        yPos& = 0x07;
        xPos ++ ;
        if(xPos> = 128)
        {   yPos ++ ;
            xPos = 0;
        }
        if(yPos> = 0x8)
        {   yPos = 0;
            break;
        }
    }
}
/**********************************************************
函数功能：在指定位置显示 1 个 ASCII 字符
```

```
参    数：HzNum 汉字字形表中位置
        xPos 显示起点的 x 座标，可用值为 0～(127 - 8)
        yPos 显示起点的 y 座标，可用值为 0～6
        attr 为 1 时在最低行显示一条线，用以形成光标的效果
******************************************************/
void AscDisp(uchar AscNum,uchar xPos,uchar yPos,bit attr)
{   uchar i,hTmp,lTmp;
    for(i = 0;i<8;i ++ )
    {   hTmp = ascTab[AscNum][i * 2];
        lTmp = ascTab[AscNum][i * 2 + 1];
        if(attr)                            //反色显示
        {   lTmp|= 0xc0;
        }
        LcmWd(hTmp,xPos + i,yPos);
        LcmWd(lTmp,xPos + i,yPos + 1);
    }
}
/******************************************************
函数功能：在指定位置显示 1 个汉字
参    数：HzNum 汉字字形表中位置
        xPos 显示起点的 x 座标，可用值为 0～(127 - 16)
        yPos 显示起点的 y 座标，可用值为 0～6
        attr 属性，1 时反色显示
备    注：一个汉字将占用 2 行 y 座标，即第 0 行显示汉字后须在第 2 行显示，否则将吃掉上
一行的汉字，取模规则：纵向取模下高位，数据格式：从上到下，从左到右
******************************************************/
void ChsDisp16(uchar HzNum,uchar xPos,uchar yPos,bit attr)
{   uchar i,hTmp,lTmp;
    for(i = 0;i<16;i ++ )
    {   hTmp = DotTbl16[HzNum][i * 2];
        lTmp = DotTbl16[HzNum][i * 2 + 1];
        if(attr)                            //反色显示
        {   hTmp = ～hTmp;
            lTmp = ～lTmp;
        }
        LcmWd(hTmp,xPos + i,yPos);
        LcmWd(lTmp,xPos + i,yPos + 1);
    }
}
/******************************************************
函数功能：显示汉字字符串
参    数：* pStr 指向字符串首地址，xPos 和 yPos 是起点座标，attr 是否反色
```

```
**************************************************************/
void PutString(uchar,uchar xPos,uchar yPos,bit attr)
{   uchar cTmp;
    uchar i = 0;
    for(;;)
    {   cTmp = *(pStr + i);                 //取字符表中的字符数据
        if(cTmp == 0xff)
            break;
        if(cTmp<128)                        //显示汉字
            ChsDisp16(cTmp,xPos + i * 16,yPos,attr);
        i++;
    }
}
/**************************************************************
函数功能:复位液晶控制芯片
**************************************************************/
void LcmReset()
{   LcmWcL(0x3f);                           //开左 LCM 显示
    LcmWcR(0x3f);                           //开右 LCM 显示
    LcmWcL(0xc0);                           //设定显示起始行
    LcmWcR(0xc0);                           //设定显示起始行
}
```

2. 驱动程序的使用

定义好单片机与液晶显示器的连接引脚,将此驱动程序加入一起编译,在 main 函数中调用相关的函数,即可显示汉字、字符等。

【例 7-7】 在 LCM 模块中显示"电子技术"4 个汉字。

```
#include "at89x52.h"
#include "intrins.h"
typedef unsigned char uchar;
typedef unsigned int uint;
#define nop4 _nop_();_nop_();_nop_();_nop_()

sbit CsRPin = P2^4;
sbit CsLPin = P2^3;
sbit RsPin = P2^5;
sbit RwPin = P2^6;
sbit EPin = P2^7;

unsigned char code DotTbl16[][32] =          //数据表
{   //-- 电 --          0
```

```
        0x00,0x00,0xF8,0x07,0x48,0x02,0x48,0x02,
        0x48,0x02,0x48,0x02,0xFF,0x3F,0x48,0x42,
        0x48,0x42,0x48,0x42,0x48,0x42,0xFC,0x47,
        0x08,0x40,0x00,0x70,0x00,0x00,0x00,0x00,
//-- 子 --            1
        0x80,0x00,0x80,0x00,0x82,0x00,0x82,0x00,
        0x82,0x00,0x82,0x40,0x82,0x80,0xE2,0x7F,
        0xA2,0x00,0x92,0x00,0x8A,0x00,0x86,0x00,
        0x80,0x00,0xC0,0x00,0x80,0x00,0x00,0x00,
//-- 技 --            2
        0x10,0x04,0x10,0x44,0x10,0x82,0xFF,0x7F,
        0x10,0x01,0x10,0x80,0x88,0x81,0x88,0x46,
        0x88,0x28,0xFF,0x10,0x88,0x28,0x88,0x26,
        0x8C,0x41,0x08,0xC0,0x00,0x40,0x00,0x00,
//-- 术 --            3
        0x20,0x10,0x20,0x10,0x20,0x08,0x20,0x04,
        0x20,0x02,0x20,0x01,0xA0,0x00,0xFF,0xFF,
        0xA0,0x00,0x22,0x01,0x24,0x02,0x2C,0x04,
        0x20,0x08,0x30,0x18,0x20,0x08,0x00,0x00
};
…//驱动程序
void main()
{
    LcmReset();
    ChsDisp16(0,0,1,0);      //在第 1 行第 0 列开始显示"电"
    ChsDisp16(1,16,1,0);     //在第 1 行第 16 列开始显示"子"
    ChsDisp16(2,32,1,0);     //在第 1 列第 32 列开始显示"技"
    ChsDisp16(3,48,1,0);     //在第 1 列第 48 列行开始显示"术"
    for(;;);
}
```

巩固与提高

1. 串行显示接口电路如图 7－9 所示，请编程显示“HELLO”字样。

2. 为秒表加上计分钟的功能，使用第 3 和第 4 位数码管记录分钟数，最长 99 分钟。

课题 8

键盘接口

在单片机应用系统中，通常都要有人机对话功能，如将数据输入仪器、对系统运行进行控制等，这时就需要键盘。

单片机中使用的键盘通常只是简单地提供行和列的矩阵，其他工作都靠软件来完成。本课题将通过“键控风火轮”、“可预置数倒计时钟”、“智能仪器键盘”等任务来学习键盘的相关知识。

任务 1　键控风火轮的制作

课题 3 中的风火轮在开机之后即开始运行，这里要做一个可以控制的风火轮，可以用按键控制其启动、运行，还可控制其旋转的方向。

8.1.1　单片机键盘简介

图 8-1 是单片机键盘的一种接法，单片机引脚作为输入使用，在软件中将其置“1”，键没有被按下时，单片机引脚上为高电平；键被按下后，引脚接 GND，单片机引脚上为低电平，通过编程即可获知是否有键按下，被按下的是哪一个键。

单片机中应用的键盘一般是由机械触点构成的，由于按键是机械触点，当机械触点断开、闭合时，会有抖动，如图 8-2 所示是按键操作过程中 P3.2 引脚上的波形图。前沿和后沿抖动对于人来说是感觉不到的，但单片机则是完全可以检测到的，因为单片机运算的速度是在 μs 级，而机械抖动的时间至少是 ms 级，对单片机而言，这已是一个“漫长”的时间了。

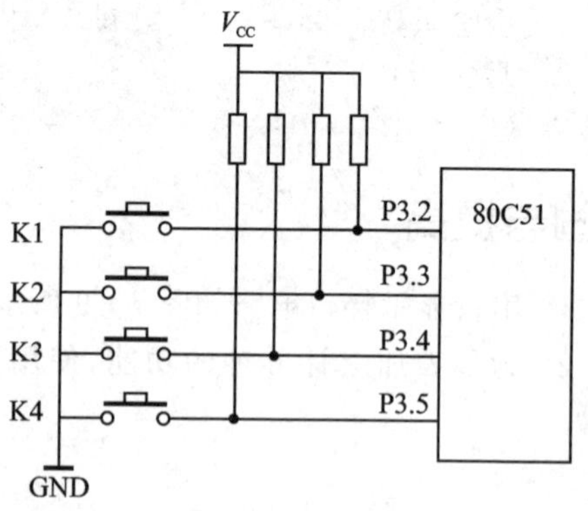

图 8-1　键盘接法

为使单片机能正确地读出键盘所接 I/O 的状态，对每一次按键只作一次响应，必须考虑如何去除抖动。常用的去抖动的方法有硬件法和软件法两种，单片机中常用软件法。软件法去抖动的思路是，在

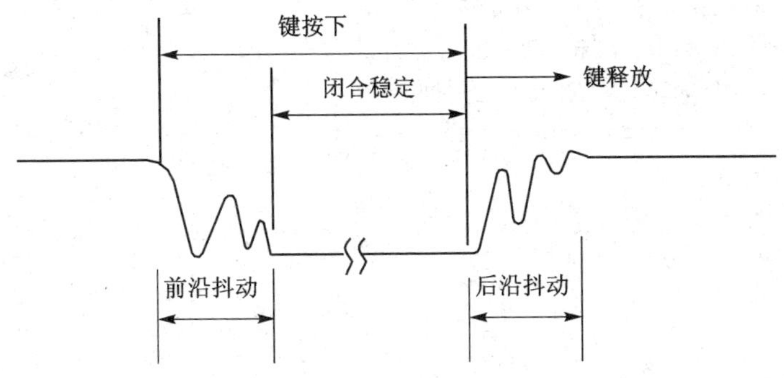

图 8-2　键的抖动

单片机获得某 I/O 口为低电平的信息后，不是立即认定该键已被按下，而是延时 10 ms 或更长一些时间后再次检测该 I/O 口，如果仍为低，说明该键的确被按下了，这就避开了按键按下时的前沿抖动。在检测到按键释放后再延时 5～10 ms，消除键释放时的后沿抖动，然后对键值处理。当然，在实际应用中，键的机械特性各不相同，对按键的要求也是千差万别，要根据不同的需要来编制处理程序，但以上是消除键抖动的原则。

8.1.2　任务实现

第 3 章例 3-4 实现了基本的风火轮功能，但那个程序只能显示固定的花样，需要更改花样时，必须重写程序，并将代码写入芯片。如果需要在现场对这些内容进行修改，那就要加入键盘，以便向单片机"发布命令"，使其按预先编好的程序运行。

将每个按键的一端接到单片机的 I/O 口，另一端接地，这是最简单的方法，如图 8-1 所示 4 个按键分别接到 P3.2、P3.3、P3.4 和 P3.5。对于这种按键的接法，程序中可采用不断查询的方法，即：检测各引脚是否为"0"，如果为"0"，说明接在其上的键闭合，去除键抖动，判断键号并转入相应的键处理。下面给出一个键控流水灯的程序，4 个按键定义如下：

开始：接 P3.2 引脚，按此键则灯开始旋转。

停止：接 P3.3 引脚，按此键则停止旋转，所有灯为暗。

Up：接 P3.4 引脚，按此键则灯顺时针旋转。

Down：接 P3.5 引脚，按此键则灯逆时针旋转。

【例 8-1】　具有控制功能的风火轮程序。

```
#include "reg51.h"
#include "intrins.h"
typedef unsigned char uchar;
typedef unsigned int uint;
uchar LampCode1 = 0x01;
```

```
bit  UpDown = 0;        //上下流动标志
bit  StartEnd = 0;      //起动及停止标志
/ * 延时程序,由 Delay 参数确定延迟时间 * /
void mDelay(unsigned int Delay)
{   unsigned int i;
    for(;Delay>0;Delay -- )
    {   for(i = 0;i<124;i ++ )
        {;}
    }
}
void KProce(uchar KValue)        //键值处理
{   if((KValue&0x04) == 0)
        StartEnd = 1;
    if((KValue&0x08) == 0)
        StartEnd = 0;
    if((KValue&0x10) == 0)
        UpDown = 1;
    if((KValue&0x20) == 0)
        UpDown = 0;
}
uchar Key()
{   uchar KValue;
    uchar tmp;
    P3 |= 0x3c;                //将 P3 口的接键盘的中间 4 位置 1
    KValue = P3;
    KValue |= 0xc3;            //将未接键的 4 位置 1
    if(KValue == 0xff)         //中间 4 位均为 1,无键按下
        return(0);             //返回
    mDelay(10);                //延时 10 ms,去键抖
    KValue = P3;
    KValue|= 0xc3;             //将未接键的 4 位置 1
    if(KValue == 0xff)         //中间 4 位均为 1,无键按下
        return(0);             //返回
//如尚未返回,说明一定有 1 或更多位被按下
    for(;;)
    {   tmp = P3;
        if((tmp|0xc3) == 0xff)
            break;             //等待按键释放
    }
    return(KValue);
}
```

```
void main()
{   uchar KValue;                       //存放键值
    uchar LampCode;                     //存放流动的数据代码
    P1 = 0xff;                          //关闭所有灯
    LampCode = 0xfe;
    for(;;)
    {   KValue = Key();                 //调用键盘程序并获得键值
        if(KValue)                      //如果该值不等于0
        {   KProce(KValue);             //调用键盘处理程序
        }
        if(StartEnd)                    //要求流动显示
        {
            P1 = LampCode;
            if(UpDown)                  //要求由上向下
            {   LampCode = _cror_(LampCode,1);
            }
            else                        //否则要求由下向上
            {   LampCode = _crol_(LampCode,1);
            }
            mDelay(100);                //延时
        }
        else                            //关闭所有显示
        {   P1 = 0xff;
        }
    }
}
```

程序实现：输入程序并命名为jkfhl.c，建立名为jkfhl的工程，加入jkfhl.c源文件。设置工程，在debug页Dialog：Parameter后的编辑框内输入：-dfhl，以便使用“风火轮实验仿真板”来演示这一结果。编译、链接没有错误后，按Ctrl+F5进入调试，单击Peripherals→51单片机实验仿真板，然后全速运行程序，用鼠标单击按键，可以观察到发光管按预定要求流动、切换方向、停止流动，如图8-3所示。当然，如果要获得理想的效果，应该使用第2章所做的硬件实验板，这样可以看到旋转的效果。

以上程序演示了一个键盘处理程序的基本思路，程序本身很简单，也并不实用。实际工作中还会有一些要考虑的因素，比如主循环每次都调用灯的循环程序，会造成按键反应“迟钝”，而且如果一直按着键不放，灯就不会再流动，一直要到松开手为止，等等。读者可以仔细考虑一下这些问题，再想想有什么好的解决办法。

使用开放式PLC可以制作一个实用的键控流水灯。参考图8-4，在开放式PLC输入端接入8个灯或灯组，在输入端接入4个按钮。请自行确定接入的端口，

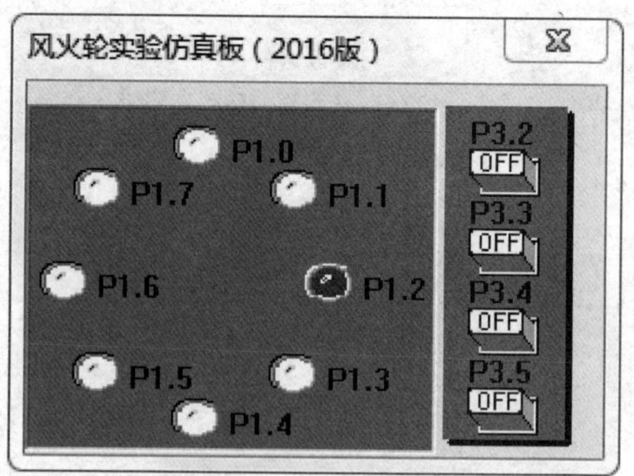

图 8-3　用风火轮实验仿真板观察程序运行结果

然后根据接线编程实现键控流水灯程序。这些灯组可以接入 220 V 电源,因此具有很强的实用性。

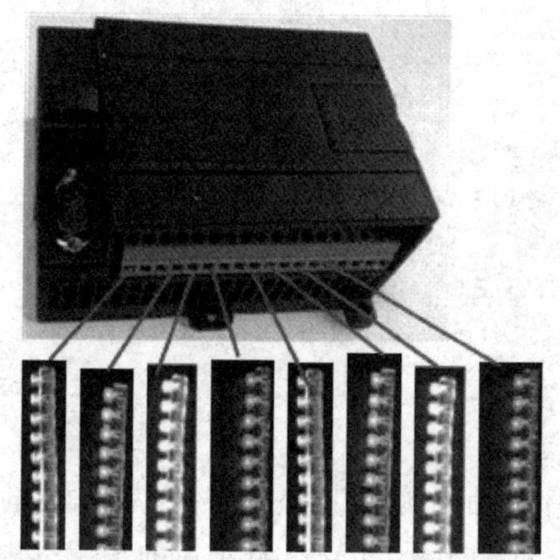

图 8-4　开放式 PLC 制作的实用键控流水灯

任务 2　可预置数倒计时钟的制作

这个任务是用来实现一个用键盘设置的 60 s 倒计时钟,通过这个任务来掌握一种实用的键盘编程技术。

8.2.1　功能描述

从一个设置值开始倒计时到 0,然后回到这个设置,再次开始倒计时,如此不断循环;该设置值可以用键盘来设定,共有 4 个按键 K1、K2、K3 和 K4,其功能分别是:

K1:开始运行;

K2：停止运行；

K3：高位加 1，按一次，数码管的十位加 1，从 0～5 循环变化；

K4：低位加 1，按一次，数码管的个位加 1，从 0～9 循环变化。

8.2.2　任务实现

如图 8－5 所示是实现倒计时钟的电路原理图，它是第 2 章 2.3 节所介绍实验电路板的一部分，开关 K1～K4 分别接于 P3.2～P3.5。

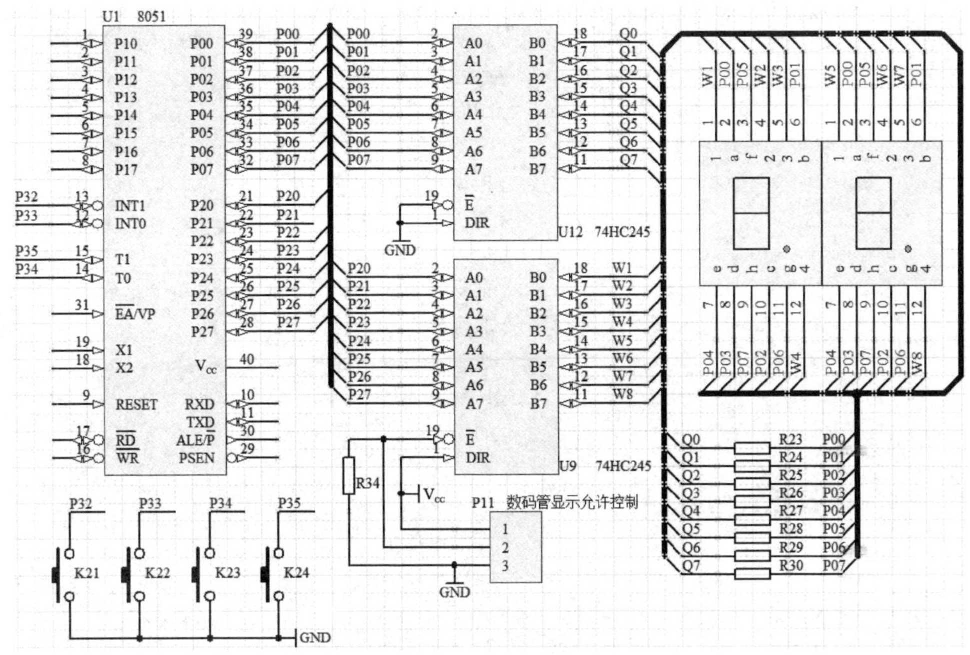

图 8－5　可预置倒计时钟电路原理图

【例 8－2】　编写有预置功能的倒计时钟程序。

```
#include <reg51.h>
typedef unsigned char uchar;
typedef unsigned int uint;

#define Hidden 0x10;                    //消隐字符在字形码表中的位置
uchar code BitTab[] = {0x01,0x02,0x04,0x08,0x10,0x20,0x40,0x80};
uchar code DispTab[] = {0xC0,0xF9,0xA4,0xB0,0x99,0x92,0x82,0xF8,0x80,0x90,0x88,
0x83,0xC6,0xA1,0x86,0x8E,0xFF};
uchar DispBuf[8];                       //8 字节的显示缓冲区
bit  Sec;                               //1 s 到的标记
uchar SecVal;                           //秒计数值
```

```
bit  KeyOk;
bit  StartRun;
uchar  SetSecVal;                       //秒的预置值

uchar code TH0Val = 63266/256;
uchar code TL0Val = 63266 % 256;        //当晶振为 11.0592 时,定时 2.5 ms 的定时器初值

void Timer0() interrupt 1
{    uchar tmp;
     static uchar dCount;               //显示程序通过该变量获知当前显示的数码管
     static uint Count;                 //秒计数器
     const uint CountNum = 400;         //预置值
     TH0 = TH0Val;TL0 = TL0Val;
     tmp = BitTab[dCount];              //根据当前的计数值取位值
     P2 = 0;
     P2 = tmp;                          //位码送 P2 口
     tmp = DispBuf[dCount];             //根据当前的计数值取显示缓冲待显示值
     tmp = DispTab[tmp];                //取字形码
     P0 = tmp;                          //送出字形码
     dCount ++ ;                        //计数值加 1
     if(dCount == 8)                    //如果计数值等于 8,则让其回 0
          dCount = 0;
//以下是秒计数的程序行
     Count ++ ;                         //计数器加 1
     if(Count> = CountNum)              //到达预计数值
     {    Count = 0;                    //清零
          if(StartRun)                  //要求运行
          {    if((SecVal -- ) == 0)
                    SecVal = SetSecVal;  //减到 0 后重置初值
          }
     }
}
void mDelay(unsigned int Delay)
{    unsigned   int   i;
     for(;Delay>0;Delay -- )
     {    for(i = 0;i<124;i ++ )
          {;}
     }
}
void KeyProc(uchar KValue)              //键值处理
{    if((KValue&0x04) == 0)             //开始
          StartRun = 1;
```

```
    if((KValue&0x08) == 0)              //停止
        StartRun = 0;
    if((KValue&0x10) == 0)
    {   StartRun = 0;                   //停止运行
        DispBuf[6]++;
        if(DispBuf[6]>=6)               //次高位由 0 加到 5
            DispBuf[6] = 0;
        SetSecVal = DispBuf[6]*10 + DispBuf[7];     //计算出设置值
        SecVal = SetSecVal;
    }
    if((KValue&0x20) == 0)
    {   StartRun = 0;                   //停止运行
        DispBuf[7]++;
        if(DispBuf[7]>=10)              //末位由 0 加到 9
            DispBuf[7] = 0;
        SetSecVal = DispBuf[6]*10 + DispBuf[7];  //计算出设置值
        SecVal = SetSecVal;
    }
}
uchar Key()
{   uchar KValue;
    uchar tmp;
    P3|= 0x3c;                          //将 P3 口的接键盘的中间四位置 1
    KValue = P3;
    KValue |= 0xc3;                     //将未接键的 4 位置 1
    if(KValue == 0xff)                  //中间 4 位均为 1,无键按下
        return(0);                      //返回
    mDelay(10);                         //延时 10ms,去键抖
    KValue = P3;
    KValue|= 0xc3;                      //将未接键的 4 位置 1
    if(KValue == 0xff)                  //中间 4 位均为 1,无键按下
        return(0);                      //返回
    for(;;)
    {   tmp = P3;
        if((tmp|0xc3) == 0xff)
            break;                      //等待按键释放
    }
    return(KValue);
}
void Init()
{   TMOD = 0x01;                        //初始化 T0
    TH0 = (65537 - 3000)/256;
```

```
    TL0 = (65537 - 3000) % 256;
    ET0 = 1;
    TR0 = 1;
    EA = 1;
}
void main()
{   uchar KeyVal;
    uchar i;
    Init();                          //初始化
    for(i = 0;i< = 6;i ++ )
        DispBuf[i] = Hidden;         //显示器前四位消隐
    DispBuf[6] = SecVal/10;DispBuf[7] = SecVal % 10;
    for(;;)
    {   KeyVal = Key();
        if(KeyVal)
            KeyProc(KeyVal);
        DispBuf[6] = SecVal/10;
        DispBuf[7] = SecVal % 10;
    }
}
```

程序实现：输入上述源程序，命名为 djsz.c，建立名为 djsz 的工程。设置工程，在 Debug 选项卡左侧最下面“Parameter：”下的文本编辑框中输入“－ddpj”。全速运行并调出仿真板后，仿真板的第 1、2 和 7、8 位分别显示 00，单击标有 P3.4 和 P3.5 的按钮，第 1、2 位数字和 5、6 位数字都随之而变化；单击标有 P3.2 的按钮，可观察到第 7、8 位数码管不断减 1，当减到 00 后，又回到与第 1、2 位数码管显示数字相同的值，并再次逐一递减，如图 8－6 所示。

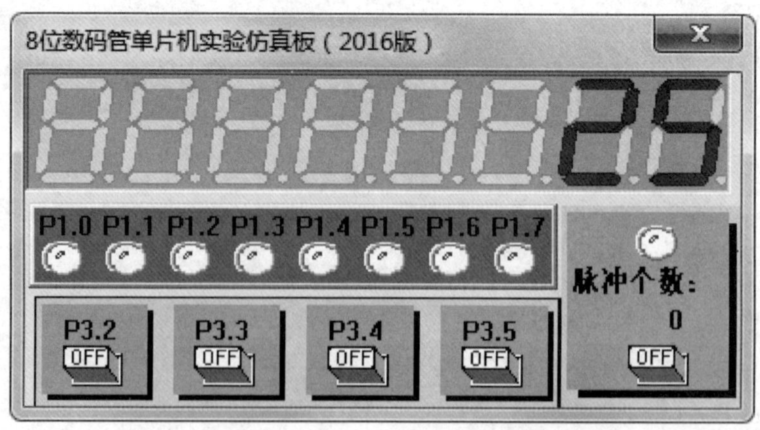

图 8－6　用实验仿真板演示倒计时钟

注：配套资料\exam\ch08\sec2 文件夹中的 sec2.avi 记录了使用 dpj 实验仿真板的演示过程。

程序分析： 图 8－7 是可预置数倒计时钟的程序流程图，从图中可以看到，主程序首先调用键盘程序，判断是否有键按下，如果有键按下，转去键值处理；否则将秒计数值转化为十进制，并分别送显示缓冲区的高位和低位，然后调用显示程序。

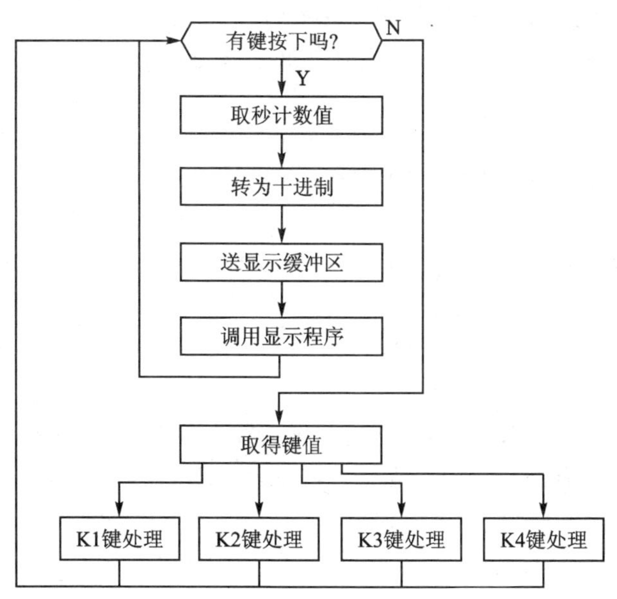

图 8－7　可预置数倒计时钟的主程序流程图

8.2.3　单片机键盘处理的方法

对于初学者而言，单片机键盘处理的难点往往并不在于如何编写程序，而在于如何明确键盘的定义。很多参考资料上有非常完善的键盘处理程序，可以直接引用，但对如何确定键的定义和功能却少见详细的说明。一个键的功能设置必须有明确的含义，保证程序可以实现，要能够从字面上去理解一个键的功能并设计出实现的方法，需要多看有关实例的分析并积累经验。下面分析各键的功能，请着重注意其功能实现的思路。

(1) K1 实现开始运行。按照一般硬件电路的设计思路，一台仪器从不动(不运行)到动(运行)，就像是电源开关打开，应当有很多事要做，但如果真的把一台仪器运行需要做的所有工作都留给键按下之后再做，往往是不恰当的。例如一台仪器中，通常在键按下之前就应当有显示，那么显示部分应该工作；当有键按下后，程序要能作出判断，因此键盘部分也要工作；所以“开始”按钮不等同于电源开关从开到关，事实上，在该键按下之前，所有部分几乎都已经开始工作，包括秒发生器也在运行，但在该键还没有按下时，每 1 s 到后不执行秒值减“1”这项工作，所以只要设置一个标志位，每1 s到后检测该标志位,如果该标志位是为“1”,就执行减“1”的工作;如果该位是“0”,就不执行减“1”的工作,这样,按下“开始”键所进行的操作就是把这一标志位置为“1”。

(2) K2的功能是停止,从上面的分析可知,只要在按下该键之后把这一标志位清“0”就行了。

(3) K3的功能是十位加1,并使十位在0～5之间循环,每按一次按键就把存放十位数的显示缓冲区中的值加1,然后判断这个值是否大于或等6,如果是就把它变为0。

(4) K4的功能是个位加1,并使个位在0～9之间循环,每按一次按键就把存放个位数的显示缓冲区中的值加1,然后判断这个值是否大于等于10,如果是就把它变为0。

每次设置完毕,就把十位数取出,乘以10,再加上个位数,结果就是预置值。

任务3　智能仪器键盘的制作

单片机常用于各种智能仪器,智能仪器往往有很多按键,如0～9共10个数字键,加上其他一些功能键,按以上连接方法每一个I/O口只能接一个按键。如果每个按键都使用一个I/O口,会占用大量的单片机I/O口资源,此时比较好的方法是采用矩阵式接法。

8.3.1　相关知识

图8-8是一种矩阵式键盘的接法,图中P3.4～P3.7作为输出使用,而P3.0～P3.3则作为输入使用,在它们交叉处由按键连接。在键盘中无任何键按下时,所有的行线和列线被断开,相互独立,行线P3.0～P3.3为高电平。当有任意一个键闭合时,则该键所对应的行线和列线接通。如图中“1”键按下后,接通P3.5和P3.3,此时作为输入使用的P3.3的状态由作为输出的P3.5决定。如果把P3.4～P3.7全部置为“0”,只要有任意一个键闭合,P3.0～P3.3读到的就不全为“1”,说明有键按下,然后再进行键值的判断。

进行矩阵式键盘的键值判断一般可以用行扫描法进行,图8-9是采用这种方法的流程图。从图8-8中可以看出,行扫描法的过程是:

- 判断键盘中有没有键按下。将P3.4～P3.7置为低电平,然后检测输入线,如果有任意一根或一根以上为低,则表示键盘中有键按下。若所有行线均为高电平状态,则键盘中无键按下。
- 去除键抖动。延时一段时间再次检测,延迟的时间与键的机械特性有关,一般可以取10～20 ms的时间。
- 判断闭合键所在位置。在确认键盘中有键按下后,一一将P3.4～P3.7置为

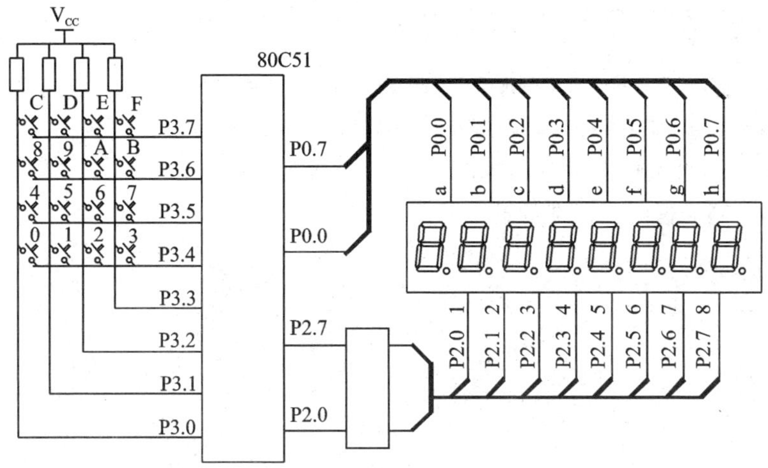

图 8－8　矩阵式键盘连接

低电平，然后检测输入线的状态，若某行是低电平，则该输入行与列输出线之间的交叉键被按下。

- 判断键是否释放，如果释放，则返回；否则等待键释放后再返回，以保证每次按键只做一次处理。

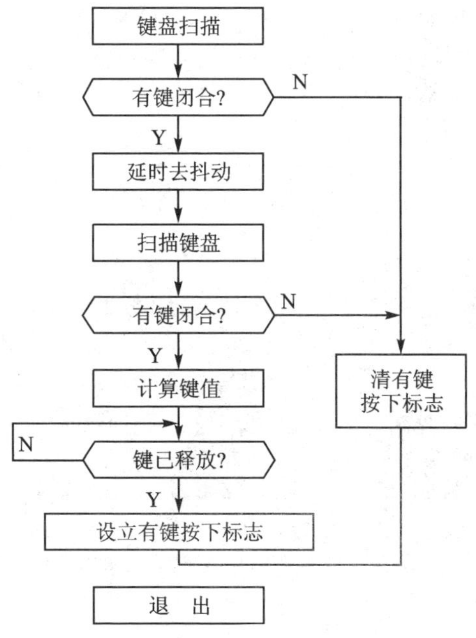

图 8－9　键盘扫描程序流程图

下面以图 8－8 为例，编写一个智能仪器中常用到的键盘输入程序。

8.3.2 任务实现

这个智能仪器设计为：开机后，数码管显示为“00000000”，按下键后相应的数值出现在数码管上，按下一个键，则数字出现在下一个数码管上，当所有 8 个数码管全部填充满以后，再次按下键时，显示回到第一个数码管上，以此类推。

【例 8-3】 智能仪器键盘输入的程序。

```
#include "reg51.h"
#include "intrins.h"

typedef unsigned char uchar;
typedef unsigned int  uint;

#define Hidden 0x10;      //消隐字符在字形码表中的位置
uchar code BitTab[] = {0x01,0x02,0x04,0x08,0x10,0x20,0x40,0x80};
uchar code DispTab[] = {0xC0,0xF9,0xA4,0xB0,0x99,0x92,0x82,0xF8,0x80,0x90,0x88,
0x83,0xC6,0xA1,0x86,0x8E,0xFF};
uchar DispBuf[8] = {0,1,2,3,4,5,6,7};      //8 字节的显示缓冲区

uchar code TH0Val = 63266/256;
uchar code TL0Val = 63266 % 256;//当晶振为 11.0592 时,定时 2.5 ms 的定时器初值
//经过精确调整,在值为 63266 时,定时时间为 1.00043362 s

void Timer0() interrupt 1
{   uchar tmp;
    static uchar dCount;      //计数器,显示程序通过它得知现正显示哪个数码管
    TH0 = TH0Val;
    TL0 = TL0Val;
    tmp = BitTab[dCount];            //根据当前的计数值取位值
    P2 = 0x0;                        //关显示
    P2 = tmp;                        //位码送 P2 口
    tmp = DispBuf[dCount];           //根据当前的计数值取显示缓冲待显示值
    tmp = DispTab[tmp];              //取字形码
    P0 = tmp;                        //送出字形码
    dCount ++ ;                      //计数值加 1
    if(dCount == 8)                  //如果计数值等于 8,则让其回 0
        dCount = 0;
}
#define  kPort P3
void mDelay(uint DelayTim)
{
```

```
    uchar i;
    for(;DelayTim>0;DelayTim--)
    {
        for(i=0;i<76;i++)
        {
            ;
        }
    }
}
uchar Key()
{
    uchar cTmp1,cTmp2,i;
    kPort=0x0f;                 //列全部输出 0

    cTmp1=kPort;
    cTmp1|=0xf0;
    if(cTmp1==0xff)
        return 0;
    else
        mDelay(20);
    cTmp1=0x7f;                 //0111 1111
    for(i=0;i<4;i++)
    {
        kPort=cTmp1;            //送出数据
        cTmp2=kPort;            //读入数据
        cTmp2|=0xf0;            //高 4 位置 1
        if(cTmp2!=0xff)         //在本列为 0 时,检测到有键按下
            break;
        cTmp1=_cror_(cTmp1,1);
    }
    if(cTmp2==0xff)             //这是循环 4 次一次也没有遇到有键按下的情况退出
        return 0;
    //以下是有键下按处理
    cTmp1&=cTmp2;
    for(;;)                     //等待按键释放
    {
        cTmp2=kPort;
        cTmp2|=0xf0;
        if(cTmp2==0xff)
            return cTmp1;
    }
```

```
}

uchar kTab[] = {0xee,0xed,0xeb,0xe7,0xde,0xdd,0xdb,0xd7,0xbe,0xbd,0xbb,0xb7,0x7e,
0x7d,0x7b,0x77};
uchar KeyProc(uchar kVal)
{
    uchar i;
    uchar cTmp;
    for(i = 0;i<16;i++)
    {
        cTmp = kTab[i];
        if(cTmp == kVal)
            break;
    }
    return i;
}

void Init()
{   TMOD = 0x01;
    TH0 = TH0Val;
    TL0 = TL0Val;
    ET0 = 1;                    //开 T0 中断
    EA = 1;                     //开总中断
    TR0 = 1;                    //T0 开始运行
}
void main()
{   uchar cTmp;
    uchar KeyVal;
    uchar sCount;
    Init();                     //初始化
    for(;;)
    {   cTmp = Key();

        if(cTmp)
        {
            KeyVal = KeyProc(cTmp);
            DispBuf[sCount] = KeyVal;
            cTmp = 0;
            sCount++;
            if(sCount == 8)
                sCount = 0;
```

```
            }
        }
    }
```

程序实现：输入上述源程序，命名为 instrument. c。在 Keil 软件中建立名为 znyq 的工程，加入该源程序，编译、链接。设置工程，在 debug 页 Dialog：Parameter 后的对话框内输入“- ddpj8”，使用 dpj8. dll 实验仿真板来演示运行效果，如图 8 - 10 所示。

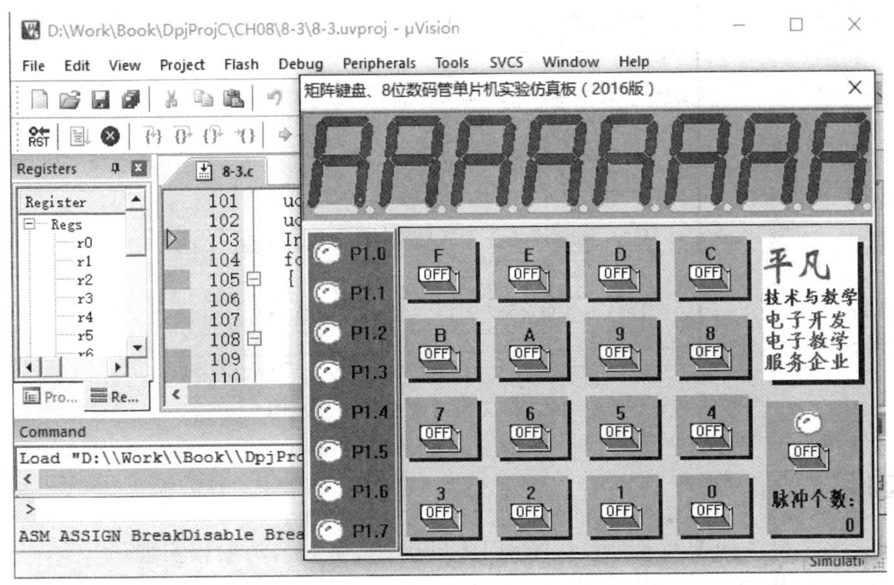

图 8 - 10　使用矩阵键盘、8 位数码管实验仿真板观察运行结果

程序分析：本程序开始首先让 4 条输出线全部输出为低电平“0”，然后读 4 条输入线，判断读到的值中是否全是“1”，如果不是，说明有键被按下，接下来让 4 条输出线轮流变为低电平，每变一次读一次输入值，这样就可以判断出究竟是哪个按键被按下了，最后对所得的数据进行处理，并置位“有键被按下”的标志位后返回，以便主程序根据这一标志来进行相关处理工作。如果在第 2 步读 4 条输入线均为“1”，说明没有键被按下，清除“有键被按下”的标志位并返回。

键号标示于键的旁边，但一定要注意，一个键按下去后，键盘程序将这个按键动作处理并得到一个数值送出，即所谓的键值，这个键值和键面上的数字没有任何特定关系，它们之间的关系必须要由编程者编程来实现。例如图 8 - 8 上有 0～9 共 10 个数字键，其他 6 个可以作为命令键，如“运行”、“停止”、“复位”、“打印”等。这些键究竟怎么安排，完全取决于编程者，比如可以把键号是 10 的键上面写上“运行”，那么它就代表运行，在后面的键处理程序中，如果取得的键值是 10，那就去执行“运行”所要执行的程序。当然编程者完全可以不这样安排，可以把键号是 15 的键作为“运行”，或者把键号是0的键作为“运行”，只要键处理程序作出相应的处理就行了。

图8-11是某应用系统主程序流程图。从图中可以看出，该系统在获得键值后，再去进行键值的处理，也就是键值的处理与键面上的内容的相关性完全可以在“取得键值”后的处理程序中加以解决。

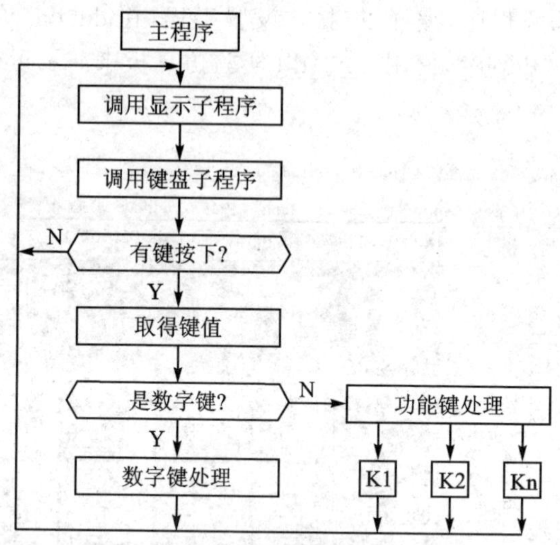

图8-11 某应用系统主程序流程图

巩固与提高

1. 键盘接法如图8-1所示，图中P1口接8个LED，请编程实现：

- 开机后，P1.3、P1.4所接LED点亮。
- K1键：上移键，按下K1键，P1.3上所接LED熄灭，P1.2所接LED点亮，(高4位所接LED发光情况不变)再按K1，再次上移，移到P1.0所接LED点亮后，再次按下K1，则回到P1.3所接LED点亮。
- K2键：下移键，按下K2键，P1.4上所接LED熄灭，P1.5所接LED点亮……其余情况与上类似，当P1.7所接LED点亮后，再次按下K1，则回到P1.4所接LED点亮。
- K3键：取反键，任何时候，按下K3键，则发亮与熄灭的LED交换。
- K4键：复位键，任何时候，按下K4键，回到初始状态。

2. 键盘、LED的接法如图8-8所示，按下键后该位所表示的键值出现在最末位，再次按键后，该位数字前推，末位显示当前按下的键值，不断按键，数字不断前推，到最高位后，再次按键，第一个按下的键值消失，后面递补上来，以此类推。请参考【例8-2】编程实现。

课题 9

模拟量转换接口

在工业控制和智能化仪表中，常由单片机进行实时控制及实时数据处理。单片机所加工的信息总是数字量，而被控制或测量对象的有关参量往往是连续变化的模拟量，如温度、速度、压力等，与此对应的电信号是模拟电信号。必须将模拟量转化为数字量，单片机才能进行处理；处理完毕后要送达执行机构输出，如直流电机、加热器等，这类执行机构只能响应模拟量，因此必须将数字量转化为模拟量。这些就是单片机中常用的模拟量转换接口。

任务 1　数字电压表的制作

单片机要处理连续变化的信号，必须将模拟量转换成数字量，这一转换过程就是模/数(A/D)转换，实现模/数转换的设备称为 A/D 转换器或 ADC。

9.1.1　A/D 转换器工作原理

A/D 转换电路种类很多，根据转换原理可分为逐次逼近式、双积分式、并行式等。并行式 A/D 是一种用编码技术实现的高速 A/D 转换器，其速度快，价格也很高，通常用于视频处理等需要高速的场合；逐次逼近式 A/D 转换器在精度、速度和价格上都适中，是目前最常用的 A/D 转换器；双积分型 A/D 转换器具有精度高、抗干扰性好、价格低廉等优点，但速度较慢，经常用于对速度要求不高的仪器仪表中。以下介绍 A/D 转换的主要技术指标，供选择 A/D 转换器时参考。

1. 转换时间和转换频率

A/D 转换器完成一次模拟量变换为数字量所需时间即 A/D 转换时间。转换频率是转换时间的倒数，它反映了采集系统的实时性能，是一个很重要的技术指标。

2. 量化误差与分辨率

A/D 转换器的分辨率是指转换器对输入电压微小变化响应能力的度量，习惯上以输出的二进制位或者 BCD 码位数表示。与一般测量仪表的分辨率表达方式不同，A/D 转换器的分辨率不采用可分辨的输入模拟电压的相对值表示。例如，A/D 转换器 AD574A 的分辨率为 12 位，即该转换器的输出数据可以用 2^{12} 个二进制数据进行

量化,其分辨率为 1 LSB。用百分数来表示分辨率为:

$$1/2^{12}\times 100\%=(1/4096)\times 100\%\approx 0.024\%$$

输出为 BCD 码的 A/D 转换器一般用位数表示分辨率,例如 MC14433 双积分式 A/D 转换器分辨率为 3(1/2)位。满度为 1999,用百分数表示分辨率为:

$$(1/1999)\times 100\%=0.05\%$$

量化误差与分辨率是统一的,量化误差是由于用有限数字对模拟数值进行离散取值而引起的误差,因此,量化误差理论上为一个单位分辨率,即 $\pm\frac{1}{2}$ LSB。提高分辨率可减少量化误差。

3. 转换精度

A/D 转换器转换精度反映了一个实际 A/D 转换器在量化值上与一个理想 A/D 转换器进行模/数转换的差值,转换精度可表示成绝对误差或相对误差,其定义与一般测试仪表的定义相似。

A/D 转换器的精度所对应的误差指标不包括量化误差在内。

4. 典型 A/D 转换器的使用

A/D 转换器的种类非常多,这里以具有串行接口的 A/D 转换器为例介绍其使用方法。TLC0831 是德州仪器公司出品的 8 位串行 A/D,其特点是:

- 8 位分辨率;
- 单通道;
- 5 V 工作电压下其输入电压可达 5 V;
- 输入/输出电平与 TTL/CMOS 兼容;
- 工作频率为 250 kHz 时,转换时间为 32 μs。

图 9-1 是该器件的引脚图。图中 $\overline{\text{CS}}$ 为片选端;IN+为正输入端,IN-是负输入端,TLC0831 可以接入差分信号,如果输入单端信号,IN-应该接地;REF 是参考电压输入端,使用中应接参考电压或直接与 V_{CC} 接通;DO 是数据输出端,CLK 是时钟信号端,这两个引脚用于和 MCU 通信。图 9-2 是 ADC0831 与单片机的接线图。

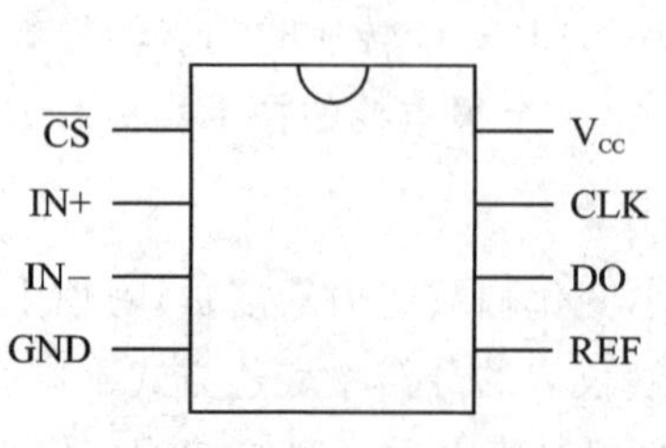

图 9-1 TLC0831 引脚图

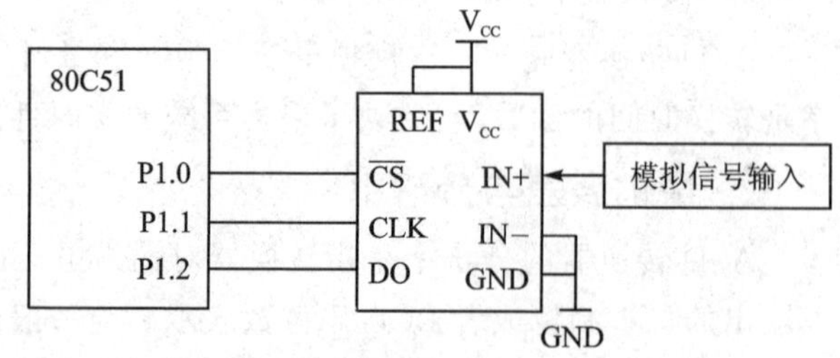

图 9-2 80C51 单片机与 TLC0831 接线图

置 $\overline{CS}$ 为低开始一次转换，在整个转换过程中 $\overline{CS}$ 必须为低，连续输入 10 个脉冲完成一次转换，数据从第 2 个脉冲的下降沿开始输出。转换结束后应将 $\overline{CS}$ 置高，当 $\overline{CS}$ 重新拉低时将开始新的一次转换。

(1) TLC0831 的驱动程序。

```
函数：  GetADValue()
返回值：获得的 AD 结果
uchar ADConv()
{    uchar ADValue = 0;
     uchar i = 0;
     ADCS = 0;                    //拉低/CS 端
     _nop_();  _nop_();
     ADCLK = 1;                   //拉高 CLK 端
     _nop_();  _nop_();
     ADCLK = 0;                   //拉低 CLK 端
     _nop_();  _nop_();
     ADCLK = 1;                   //拉高 CLK 端
     _nop_();  _nop_();
     ADCLK = 0;                   //拉低 CLK 端，形成第 2 个脉冲的下降沿
     for(i = 0;i< = 8;i++ )
     {    ADValue << = 1;
          if(ADDO)
               ADValue|= 0x01;
          ADCLK = 1;
          _nop_();  _nop_();
          ADCLK = 0;
     }
     ADCS = 1;                    //拉高/CS 端
     ADCLK = 0;                   //拉低 CLK 端
     ADDO = 1;                    //拉高数据端，回到初始状态
     return ADValue;
}
```

(2) 驱动程序的使用。

该驱动程序中用到了 3 个标记符号：

ADCS	与 TLC0831 的 $\overline{CS}$ 引脚相连的单片机引脚
ADCLK	与 TLC0831 的 CLK 引脚相连的单片机引脚
ADDO	与 TLC0831 的 DO 引脚相连的单片机引脚

实际使用时，根据接线的情况用 sbit 定义好 ADCS、ADCLK、ADDO 即可使用。

9.1.2 数字电压的制作

制作一个数字电压表,其功能是将 TLC0831 的输入电压转换为数字量,显示在字符型 LCD 上。

如图 9-3 所示是实现数字电压表的电路原理图,这里使用了 TLC0831 作为 A/D 转换器,1602 型字符液晶显示器用于显示所测得的电压。

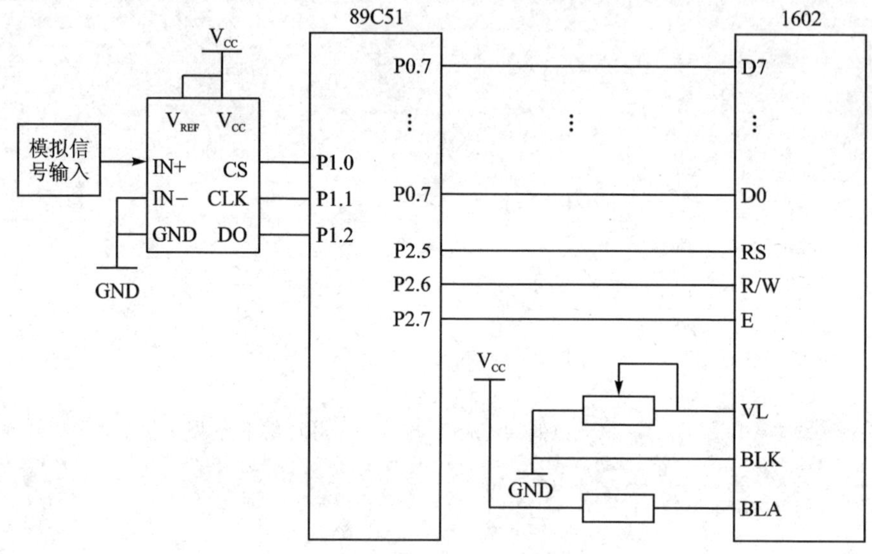

图 9-3 数字电压表电路图

【例 9-1】 使用 TLC0831 制作数字电压表。

```
#include "at89x52.h"
#include "intrins.h"

typedef unsigned char uchar;
typedef unsigned int uint;
#define DPORT P0

sbit  ADCS = P3^0;
sbit  ADCLK = P3^1;
sbit  ADDO = P3^2;

sbit  RS = P2^5;
sbit  RW = P2^6;
sbit  E = P2^7;
```

```
sbit BF = P0^7;              //忙标志位,,将 BF 位定义为 P0.7 引脚

const uchar NoDisp = 0;      //无显示
const uchar NoCur = 1;       //有显示无光标
const uchar CurNoFlash = 2;  //有光标但不闪烁
const uchar CurFlash = 3;    //有光标且闪烁

void LcdPos(uchar,uchar);    //确定光标位置
void LcdWd(uchar);           //写字符
void LcdWc(uchar);           //送控制字(检测忙信号)
void LcdWcn(uchar );         //送控制字子程序(不检测忙信号)
void mDelay(uchar );         //延时,毫秒数由 j 决定
void WaitIdle();             //正常读写操作之前检测 LCD 控制器状态
//在指定的行与列显示指定的字符,xpos:行,ypos:列,c:待显示字符
void WriteChar(uchar c,uchar xPos,uchar yPos)
{   LcdPos(xPos,yPos);
    LcdWd(c);
}

void WriteString(uchar * s,uchar xPos,uchar yPos)
{   …有关 LCD 操作函数,请参考相关内容
}

void mDelay(uchar j)         //延时,毫秒数由 j 决定
{   uint i = 0;
    for(;j>0;j--)
    {  for(i = 0;i<124;i++)
        {;}
    }
}

uchar ADConv()
{   ……
}
void main()
{   uchar ADValue;
    uchar oADv;
    uchar String[4] = {0,0,0,0};
    uchar cTmp1,cTmp2;
    RstLcd();
    ClrLcd();
```

```
    SetCur(CurFlash);
    for(;;)
    {   ADValue = ADConv();
        if(oADv! = ADValue)
        {   oADv = ADValue;
            cTmp1 = ADValue;
            cTmp2 = cTmp1 % 10 + 0x30;
            String[2] = cTmp2;
            cTmp1/ = 10;
            cTmp2 = cTmp1/10 + 0x30;
            String[0] = cTmp2;
            String[1] = cTmp1 % 10 + 0x30;
            WriteString(String,0,0);
        }
    }
}
```

程序实现：输入源程序，命名为 dvm.c，建立名 dvm 的 keil 工程。将 dvm.c 加入工程，编译、链接直到没有错误为止。本例需要读者根据电路图自行搭建电路来完成。

程序分析：程序初始化以后，即调用 A/D 转换程序，将获得的 A/D 值分离出来为百位、十位和个位。由于液晶显示器需要送入字符显示，所以必须将分离出来的数值转换为 ASCII 字符。转换的方法也很简单，查 ASCII 表可知，数字 0 的 ASCII 码是 0x30，而数字 1 的 ASCII 值是 0x31，依此类推，因此直接将数的值加上 0x30 即可将其转换为相应的 ASCII 字符。

任务 2　数字信号发生器的制作

在控制电路中，执行机构往往需要获得电流、电压等模拟量，这就要把单片机运算获得的数字量转化为模拟量，需要用到模/数转换器。

以下以“数字信号发生器的制作”的任务来学习 D/A 转换接口。电子电路中经常需要用到函数信号发生器，采用传统电路制作的波形发生器其波形等技术指标受限制较大，如果采用数字式方案，则所产生的波形几乎不受任何限制，这就是数字信号发生器。

9.2.1　D/A 转换器工作原理

D/A 转换是将数字量信号转换成模拟量信号的过程。D/A 转换的方法比较多，这里仅举一种权电阻 D/A 转换法的方法，说明 D/A 转换的过程。

1. 权电阻方法实现 D/A 转换

权电阻 D/A 转换电路实质上是一只反相求和放大器，图 9-4 是 4 位二进制 D/A 转换的示意图。电路由权电阻、位切换开关、反馈电阻和运算放大器组成。

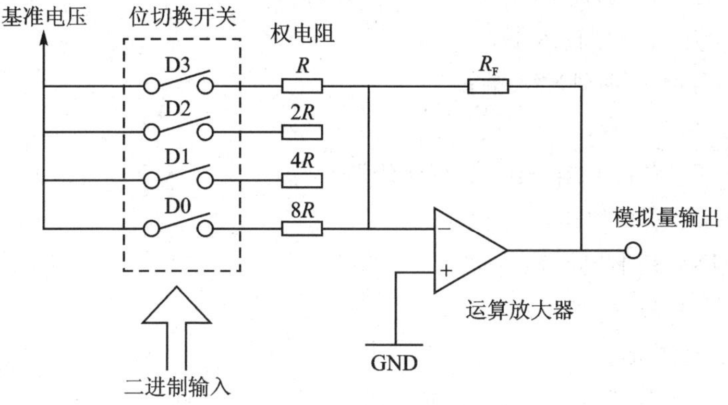

图 9-4　D/A 转换的原理

权电阻的阻值按 8:4:2:1的比例配置，按照运算放大器的"虚地"原理，当开关 D0～D3 合上时，流经各权电阻的电流分别是 $V_R/8R$、$V_R/4R$、$V_R/2R$ 和 V_R/R。其中 V_R 为基准电压。而这些电流是否存在则取决于开关的闭合状态。输出电压则是：

$$V_O = -(\mathrm{D3/R+D2/2R+D1/4R+D0/8}R) \times V_R \times R_F$$

其中 D3～D0 是输入二进制的相应位，其取值根据通断分别为 0 或 1。显然，当 D3～D0 在 0000～1111 范围内变化时，输出电压也随之发生变化，这样，数字量的变化就转化成了电压(模拟量)的变化了。这里，由于仅有 4 位开关，所以这种变化是很粗糙的，从输出电压为 0 到输出电压为最高值仅有 16 档。增加开关的个数和权电阻的个数，可以将电压的变化分得更细。一般至少要有 8 个开关才比较实用，这样可以将输出量从最小到最大分成 256 档。

实际的 D/A 电路与这里所述原理并不完全相同，但从这里的描述可以看到数字量的确可以变为模拟量。

2. 典型 D/A 转换器的使用

D/A 转换器有各种现成的集成电路，对使用者而言，关键是选择好适用的芯片以及掌握芯片与单片机的正确连接方法。目前越来越多的应用中选用具有串行接口的 D/A 转换器，这里以 TLC5615 为例作介绍。

TLC5615 是带有 3 线串行接口的具有缓冲输入的 10 位 DAC，可输出 2 倍 R_{EF} 的变化范围，其特点如下：

- 5 V 单电源工作；
- 3 线制串行接口；

- 高阻抗基准输入；
- 电压输出可达基准电压的 2 倍；
- 内部复位。

图 9－5 是 TLC5615 的引脚图,各引脚的含义如下：

- DIN：串行数据输入端；
- SCLK：串行时钟输入端；
- $\overline{\text{CS}}$：片选信号；
- DOUT：串行数据输出端,用于级联；
- AGND：模拟地；
- REFIN：基准电压输入；
- OUT：DAC 模拟电压输出端；
- V_{CC}：电源端。

图 9－6 是单片机与 TLC5615 的接线图。

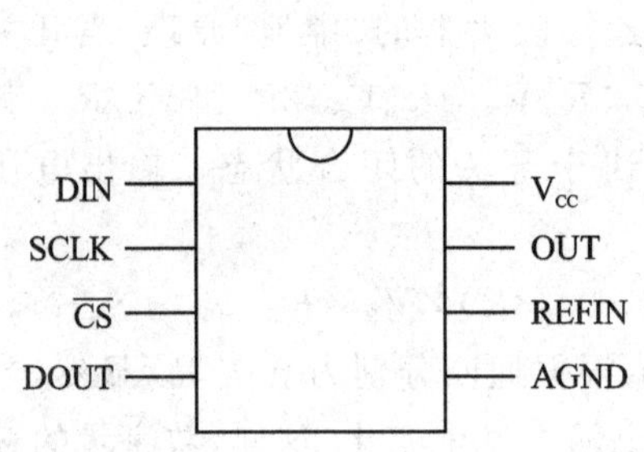

图 9－5　TLC5615 引脚图

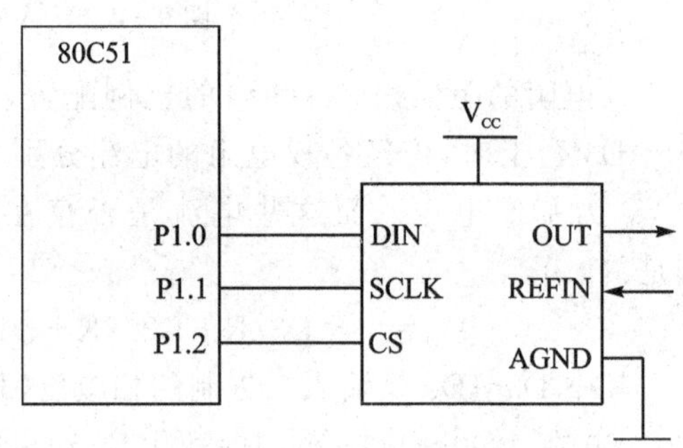

图 9－6　80C51 与 TLC5615 接线图

(1) TLC5615 的驱动程序。

```
void DACnv(uint DaDat)
{
    uchar i;
    CS = 1;                         //拉高/CS 端
    _nop_();
    _nop_();
    DIN = 0;
    SCLK = 0;
    CS = 0;                         //拉低时钟、数据和片选端
    _nop_();
    _nop_();
    DaDat << = 6;                   //左移 6 位,将首位左对齐
    for(i = 0;i<10;i++)
```

```
    {
        if((DaDat&0x8000)! = 0)        //最高位是 1
            DIN = 1;
        else
            DIN = 0;
        _nop_();
        _nop_();
        SCLK = 1;
        _nop_();
        _nop_();
        SCLK = 0;                      //形成时钟脉冲
        DaDat << = 1;                  //数据左移 1 位
    }
    CS = 1;
    SCLK = 0;
    DIN = 0;                           //拉高片选端,拉低时钟端与数据端,回到初始状态
}
```

(2) 驱动程序的使用。

该驱动程序中用到了三个标记符号：

```
DADIN：与 TLC5615 的 DI 引脚相连的单片机引脚
DASCLK：与 TLC5615 的 CLK 引脚相连的单片机引脚
DACS：与 TLC5615 的 CS 引脚相连的单片机引脚
```

实际使用时,根据接线的情况定义好 DAIN、DACLK、ADCS 即可使用。

9.2.2　数字信号发生器的实现

制作全数字信号发生器的电路如图 9－6 所示,该电路配合软件即可完成各种信号的产生。

1. 三角波的产生

三角波即输出电压线性增加到最高值以后再线性下降,如此循环。实现三角波的源程序如下,这里使用的是 10 位的 DAC,但为简单起见,这里仅用其中的低 8 位。

【例 9－2】 三角波的产生。

```
#include <at89x52.h>
#include <intrins.h>
typedef unsigned char uchar;
typedef unsigned int uint;

sbit   DIN = P1^0;              //数据引脚定义
```

```
sbit  SCLK = P1^1;              //时钟引脚定义
sbit  CS = P1^2;                //片选引脚定义
void mDelay(uint DelayTim)
{
    uchar i;
    for(;DelayTim>0;DelayTim--)
    {   for(i = 0;i<125;i++){;}
    }
}
void DACnv(uint DaDat)
{
    ……
}

void main()
{   uchar OutDat = 0;
    uchar Count = 0;
    bit  UpDown = 0;            //上升下降
    for(;;)
    {
        DACnv(OutDat);
        mDelay(1);
        if(!UpDown)
        {   OutDat++;
            if(OutDat>=255)
                UpDown = 1;
        }
        else
        {   OutDat--;
            if(OutDat<=0)
                UpDown = 0;
        }
    }
}
```

程序实现：输入源程序，命名为 triangle. c，在 keil 软件中建立名为 triangle 的工程文件。将源程序文件加入 triangle 工程中，编译、链接获得 HEX 文件。按图 9-6 用实验板或面包板搭建电路，将代码写入芯片，上电运行，用示波器观察 TLC5616 的第 7 脚，可以看到如图 9-7 所示波形。

程序分析：这段程序使用了 OutDat 变量和 UpDown 变量。当 UpDown 变量为 0 时，OutDat 不断加 1，当其值等于 255 时，将 UpDown 变量置为 1。当 UpDown 变

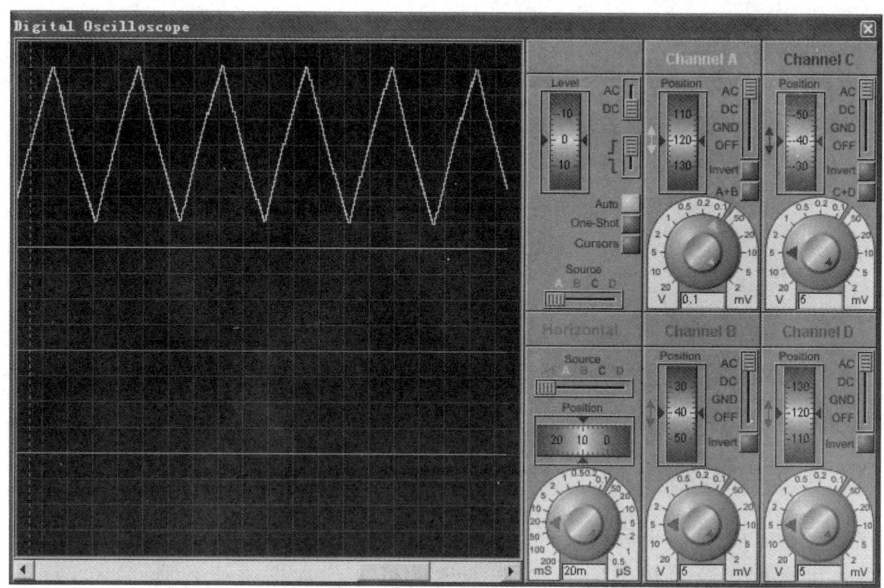

图 9－7　三角波

量为 1 时，OutDat 不断减 1，直至 OutDat＝0，又将 UpDown 清 0。如此循环，OutDat 中的值每次变化都调用 DAConv 子程序进行 D/A 转换，在 DAC 芯片的输出端形成三角波。

2．正弦波的产生

将正弦波一个周期划分为 256 等分，算出每一个等分点的电压值，将该值放在一个表中，程序实现时，查表即可。

【例 9－3】　正弦波的产生。

```
#include <at89x52.h>
#include <intrins.h>
typedef unsigned char uchar;
typedef unsigned int uint;

sbit  DIN = P1^0;                //数据引脚定义
sbit  SCLK = P1^1;               //时钟引脚定义
sbit  CS = P1^2;                 //片选引脚定义

uchar code SinTab[] = {
128,131,134,137,140……           //完整的程序在资源包中提供
}

void DACnv(uint DaDat)
```

```
{
    ……
}

void main()
{   uchar Count = 0;
    uchar cTmp;
    for(;;)
    {
        cTmp = SinTab[Count];
        DACnv(cTmp);
        Count ++ ;
    }
}
```

程序分析：由于单片机的计算能力有限，所以这里采用了采表的方法来获得正弦波各点的数据。这里仍采用 D/A 转换器的低 8 位数据进行转换，这样，每个正弦波被分成 256 个不同的点，每个点对应的幅度值可以表示为：256 * sin(360 * x/256)，其中 x 的取值是 0～255，计算结果取整，可以方便地在 Excel 中计算以获得这个表格。将该表格数据写入源程序，主程序就是一个表格调用程序，不断地查表，然后将查找到的数据进行输出，在 DAC 芯片的输出端即可获得正弦波。使用该程序产生的正弦波如图 9-8 所示。

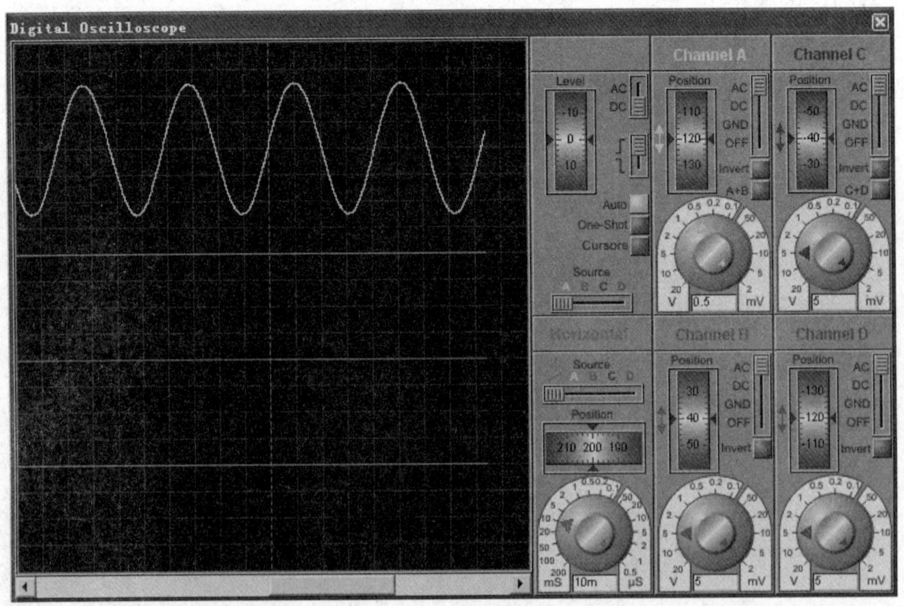

图 9-8　正弦波

3. 阶梯波的产生

阶梯波常用于晶体管特性图示仪等仪器中，其上升沿呈阶梯状逐级增加，增加到最高点后快速降到最低点，然后再逐级增加。要产生这样的阶梯波可以采用查表的方案，也可以直接在程序中进行运算。下面的例子是采用运算方法来获得所需数据。

【例 9-4】 阶梯波的产生。

```
#include <at89x52.h>
#include <intrins.h>
typedef unsigned char uchar;
typedef unsigned int uint;

sbit  DIN = P1^0;      //数据引脚定义
sbit  SCLK = P1^1;     //时钟引脚定义
sbit  CS = P1^2;       //片选引脚定义
void mDelay(uint DelayTim)
{
    uchar i;
    for(;DelayTim>0;DelayTim--)
    {   for(i=0;i<125;i++){;}
    }
}
void DACnv(uint DaDat)
{
    ……
}

void main()
{   uchar OutDat = 0;
    uchar Count = 0;
    for(;;)
    {
        DACnv(OutDat);
        mDelay(1);
        OutDat + = 32;
    }
}
```

程序分析： 程序每次循环令变量 OutDat 加上 32。由于 OutDat 的初值为 0，因此加了 7 次后，OutDat 的值变为 224，再加上 32 时，OutDat 应该为 256，256 转换成二进制就是 10000 0000。由于 OutDat 是字符型变量，在内存中只用 1 个字节（8 位）来保存，因此最高位 1 将丢失。这样就出现了 224＋32＝0 的计算结果，这就是 C 语言中特有的数的溢出问题。本例巧妙地利用了数的溢出,使程序极简洁。但在其他应用中,要注意数的溢出可能带来的负面效应。

调整延时程序的时间可以调节阶梯波输出的频率。使用该程序实现的阶梯波如图9-9所示。

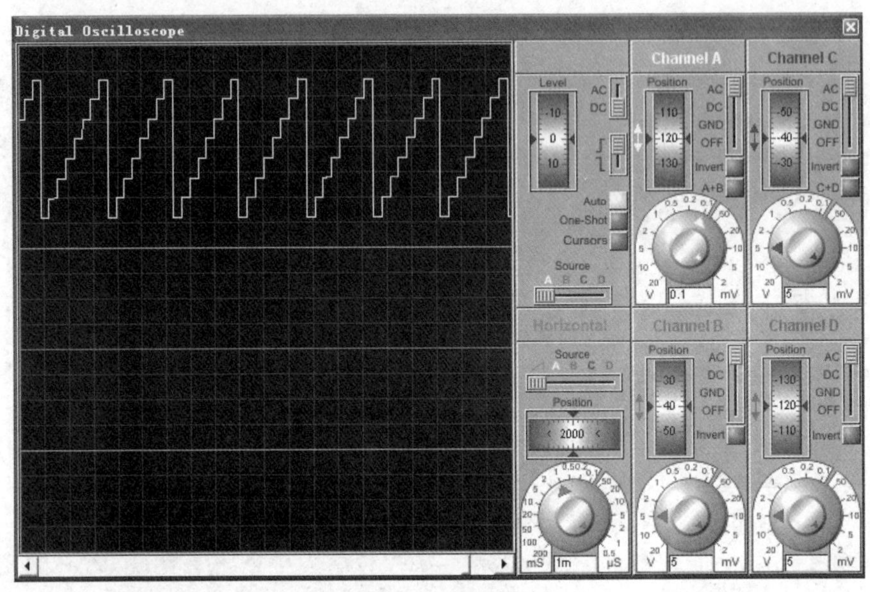

图9-9 阶梯波

巩固与提高

1. 完成数字电压表的程序调试。

2. 查找另一种常用A/D转换芯片TLC1543资料,这是一种多路输入10位A/D转换芯片,利用此芯片设计一个多路输入电压表。

3. 修改【例9-2】,使用10位DAC来完成三角波。

4. 修改【例9-3】,使用10位DAC来完成正弦波。

课题 10

串行接口芯片

传统的单片机外围扩展通常使用并行方式，即单片机与外围器件用 8 根数据线进行数据交换，再加上一些地址、控制线，占用了单片机大量的引脚，这往往是难以接受的。目前，越来越多的新型外围器件采用了串行接口，单片机应用系统的外围扩展已从并行方式过渡到以串行方式为主的时代。常用的串行接口方式有 UART、SPI、I^2C 等，本课题通过 AT24 芯片编程器、93C46 芯片编程器和 DS1302 时钟这三个任务来分别学习 I^2C 总线、SPI 总线和 DS1302 串行接口。

任务 1　AT24 芯片编程器的制作

在单片机应用中，经常会有一些数据需要长期保存，随着非易失性存储器技术的发展，EEPROM 常被用于断电后的数据存储。EEPROM 芯片有多种接口，其中 I^2C 就是常用的一种接口形式。

AT24C01A 芯片是 I^2C 接口的存储器芯片，本节利用 2.3 节介绍的实验板，实现一个能够对 AT24C01A 芯片的读、写操作的编程装置，能够从串行接口接收命令，对板上的 AT24C01A 芯片进行读、写操作。

10.1.1　I^2C 接口介绍

I^2C 总线是一种用于 IC 器件之间连接的二线制总线。它通过 SDA 和 SCL 两根线与连到总线上的器件传送信息。总线上每个节点都有一个固定的节点地址，根据地址识别每个器件，可以方便地构成多机系统和外围器件扩展系统。其传输速率为 100 Kb/s(改进后的规范为 400 Kb/s)，总线的驱动能力为 400 pF。

I^2C 总线为双向同步串行总线，因此，I^2C 总线接口内部为双向传输电路，总线端口输出为开漏结构，总线必须要接有 5～10 kΩ 的上拉电阻。

挂接到总线上的所有外围器件、外设接口都是总线上的节点，在任何时刻总线上只有一个主控器件实现总线的控制操作，对总线上的其他节点寻址，分时实现点对点的数据传送。

I^2C 总线上所有的外围器件都有规范的器件地址，器件地址由 7 位组成，它和 1 位方向位构成了 I^2C 总线器件的寻址字节 SLA，寻址字节格式如表 10－1 所列。

表 10-1　I^2C总线器件的寻址字节 SLA

D7	D6	D5	D4	D3	D2	D1	D0
DA3	DA2	DA1	DA0	A2	A1	A0	R/$\overline{W}$

器件地址(DA3～DA0)：I^2C总线外围接口器件固有的地址编码，器件出厂时就已给定，例如I^2C总线器件 AT24C××的器件地址为1010。

引脚地址(A2～A0)：由I^2C总线外围器件地址端口 A2、A1、A0 在电路中接电源或接地的不同形成的地址数据。

数据方向(R/$\overline{W}$)：数据方向位规定了总线上主节点对从节点的数据方向，该位为1是接收，该位为0是发送。

80C51单片机并未提供I^2C接口的硬件电路，但是，基于对I^2C协议的分析，可以通过软件模拟的方法来实现I^2C接口，从而可以使用诸多I^2C器件。下面以24系列 EEPROM 为例来介绍I^2C类接口芯片的使用。

10.1.2　24系列 EEPROM 的结构及特性

在 EEPROM 应用中，目前应用广泛的是串行接口 EEPROM，AT24C××就是这样一类芯片。

1. 特点介绍

典型的24系列 EEPROM 有24C01(A)/02(A)/04(A)/08/16/32/64等型号，它采用 CMOS 工艺制成，其内部容量分别是128/256/512/1024/2048/4096/8192×8位的具有串行接口的、可用电擦除的可编程只读存储器，一般简称为串行 EEPROM。该器件有两种写入方式，一种是字节写入，即每次写入1个字节；另一种是页写入，即在一个周期内同时写入若干个字节(称之为1页)，页的大小取决于芯片内页寄存器的大小。不同的产品，其页容量不同，如 ATMEL 的 AT24C01/01A/02A 的页寄存器为4B/8B/8B。

2. 引脚图

AT24C01A 有多种封装形式，以8引脚双列直插式为例，芯片的引脚如图10-1所示，引脚定义如下：

- SCL：串行时钟端。该信号用于对输入和输出数据的同步，写入串行 EEPROM 的数据用其上升沿同步，输出数据用其下降沿同步。
- SDA：串行数据输入/输出端。这是串行双向数据输入/输出线，这个引脚是漏极开路驱动，可以与任何数目的其他漏极开

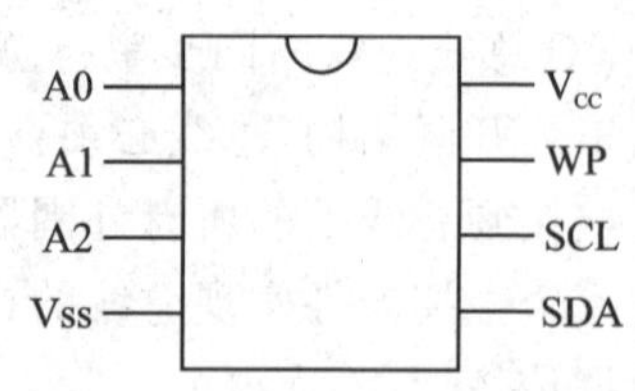

图 10-1　AT24C××系列引脚图

路或集电极路的器件构成“线或”连接。

- WP：写保护。这个引脚用于硬件数据保护，当其接地时，可以对整个存储器进行正常的读/写操作；当其接高电平时，芯片就具有数据写保护功能。被保护部分因不同型号芯片而异，对 24C01A 而言，是整个芯片被保护。被保护部分的读操作不受影响，但不能写入数据。
- A0、A1、A2：片选或页面选择地址输入。
- V_{CC}：电源端。
- V_{SS}：接地端。

3. 串行 EEPROM 芯片寻址

在一条 I^2C 总线上可以挂接多个具有 I^2C 接口的器件，在一次传送中，单片机所送出的命令或数据只能被其中的某一个器件接收并执行。为此，所有串行 I^2C 接口芯片都需要一个 8 位含有芯片地址的控制字，用这个控制字来确定本芯片是否被选通以及将进行读还是写的操作。这个 8 位的控制字的前 4 位是针对不同类型的器件的特征码，对于串行 EEPROM 而言，这个特征码是 1010。控制字的第 8 位是读/写选择位：该位为 1，表示读操作，该位为 0 是写操作。除这 5 位外，另外的 3 位在不同容量的芯片中有不同的定义。

在 24 系列 EEPROM 的小容量芯片里，使用 1 个字节来表示存储单元的地址；但对于容量大于 256 个字节的芯片，用一个字节来表示地址就不够了。为此采用两种方法，第 1 种方法是针对从 4 Kb(512 字节)开始到 16 Kb(2K 字节)的芯片，利用了控制字中的 3 位来定义，其定义如表 10－2 所列。

表 10－2　EEPROM 芯片地址安排图

芯片容量	D7	D6	D5	D4	D3	D2	D1	D0
1 Kb/2 Kb	1	0	1	0	A2	A1	A0	$R/\overline{W}$
4 Kb	1	0	1	0	A2	A1	P0	$R/\overline{W}$
8 Kb	1	0	1	0	A2	P1	P0	$R/\overline{W}$
16 Kb	1	0	1	0	P2	P1	P0	$R/\overline{W}$
32 Kb	1	0	1	0	A2	A1	A0	$R/\overline{W}$
64 Kb	1	0	1	0	A2	A1	A0	$R/\overline{W}$

从表中可以看出，对 1 Kb/2 Kb 的 EEPROM 芯片，控制字中的这 3 位(即 D3、D2、D1)代表的是芯片地址 A2、A1、A0，与引脚名称 A2、A1、A0 对应。如果引脚 A2、A1、A0 所接的电平与命令字所送来的值相符，代表本芯片被选中。例如，将某芯片的 A2、A1、A0 均接地，那么要选中这块芯片，则发送给芯片的命令字中这三位应当均为 0。这样，一共可以有 8 片 1 Kb/2 Kb 的芯片挂接于总线上，只要它们的

A2、A1、A0的接法不同,就能够通过指令来区分这些芯片。

对于4 Kb容量的芯片,D1位被用作芯片内的单元地址的一部分(4 Kb即512字节,需要9位地址信号,其中一位就是D1),这样只有A2和A1两根地址线可用,所以最多只能接4片4 Kb芯片;8 Kb容量的芯片只有一根地址线,所以只能接2片8 Kb芯片;至于16 Kb的芯片,则只能接1片。

第2种是针对32 Kb以上的EEPROM芯片,32 Kb以上的EEPROM芯片要12位以上的地址,这里已经没有可以借用的位了,解决的办法是把指令中的存储单元地址由一个字节改为2个字节。这时候A2、A1、A0又恢复成为芯片的地址线使用,所以最多可以接上8块这样的芯片。

例如,AT24C01A芯片的A2、A1、A0均接地,那么该芯片的读控制字为:10100001B,用十六进制表示即:A1H。而该芯片的写控制字为:10100000B,用十六进制表示即:A0H。

10.1.3 24系列EEPROM的使用

由于80C51单片机没有硬件I^2C接口,因此,必须用软件模拟I^2C接口的时序,以便对24系列芯片进行读、写等编程操作。由于I^2C总线接口协议比较复杂,这里不对I^2C总线接口原理进行分析,而是学习如何使用成熟的软件包对24系列EEPROM进行编程操作。

该软件包提供了两个函数用来从EEPROM中读出数据和向EEPROM中写入数据。其中:

```
void    WrToROM(uchar Data[],uchar Address,uchar Num)
```

用来向EEPROM中写入数据。该函数有3个参数,第1个参数是数组,用来存放待写数据的地址;第2个参数是指定待写EEPROM的地址,即准备从哪一个地址开始存放数据;第3个是指定拟写入的字节数。

另一个函数:

```
void  RdFromROM(uchar Data[],uchar Address,uchar Num)
```

用来从EEPROM中读出指定字节的数据,并存放在数组中。该函数同样有3个参数,第1个参数是一个数组地址,从EEPROM中读出的数据将依次存放该数组中;第2个参数指定从EEPROM的哪一个单元开始读;第3个参数是指定读多少个数据。

以下是该软件包的源程序。

```
#define nop4  _nop_();_nop_();_nop_();_nop_()
void Start(void)                         /*起始条件*/
{   Sda = 1;Scl = 1;
```

```
    nop4;Sda = 0;nop4;
}
void Stop(void)                         /* 停止条件 */
{   Sda = 0;Scl = 1;
    nop4;Sda = 1;nop4;
}
void Ack(void)                          /* 应答位 */
{   Sda = 0;nop4;
    Scl = 1;nop4;Scl = 0;
}
void  NoAck(void)                       /* 反向应答位 */
{   Sda = 1;nop4;
    Scl = 1;nop4;Scl = 0;
}
void Send(uchar Data)                   /* 发送数据子程序,Data 为要求发送的数据 */
{   uchar BitCounter = 8;               /* 位数控制 */
    uchar temp;                         /* 中间变量控制 */
    do {
        temp = Data;
        Scl = 0;nop4;
        if((temp&0x80) == 0x80)         /* 如果最高位是 1 */
            Sda = 1;
        else
            Sda = 0;
        Scl = 1;
        temp = Data << 1;               /* 左移 1 位 */
        Data = temp;
        BitCounter --;
    }while(BitCounter);
    Scl = 0;
}
uchar Read(void)                        /* 读一个字节的数据,并返回该字节值 */
{   uchar temp = 0;
    uchar temp1 = 0;
    uchar BitCounter = 8;
    Sda = 1;
    do{
        Scl = 0;nop4;
        Scl = 1;nop4;
        if(Sda)                         /* 如果 Sda = 1; */
            temp = temp|0x01;           /* temp 的最低位置 1 */
```

```
        else
            temp = temp&0xfe;          /* 否则 temp 的最低位清 0 */
        if(BitCounter - 1)
        {   temp1 = temp << 1;
            temp = temp1;
        }
        BitCounter -- ;
    }while(BitCounter);
    return(temp);
}
void WrToROM(uchar Data[],uchar Address,uchar Num)
{   uchar i = 0;
    uchar * PData;
    PData = Data;Start();
    Send(0xa0); Ack();
    Send(Address); Ack();
    for(i = 0;i<Num;i ++ )
    {  Send( * (PData + i));
        Ack();
    }
    Stop();
}
void  RdFromROM(uchar Data[],uchar Address,uchar Num)
{   uchar i = 0;
    uchar * PData;
    PData = Data;
    for(i = 0;i<Num;i ++ )
    {

        Start();Send(0xa0);
        Ack(); Send(Address + i);
        Ack(); Start();
        Send(0xa1);Ack();
        * (PData + i) = Read();
        Scl = 0; NoAck();
        Stop();
    }
}
```

使用该软件包非常简单，首先根据硬件连接定义好 SCL、SDA 和 WP 这 3 个引脚，然后在调用函数中定义一个数组，用以存放待写入的数据或读出数据之后存放的数据，最后调用相关函数即可完成相应操作。

10.1.4　编程器的实现

编程器一共提供了 2 条命令，每条命令由 3 个字节组成，第 1 条命令的第 1 个字节是 0，表示向 EEPROM 中写入数据，第 2 个字节表示要写入的地址，第 3 个字节表示要写入的数据；在第 2 条命令的第 1 个字节是 1，表示读 EEPROM 中的数据，第 2 个字节表示要读出的单元地址，第 3 个字节无意义，可以取任意值，但一定要有这个字节，否则命令不会被执行。

命令：0　10　22，表示将 22 写入 10 单元中。而命令：1　12　1，表示将 12 单元中的数据读出并送回主机，最后一个数可以是任意值。

至于命令中的数究竟是什么数制，由 PC 端软件负责解释，写入或读出的数据会同时以十六进制的形式显示在数码管上。

1. 编程器电路

实验电路板相关部分的电路如图 10-2 所示，从图中可以看出，这里使用了实验板的 8 位 LED 数码管及驱动电路、串行接口电路和 AT24C01A 的接口电路。

串行接口使用中断方式编程，图 10-3 是串行接口中断服务程序的流程图。从图中可以看出，单片机每收到 1 个数据就把它依次送到缓冲区中，如果收到了 3 个字节，则恢复存数的指针（计数器清零），同时置位一个标志（REC），该标志将通知主程序，并作相应的处理。

将不同的数送入缓冲器相应地址的方法是使用缓冲器指针，这实际上是一个名为 Count 的计数器，该计数器在 0～2 之间反复循环，在串行中断中，如果判断是收数中断，就将 SBUF 中的数据送到 RecBuf[Count]中，然后将计数器 Count 的值加 1，如果结果大于或等于 3，就让 Count 回到 0。

【例 10-1】 AT24C01A 综合应用程序。

```
/*****************************************************
功能描述：
PC 端发送 3 个数据 n0,n1,n2
n0 = 0,写,将 n1 写入 n2 地址中
n0 = 1,读,读出 n1 地址中的数据,n2 不起作用,但必须有
收到一个字节后,将其地址值显示在数码管第 1、2 位,数值显示在第 5、6 位
读出一个字节后,将其地址值显示在数码管第 1、2 位,读出的值显示在第 5、6 位
*****************************************************/
#include <reg52.h>
#include <intrins.h>

typedef unsigned char uchar;
typedef unsigned int uint;
#define Slaw   0x0a;                    //写命令字
#define Slar   0xa1;                    //读命令字
```

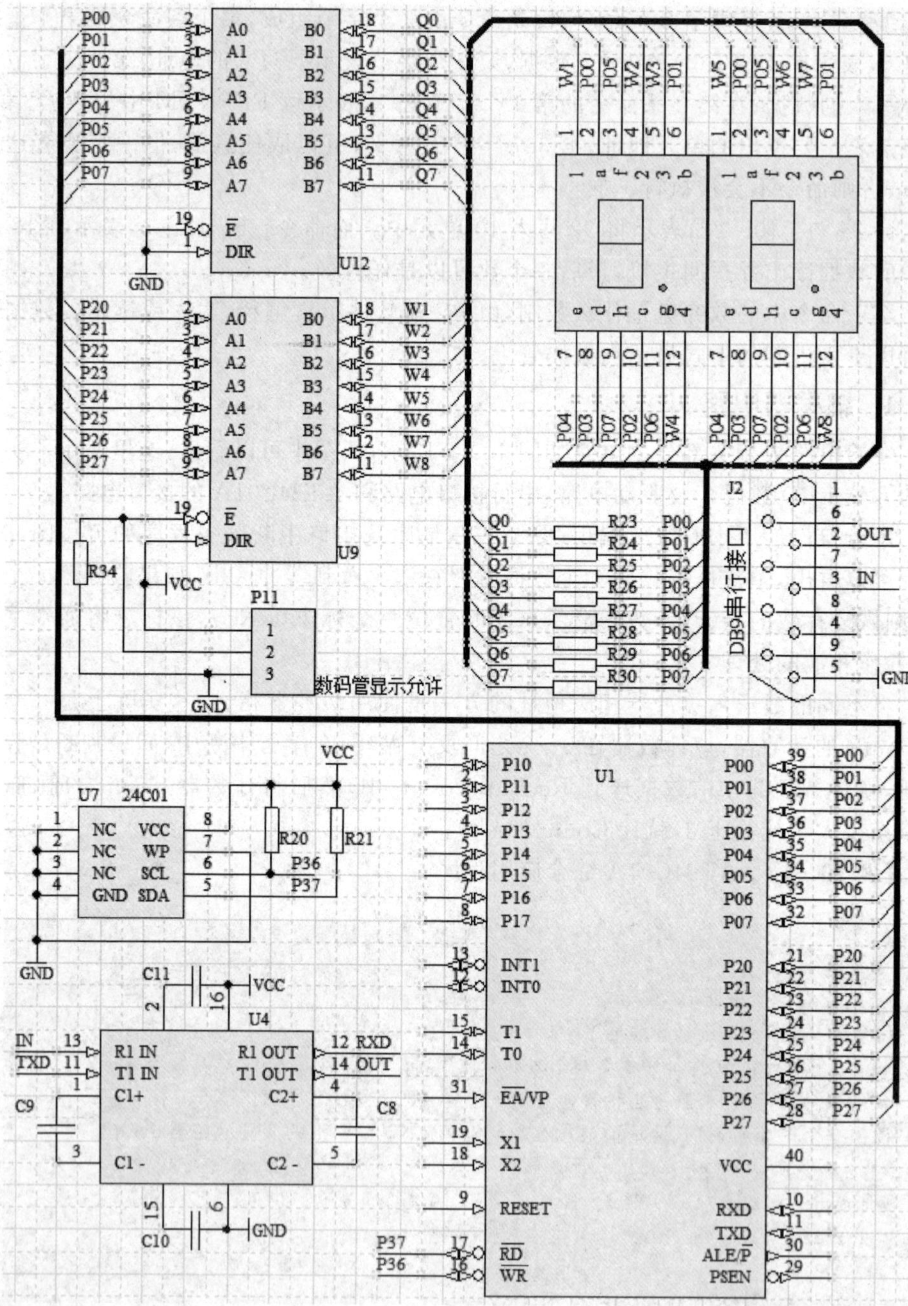

图 10－2　AT24C01A 的综合应用实验

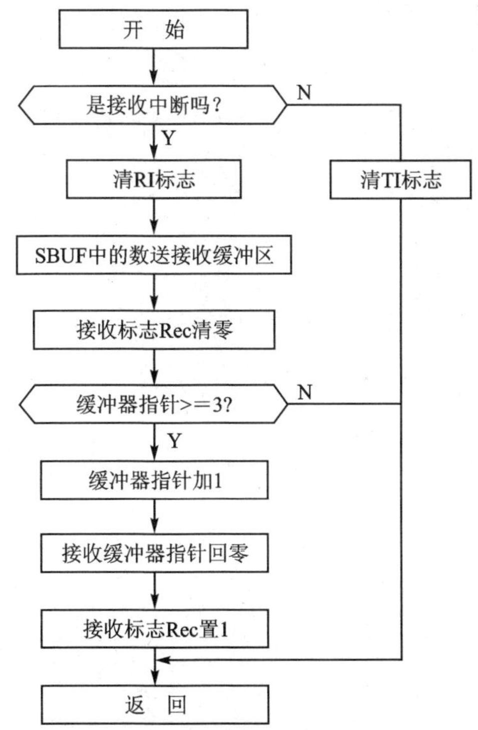

图 10-3　串行接口中断服务程序流程图

```
sbit  Scl = P3^6;                          //串行时钟
sbit  Sda = P3^7;                          //串行数据
bit  Rec;                                  //接收到数据的标志
uchar  RecBuf[3];                          //接收缓冲区

#define Hidden 0x10;                       //消隐字符在字形码表中的位置
uchar code BitTab[] = {0x01,0x02,0x04,0x08,0x10,0x20,0x40,0x80};
uchar code DispTab[] = {0xC0,0xF9,0xA4,0xB0,0x99,0x92,0x82,0xF8,0x80,0x90,
0x88,0x83,0xC6,0xA1,0x86,0x8E,0xFF};

uchar DispBuf[8];                          //8 字节的显示缓冲区
uchar code TH0Val = 63266/256;
uchar code TL0Val = 63266 % 256;
//以下是中断程序,用于显示
void Timer0() interrupt 1
{    ……
}
……这里加入 I²C 函数统一编译
void Recive() interrupt 4                  //串行中断程序
```

```
{   static uchar Count = 0;
    if(TI)
    {   TI = 0;
        return;                             //如果是发送中断,清 TI 后退出
    }
    RI = 0;                                 //清 RI 标志
    RecBuf[Count] = SBUF;
    Count ++ ;
    Rec = 0;
    if(Count> = 3)
    {   Count = 0;
        Rec = 1;                            //置位标志
    }
}

void Init()                                 //初始化
{   TMOD = 0x21;
    TH1 = 0xfd;TL1 = 0xfd;
    TH0 = TH0Val;TL0 = TL0Val;
    PCON|= 0x80;SCON = 0x50;
    EA = 1;ET0 = 1; ES = 1;                 //开 T0 中断
    TR0 = 1;TR1 = 1;RI = 0;                 //T0 开始运行
}
void Calc(uchar Dat1,uchar Dat2)        //第 1 个和第 2 个参数分别显示在 1、2 和 5、6 位
{   DispBuf[0] = Dat1/16;DispBuf[1] = Dat1 % 16;
    DispBuf[4] = Dat2/16;DispBuf[5] = Dat2 % 16;
}

void main()
{   uchar  RomDat[4];
    Init();                                 //初始化
    DispBuf[2] = Hidden;  DispBuf[3] = Hidden;      //显示器中间 2 位消隐
    for(;;)
    {   Calc(RecBuf[1],RomDat[0]);          //分别显示地址和数据
        if(Rec)                             //接收到数据
        {   Rec = 0;                        //清除标志
            if(RecBuf[0] == 0)              //第 1 种功能,写入
            {   RomDat[0] = RecBuf[2];
                WrToROM(RomDat,RecBuf[1],1);
                SBUF = RomDat[0];
            }
            else
```

```
            {   RdFromROM(RomDat,RecBuf[1],1);
                SBUF = RomDat[0];
            }
        }
    }
}
```

限于篇幅，这里有关函数没有完整地写出，只在相应的位置作了注解，但资料中的源程序是完整的。

程序实现：该程序只能用硬件实验板来完成，不能用仿真实验板实现。

程序分析：该程序使用了 I^2C 软件包对 AT24C××进行读/写操作，使用该软件包之前，首先根据硬件连线定义好 Sda、Scl，也要先定义好各引脚，如下：

```
sbit    Scl    P3^6              //串行时钟
sbit    Sda    P3^7              //串行数据
```

然后定义一个字符型数组：

```
uchar    RomDat[4];
```

该数组的大小视一次需要存入多少个字节而定，如果程序中每次保存的字节量不定，那么就取最大的需要量。如程序中需要保存 3 组参数，3 组参数分别需要 2、3、4 个字节，那么就将数组定义为 4 字节的。

如果需要保存数据，只需要将欲保存的数据存入 RomDat 中，注意要从最低地址开始保存，然后调用 WrToROM 函数即可。WrToROM 一共有 3 个参数，第一个参数就是数组名：RomDat；第二个参数是一个数字，即待存放的 EEPROM 的首地址，数据将保存在以此地址开始的 EEPROM 单元中；第三个参数是一次写入的字节数，如果某次写入时不需要使用整个数组，可以使用这个参数来控制需要写入的字节数。

2. 编程器使用

用串口线将实验电路板与 PC 机相连，在 PC 机上运行“串口助手”或类似软件，设置波特率为 19200，选中“十六进制显示”和“十六进制发送”，如图 10－4 所示。在发送缓冲区中窗口写入 00 00 55，即将数据 0x55 写入 EEPROM 的 00H 单元中，单击“发送数据按键”。此时，实验板上的第 1、2 位数码管显示 00，表示写入的地址，而 5、6 位显示 55，表示写入的数据；按同样的方式写 00 01 AA，接着给 02H 写入 0xaa 数据，写完后，数码管第 1、2 位显示 01，第 5、6 位显示 AA。

在发送窗口写入 01 00 00，发送数据，即要求读出数据，此时实验板第 1、2 位显示 01，第 5、6 位显示 55，而串口助手的接收窗口也会收到 55 这个数。

这个例子比较简单，但它演示了远程控制的基本编程方法，读者可以自行扩充，使它具有更多的命令和更强大的功能。

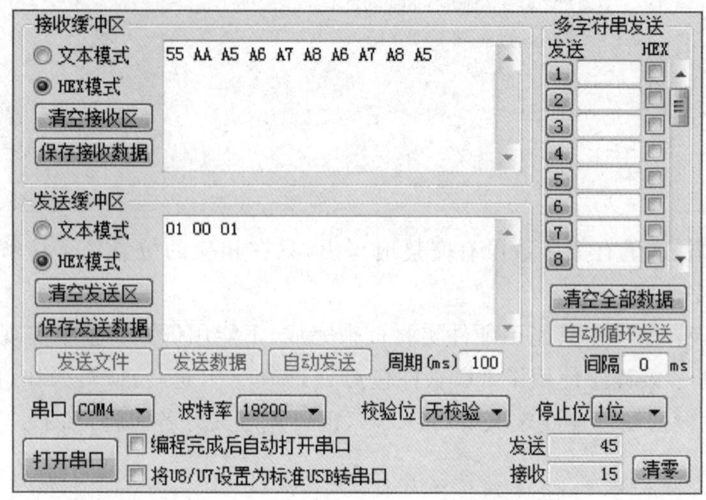

图 10-4 使用串口助手控制编程器

任务 2 93C46 编程器的制作

除了 I²C 接口外,SPI 是另一种常用的串行接口标准。SPI 串行外设接口总线,最早由 Motorola 提出,出现在其 M68 系列单片机中。由于其简单实用,又不涉及专利问题,因此许多厂家的设备都支持该接口,广泛应用于外设控制领域。

SPI 接口在主器件的移位脉冲下,数据按位传输,高位在前,低位在后,为全双工通信,数据传输速度总体来说比 I²C 总线要快一些。93 系列就是带有 SPI 接口的串行 EEPROM 存储器。

10.2.1 认识 93C46 芯片

93 系列包括 93C46/56/57/66/86,它们是一种可以定义为 16 位或 8 位的 1K/2K/2K/4K/16K 位(bit)的串行 E2PROM 存储器,存储器的每一个存储器单元都可以通过 DI 引脚或 DO 引脚进行读出或写入。

1. 特点介绍

AT93C46 器件特性如下:

- 电源电压可从 2.5~5.5 V;
- 3 线制操作界面;
- 5 V 供电时操作频率可达 2 MHz;
- 硬件和软件写保护;
- 1 000 000 次写入/擦除次数;

● 100 年数据保存寿命。

2. 引脚介绍

93C46A 有多种封装，图 10－5 所示是 8 引脚双列直插封装图，各引脚定义如下：

CS：芯片选择，高电平有效；

SK：串行脉冲端；

DI：串行数据输入；

DO：串行数据输出；

V_{CC}：正电源端；

GND：负电源端；

DC：不要连接；

ORG：存储器组织方式选择，ORG 连接到 VCC 时内部为 16 位方式，ORG 连接到 GND 时，内部为 8 位方式。

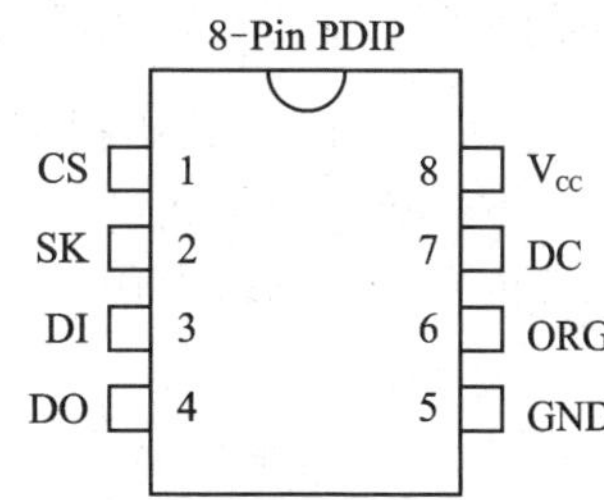

图 10－5　双列直插及 SOP 贴片封装的 93C46 引脚

10.2.2　93C46 存储器的使用

要将数据存入 93C46 或者从 93C46 中读取存储单元的值，必须要通过 93C46 的操作指令进行。操作指令共有 7 条，如表 10－3 所列。

表 10－3　93C46 的操作指令

指　令	开始位	操作码	地　址	注　释
READ	1	10	A5～A0	读地址 A5～A0 处的数据
EWEN	1	00	11XXXX	写允许
ERASE	1	11	A5～A0	擦除 A5～A0 处的数据
WRITE	1	01	A5～A0	写数据
ERAL	1	00	10xxxx	擦除所有
WRAL	1	00	01xxxx	把数据写到全部的存储器中
EWDS	1	00	00xxxx	写禁止

指令地址和写入的数据在时钟信号 SK 的上升沿时由 DI 引脚输入，DO 引脚除了从器件读取数据或在进行写操作后查询准备/繁忙的器件工作状态外平常是高阻态的。93C46 数据手册提供了波形图，通过波形图了解各引脚在读、写时的逻辑状态，即可编写出相应的程序。本书提供一个编写好的驱动程序，该程序提供了两个函数：

```
void WriteString(uchar * s,uint Adress,uchar Len)
```

用来向 93C46 中写入一串数据。该函数有 3 个参数，第 1 个参数是指向字符串的指针,用来存放待写数据的地址;第 2 个参数是指定待写 EEPROM 的地址,即准备从哪一个地址开始存放数据;第 3 个是指定拟写入的字节数。

另一个函数:

```
void ReadString(uchar * s,uint Adress,uchar Len)
```

用来从 93C46 中读出指定字节的数据,并存放在数组中。该函数同样有 3 个参数,第 1 个参数是一个指针,从 93C46 中读出的数据将依次存入该指针开始的内存单元中;第 2 个参数指定从 93C46 的哪一个单元开始读;第 3 个参数是指定读多少个数据。

93C46 驱动程序如下。

```
/**************************************************************
// 写入允许,先写开始位、操作码 100,然后写 7 位地址码 1111111
**************************************************************/
void EWEN_93C46(void)
{
  unsigned char i,addr;
  CS_93C46 = 0;
  SK_93C46 = 0;
  CS_93C46 = 1;

  DI_93C46 = 1;SK_93C46 = 1;SK_93C46 = 0;
  DI_93C46 = 0;SK_93C46 = 1;SK_93C46 = 0;
  DI_93C46 = 0;SK_93C46 = 1;SK_93C46 = 0;     //100

  addr = 0x7f;                    //01111111B
  for(i = 0;i<7;i ++ )            //写 7 位地址 11xxxxx
  {
    addr << = 1;
    if((addr&0x80) == 0x80)
      DI_93C46 = 1;
    else
      DI_93C46 = 0;
    SK_93C46 = 1;
    SK_93C46 = 0;
  }
  CS_93C46 = 0;
}
/**************************************************************
// 擦写禁止,先写开始位及操作码 100,然后写入 7 位地址 0000000
```

```
*********************************************************/
void EWDS_93C46(void)
{
  unsigned char i,addr;
  CS_93C46 = 0;
  SK_93C46 = 0;
  CS_93C46 = 1;

  DI_93C46 = 1;SK_93C46 = 1;SK_93C46 = 0;
  DI_93C46 = 0;SK_93C46 = 1;SK_93C46 = 0;
  DI_93C46 = 0;SK_93C46 = 1;SK_93C46 = 0;     //100

  addr = 0x00;                        //00000000B
  for(i = 0;i<7;i ++ )                //写 7 位地址  00xxxxx
  {
    addr << = 1;
    if((addr&0x80) == 0x80)
      DI_93C46 = 1;
    else
      DI_93C46 = 0;
    SK_93C46 = 1;
    SK_93C46 = 0;
  }
  CS_93C46 = 0;
}

/*********************************************************
//名称：ByteWrite
//描述：单字节写
//功能：本函数用于单字节写入 EEPROM
//参数：第 1 个参数是待写入的地址,第 2 个参数是待写入的数据
*********************************************************/
void ByteWrite(unsigned char addr,unsigned char dat)
{
  unsigned char i;
  EWEN_93C46();                       //擦写允许

  CS_93C46 = 0;
  SK_93C46 = 0;
  CS_93C46 = 1;
```

```
    DI_93C46 = 1;SK_93C46 = 1;SK_93C46 = 0;
    DI_93C46 = 0;SK_93C46 = 1;SK_93C46 = 0;
    DI_93C46 = 1;SK_93C46 = 1;SK_93C46 = 0;    //写数据指令:101

    for(i = 0;i<7;i ++ )             //写 7 位地址
    {
      addr << = 1;
      if((addr&0x80) == 0x80)
        DI_93C46 = 1;
      else
        DI_93C46 = 0;
      SK_93C46 = 1;
      SK_93C46 = 0;
    }

    for(i = 0;i<8;i ++ )             //写 8 位数据
    {
      if((dat&0x80) == 0x80)
        DI_93C46 = 1;
      else
        DI_93C46 = 0;
      SK_93C46 = 1;
      SK_93C46 = 0;
      dat << = 1;
    }
    CS_93C46 = 0;
    DO_93C46 = 1;
    CS_93C46 = 1;
    while(DO_93C46 == 0);            //检测忙闲
    SK_93C46 = 0;
    CS_93C46 = 0;
    EWDS_93C46();                    //擦写禁止
  }

  /*********************************************************
  //名称:ByteRead
  //描述:单字节读
  //功能:本函数从 EEPROM 中读出一个字节
  //参数:待读出字节的地址值
  //返回读:读到的数据
  *********************************************************/
```

```
unsigned char ByteRead(unsigned char addr)
{
  unsigned char dat = 0,i;
  SK_93C46 = 0;
  CS_93C46 = 0;
  CS_93C46 = 1;

  DI_93C46 = 1;SK_93C46 = 1;SK_93C46 = 0;
  DI_93C46 = 1;SK_93C46 = 1;SK_93C46 = 0;
  DI_93C46 = 0;SK_93C46 = 1;SK_93C46 = 0;      //读数据指令:110

  for(i = 0;i<7;i++)                //写 7 位地址
  {
    addr << = 1;
    if((addr&0x80) == 0x80)
      DI_93C46 = 1;
    else
      DI_93C46 = 0;
    SK_93C46 = 1;
    SK_93C46 = 0;
  }

  DO_93C46 = 1;                     //DO = 1,为读取做准备

  for(i = 0;i<8;i++)                //读 8 位数据
  {
    dat << = 1;
    SK_93C46 = 1;
    if(DO_93C46) dat + = 1;
    SK_93C46 = 0;
  }
  CS_93C46 = 0;
  return(dat);
}

/*************************************************************
//名称：WriteString
//描述：字符中写入
//功能：向 X5045 指定单元开始写入一串数据
//参数：*s 指向待写数据   Adress   指定待写 eeprom 地址   Len   待写入字节长度
*************************************************************/
```

```
void WriteString(uchar * s,uint Adress,uchar Len)
{   uchar i = 0;
    for(i = 0;i<Len;i ++ )
        ByteWrite(Adress + i, * (s + i));
}
/*****************************************************
;名称：ReadString
;描述：字符中读出
;功能：从 X5045 指定单元读出一串数据,写入 s 指定的开始地址
;参数：* s 指向待存数据区   Adress   指定待读 eeprom 地址   Len   待读入字节长度
*****************************************************/

void ReadString(uchar * s,uint Adress,uchar Len)
{
    uchar i = 0;
    for(i = 0;i<Len;i ++ )
        * (s + i) = ByteRead(Adress + i);
}
```

用来实现 93C46 编程器的电路如图 10－6 所示。图中使用了 8 位数码管及其驱动电路,标号为 K17～K19 和 K22 的 4 个按键分别接在 P3.0～P3.2 和 P3.5 引脚上,这 4 个按键分别命名为 S1～S4。该编程器的功能如下：

(1) 读指定地址的内容

开机后,LED 数码管第 1、2 和第 5、6 位分别显示 00,第 3、4 位消隐。D1 点亮。按下 S1 键或 S2 键,数码管第 1、2 位显示的数字加 1 或减 1,该数字表示的是待读的 X5045 中存储器单元的地址。按下 S4 键,读出该单元的内容,并且以十六进制的形式显示在 LED 数码管的第 5、6 位上。

(2) 将值写入指定单元

开机后,D1 点亮,此时,可以按 S1 或 S2,使 LED 数码管的第 1、2 位显示待写入单元的地址值,然后按下 S3 键,该地址值被记录,P1.1 所接 LED 亮。按 S1 或 S2,LED 数码管的第 5、6 位以十六进制形式显示待写入的数据。按下 S4 键,该数据被写入 1、2 位指定的 EEPROM 单元中。

为更明确,现将各键功能单独列出并描述如下：

- S1：加 1 键,具有连加功能,按下该键,显示器显示值加 1,如果按着不放,过一段时间后,快速连加；
- S2：减 1 键,功能同 S1 类似；
- S3：切换键,按此键,将使 P1.0 和 P1.1 所接 LED 轮流点亮；
- S4：执行键,根据 P1.0 和 P1.1 所接 LED 点亮的情况分别执行读指定地址 EEPROM 内容和将设定内容写入指定的 EEPROM 单元中。

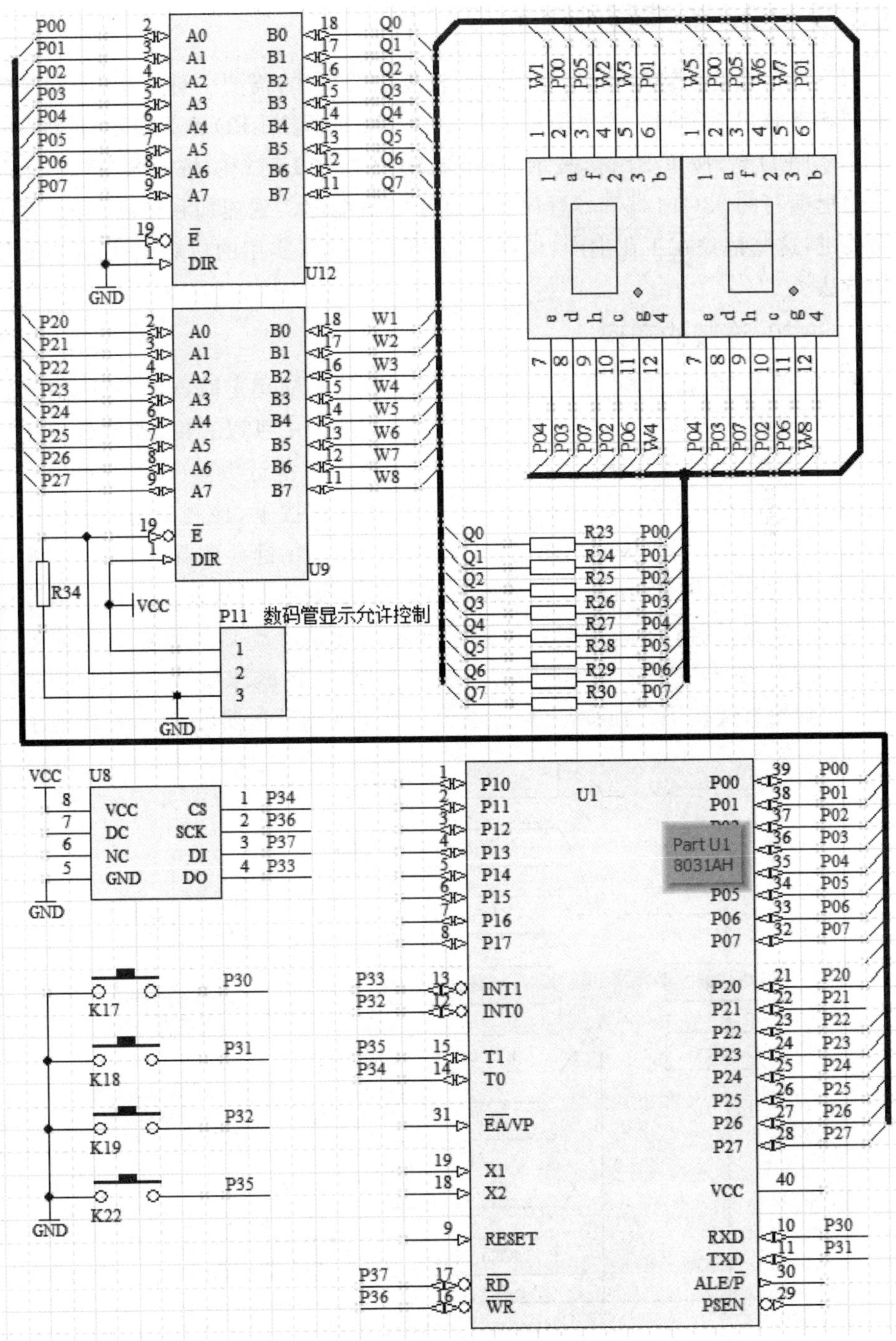

图 10 - 6　93C46 综合应用实验

10.2.3 93C46编程器的制作

当一个仪器的按键数较少时,为执行较复杂的操作,需要一键多用,即同一按键在不同状态时用途不同。这里使用了P1.0和P1.1所接LED作为指示灯,如果P1.0所接的LED亮,按下S4键,表示读;如果P1.1所接LED亮,按下S4键,表示写。

这里编写的93C46编程器程序特点在于键盘能够实现连加和连减功能,并且有双功能键,这些都是在工业生产、仪器、仪表开发中非常实用的功能,下面简单介绍实现的方法。

1. 连加、连减的实现

图10-7是实现连加和连减功能的流程图。这里使用定时器作为键盘扫描,每隔5 ms即对键盘扫描一次,检测是否有键按下。从图中可以看出,如果有键按下则检测KMark标志,如果该标志为0,将KMark置1,将键计数器(KCount)置入2即退出;定时时间再次到后,又对键盘扫描,如果有键被按下,检测标志KMark,如果KMark是1,说明在本次检测之前键就已经被按下了,将键计数器(KCount)减1,然后判断是否到0,如果KCount=0,进行键值处理,否则退出,这样就实现了消除按键前沿抖动的功能;键值处理完毕后,检测标志KFirst是否是1,如果是1,说明处于连加状态,将键计数器减去20,否则是第一次按键处理,将键计数器减去200并退出;如果检测到没有键按下,清除所有标志退出。这里的键计数器(KCount)代表了响应

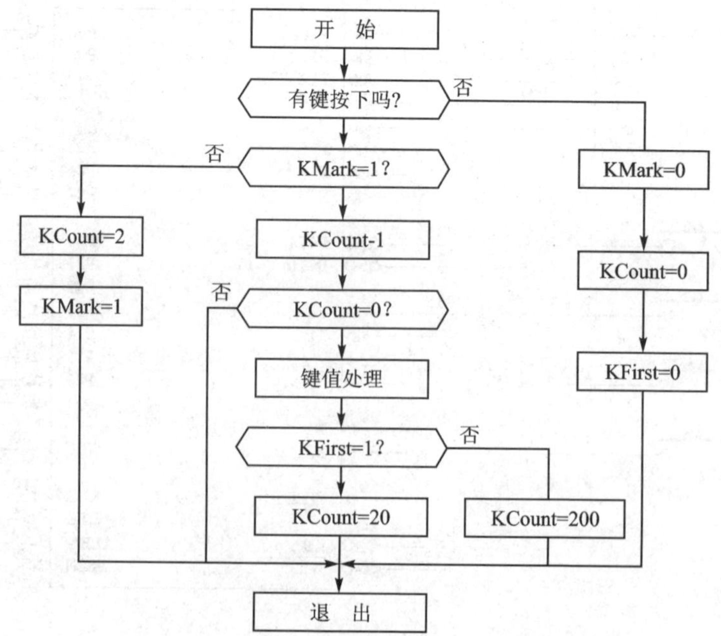

图10-7　实现连加功能的键盘处理流程图

的时间,第 1 次置入 2,是设置去去键抖的时间,该时间是 10 ms(2×5 ms=10 ms),第 2 次置入 200,是设置连续按的时间超过 1 s(200×5 ms=1 000 ms)后进行连加的操作,第 3 次置入 20,是设置连加的速度是 0.1 s/次(20×5 ms=100 ms)。这些参数是完全分离的,可以根据实际要求加以调整。

2. 键盘双功能的实现

这一功能的实现比较简单,由于只有两个功能,所以只要设置一个标志位(KFunc),按下一次键,取反一次该位,然后在主程序中根据这一位是"1"还"0"作相应的处理。需要说明的是,由于键盘设计为具有连加、连减功能,人们可能习惯于长时间按住键盘的某一键,因此,该键也可能会被连续按着,这样会出现反复切换的现象。为此,再用一个变量 KFunc1,在该键被处理后,将这一位变量置 1,而在处理该键时,首先判断这一位是否是 1,如果是 1,就不再处理,而这一位变量只有在键盘释放后才会被清 0,这样就保证了即使连续按着 S3 键,也不会出现反复切换的现象。

这个程序中的键盘程序有一定的通用性,读者可以直接应用于自己的项目中。

【例 10-2】 93C46 编程器程序。

```
#include  "reg52.h"
#include  "intrins.h"
typedef unsigned char uchar;
typedef unsigned int uint;
sbit    CS_93C46 = P3^4;
sbit    SK_93C46 = P3^6;
sbit    DI_93C46 = P3^7;
sbit    DO_93C46 = P3^3;
sbit    D1Led = P1^0;
sbit    D2Led = P1^1;
sbit    D8Led = P1^7;
bit         KFirst;           //键第一次被按下
bit         KFunc;            //该位变量的 2 种状态表示键的两种功能
bit         KEnter;           //回车键(S4)按下标志
uchar       AddrCount = 0;    //地址计数值
uchar       NumCount = 0;     //数据计数值

#define Hidden 0x10;      //消隐字符在字形码表中的位置
uchar code BitTab[] = {0x01,0x02,0x04,0x08,0x10,0x20,0x40,0x80};
uchar code DispTab[] = {0xC0,0xF9,0xA4,0xB0,0x99,0x92,0x82,0xF8,0x80,
0x90,0x88,0x83,0xC6,0xA1,0x86,0x8E,0xFF};
uchar DispBuf[8] = {1,2,3,4,5,6,7,8};      //8 字节的显示缓冲区

uchar code TH0Val = 63266/256;
uchar code TL0Val = 63266 % 256;//当晶振为 11.059 2 时,定时 2.5 ms 的定时器初值
```

```
…93C46 驱动程序
/*延时程序
  由 Delay 参数确定延迟时间
 */
void mDelay(unsigned int Delay)
{   unsigned int i;
    for(;Delay>0;Delay--)
    {   for(i=0;i<124;i++)
        {;}
    }
}
//以下是中断程序,实现显示及键盘处理
void Timer0() interrupt 1
{   uchar tmp;
    static uchar   dCount;     //计数器,显示程序通过它得知现正显示哪个数码管
    static uchar  KCount;
    //用于键盘的计数器,控制去键抖延时,首次按下延时,连续按下时的延时
    static  bit    KMark;          //有键被按下
    static  bit    KFunc1;         //用于 S3 键
    TH0=TH0Val;
    TL0=TL0Val;
    tmp=BitTab[dCount];            //根据当前的计数值取位值
    P2=0;
    P2=P2|tmp;                     //P2 与取出的位值相与,将某一位清 0
    tmp=DispBuf[dCount];           //根据当前的计数值取显示缓冲区中的值
    tmp=DispTab[tmp];              //根据待显示值取字形码
    P0=tmp;                        //送出字形码
    dCount++;                      //计数值加 1
    if(dCount==8)                  //如果计数值等于 8,则让其回 0
        dCount=0;
///以下键盘处理部分
    P3|=0x3c;                      //按按键的各位置 1
    tmp=P3;
    tmp|=0xc3;                     //未接键的各位置 1
    tmp=~tmp;                      //取反各位
    if(!tmp)                       //如果结果是 0,表示无键被按下
    {   KMark=0;
        KFirst=0;
        KCount=0;
        KFunc1=0;
        return;
    }
```

```
if(!KMark)                      //如果键按下标志无效
{   KCount = 4;                 //去键抖
    KMark = 1;
    return;
}
KCount --;
if(KCount! = 0)                 //如果不等于 0
    return;
if((tmp&0xfb) == 0)             //P3.2 被按下
{   if(KFunc)                   //要求计数值操作
        NumCount ++;
    else
        AddrCount ++;
}
else if((tmp&0xf7) == 0)        //P3.3 被按下
{   if(KFunc)                   //要求计数值操作
        NumCount --;
    else
        AddrCount --;
}
else if((tmp&0xef) == 0)        //P3.4 被按下
{   if(!KFunc1)                 //该位为 0 才进行切换,防止长时间按着反复切换
    {   KFunc = !KFunc;         //切换状态
        KFunc1 = 1;
    }
}
else if((tmp&0xdf) == 0)
{   KEnter = 1;
}
else                            //无键按下(出错处理)
{   KMark = 0;
    KFirst = 0;
    KCount = 0;
    KFunc1 = 0;
}
if(KFirst)                      //不是第一次被按下(连加)
{   KCount = 20;
}
else                            //第一次被按下(间隔较长)
{   KCount = 200;
    KFirst = 1;
}
```

```
}

void Init()
{    TMOD = 0x01;
     TH0 = TH0Val;
     TL0 = TL0Val;
     ET0 = 1;                          //开 T0 中断
     EA = 1;                           //开总中断
     TR0 = 1;                          //T0 开始运行
}
//第 1 个参数放在第 1、2 位,第 2 个参数放入第 5、6 位
void Calc(uchar Dat1,uchar Dat2)
{    DispBuf[0] = Dat1/16;
     DispBuf[1] = Dat1 % 16;

     DispBuf[4] = Dat2/16;
     DispBuf[5] = Dat2 % 16;
}

void main()
{

     uchar   Mtd[5];                   //待写数据存入该数组
     uchar   Mrd[5];                   //读出的数据存入该数组

     Init();

     DispBuf[2] = Hidden;
     DispBuf[3] = Hidden;
     DispBuf[6] = Hidden;
     DispBuf[7] = Hidden;

     D1Led = 0;                        //点亮"读"控制灯

     for(;;)
     {
         Calc(AddrCount,NumCount);
         if(KFunc)
         {    D2Led = 0;               //点亮"读"灯
              D1Led = 1;               //关断"写"灯
         }
         else
```

```
        {   D1Led = 0;              //点亮"写"灯
            D2Led = 1;              //关掉"读"灯
        }
        if(KEnter)                  //按下了回车键
        {   if(KFunc)               //写数据
            {   Mtd[0] = NumCount;  //当前的计数值作为待写入的值
                D8Led = 0;          //点亮指示灯
                WriteString(Mtd,AddrCount,1);
                                    //从 Mtd 开始的单元中取出 1 字节数据写入
            }
            else                    //读数据
            {   D8Led = 0;          //点亮指示灯
                ReadString(Mrd,AddrCount,1);
                                    //读出 1 字节数据,存入 Mrd 开始的单元中
                NumCount = Mrd[0];
            }
            KEnter = 0;             //清回车键被按下的标志
            mDelay(100);            //延时一段时间(为看清 D8 亮过)
            D8Led = 1;
        }
    }
}
```

程序说明: 限于篇幅,这里有关函数没有完整地写出,只在相应的位置作了注解,但资料上的例子是完整的。

程序实现: 该程序只能用硬件实验板来完成,不能用仿真实验板实现。

程序分析: 该程序使用了 93C46 读/写软件包来完成对 93C46 的设置、读取 EEPROM 数据、将数据写入 EEPROM 等操作。

main 函数中定义了两个数组:

```
uchar   Mtd[5];         //待写数据存入该数组
uchar   Mrd[5];         //读出的数据存入该数组
```

分别用于存放待写入的数据和保存读出的数据。

看一看数据是如何被写入 EEPROM 中的:

```
Mtd[0] = NumCount;      //当前的计数值作为待写入的值
WP = 1;
WriteString(Mtd,AddrCount,1);     //1 字节数据写入
WP = 0;
```

首先将待写入的数据放到数组 Mtd 中;调用 WriteString 函数,该函数的 3 个参数依次是:存放数据的数组名,待写入单元的首地址,待写入的数据个数。上面的例

子只写了一个数据，没有什么问题，如果写多个数据，那么 Mtd[0]中的数据将被写入地址为 AddCount 的单元中，Mtd[1]中的数据被写入 AddCount＋1 这一单元中，依次类推。

从 EEPROM 中读取数据的程序行如下：

```
ReadString(Mrd,AddrCount,1);//读出 1 字节数据
```

这一语句行从 EEPROM 中 AddrCount 的值指定的单元中开始读取 1 个字节的数据并存放到数组 Mrd 中，改变最后一个参数可以一次读出多个数据。

这个例子必须使用硬件实验板完成，编译、链接正确后，设置为使用硬件仿真。按 Ctrl＋F5 将程序下载到仿真芯片中，全速运行，可以看到，第 1、2 和第 5、6 位数码管均显示“00”，中间两位消隐。P1.0 所接 LED 点亮，表示目前处于待读状态，按下 S1、S2 键，将第 1、2 位显示数值变为 10，按下 S4 键，即读出 93C46 芯片的 0x10 单元中的内容，这个内容用十六进制的形式被显示在数码管的第 5、6 位上。

重新按下 S1 或 S2 键，将第 1、2 位数码管显示的显示值调至 00，按下 S3 键，P1.1 所接 LED 点亮，按下 S1、S2 键，将第 5、6 位显示变为 1F，按下 S4 键，则数值 0x4F 被写入 93C46 的 0x00 单元中。

复位实验板上的 CPU，停止仿真，给实验板断电，然后接通电源，重复刚才步骤，再次将程序下载到仿真芯片中，读取 0x00 单元中的数据，看一看显示出来的是否是 0x1F。

任务 3　使用 DS1302 制作时钟

课题 9 中制作了一个秒表，这个秒表中的秒信号是通过单片机的定时器来获得的，长期定时精度不高、只能通过编程来使用年、月、日等信息，使用不便。如果要制作一个能够长时间精确运行，并能方便地获得年、月、日、星期等信息的时钟，那么使用专用的实时钟芯片是较为合适的方法。

10.3.1　认识 DS1302 芯片

DS1302 是 DALLAS 公司推出的涓流充电时钟芯片，内含有一个实时时钟/日历和 31 字节静态 RAM，通过串行接口与单片机进行通信。

1. 特点介绍

- 实时时钟/日历电路提供秒、分、时、日、月、年的信息，每月的天数和闰年的天数由芯片自动调整。时钟操作可通过 AM/PM 指示决定，采用 24 或 12 小时格式；
- DS1302 与单片机之间采用同步串行的方式进行通信，仅须用到 3 个引脚；
- DS1302 工作时功耗很低保持数据和时钟信息时功率小于 1 mW；

- 实时时钟具有能计算 2100 年之前的秒、分、时、日期、星期、月、年的能力，还有闰年调整的能力；
- 内部带有 31 字节 8 位数据存储 RAM，可用于数据的断电保护等场合；
- 工作电压范围宽，工作电压 2.0～5.5 V；工作电流小，在 2.0 V 时小于 300 nA；
- 读/写时钟或 RAM 数据时，有单字节传送和多字节传送字符组 2 种传递方式。

2. 引脚介绍

DS1302 的引脚排列如图 10－8 所示，各引脚功能如下：

- X1、X2：32.768 kHz 晶振引脚；
- V_{CC1}，V_{CC2}：电源供电引脚；
- GND：地；
- RST：复位引脚；
- I/O：数据输入/输出引脚；
- SCLK：串行时钟。

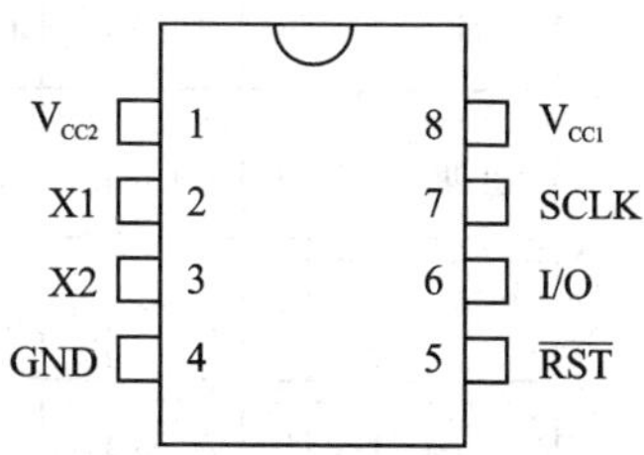

图 10－8 DS1302 封装图

3. DS1302 的内部结构

如图 10－9 所示是 DS1302 内部结构示意图，由图可以看到，该芯片由片内电源控制部分、晶体振荡电路、输入接口、实时钟、内部 RAM 等部分组成，由命令与控制逻辑部分的电路控制电路的工作过程。

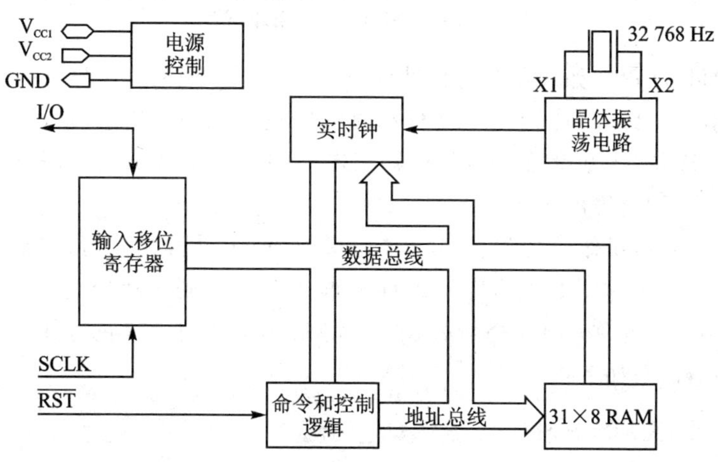

图 10－9 DS1302 内部结构示意图

在 DS1302 芯片的内部有多个寄存器，通过对这些寄存器的赋值来实现各种不同的功能，因此，首先要了解各寄存器内容及其含义。如果要对某一个寄存器进行读/写操作，需要“读/写”命令字，还需要该寄存器的地址。DS1302 将这两者合二为一，可以称之为命令字，也可以称之为带有控制符的地址。对 DS1302 时钟电路操作的寄存器含义如图 10－10 所示。

命令字

寄存器								
秒	1	0	0	0	0	0	0	RD/$\overline{W}$
分	1	0	0	0	0	0	1	RD/$\overline{W}$
小时	1	0	0	0	0	1	0	RD/$\overline{W}$
日	1	0	0	0	0	1	1	RD/$\overline{W}$
月	1	0	0	0	1	0	0	RD/$\overline{W}$
星期	1	0	0	0	1	0	1	RD/$\overline{W}$
年	1	0	0	0	1	1	0	RD/$\overline{W}$
控制	1	0	0	0	1	0	1	RD/$\overline{W}$
涓流充电控制	1	0	0	0	0	0	0	RD/$\overline{W}$
时钟多字节	1	0	1	1	1	1	1	RD/$\overline{W}$

功能

范围								
00-59	CH	10秒			秒			
00-59	CH	10分			分			
01-12 00-23	12/24	0	10 AP	小时	小时			
01-31	0	0	10日		日			
01-12	0	0	0	10月	月			
01-07	0	0	0	0	0	星期		
00-99	10年				年			
	VP	0	0	0	0	0	0	0
	TCS	TCS	TCS	TCS	DS	DS	RS	RS

图 10－10　DS1302 时钟电路寄存器

从图中可以看出，如果需要对秒进行操作，应使用命令字：0x80 写入，而用 0x81 读出。而读/写的内容包括了秒、10 秒和时钟停止位控制。如果写入秒单元的最高位(图中的 CH 位)为 0，表示允许振荡器工作；如果写入秒单元的最高位为 1，表示振荡器停止工作，即时钟停止运行。

对控制寄存器操作的命令字：0x8E 为写入，0x8F 为读出。写入的内容中，如果 WP 位为 0，表示允许对数据寄存器进行操作，WP 为 1 则表示禁止对数据寄存器操作。即写入 0x00 允许对数据寄存器操作，而写入 0x80 表示禁止对数据寄存器进行写操作。相应命令如下：

```
WrCmd(WrEnDisCmd,WrEnDat);          //写允许
```

其中 WrEnDisCmd、WrEndDat 是一些预定义的常量。除了这 2 个定义以外，还有一些其他的常量，有关定义如下：

```
#define WrEnDisCmd      0x8e     //写允许/禁止指令代码
#define WrEnDat         0x00     //写允许数据
#define WrDisDat        0x80     //写禁止数据
```

```
#define WrChargCmd      0x90    //有关充电控制代码
#define ChargeCnt       0xab    //充电允许,串 2 只二极管 8 kΩ 电阻
#define OscEnDisCmd     0x80    //振荡器允许/禁止指令代码
#define OscEnDat        0x00    //振荡器允许数据
#define OscDisDat       0x80    //振荡器禁止数据
#define WrMulti         0xbe    //写入多个字节的指令代码
#define WrSingle        0x84    //写入单个字节的指令代码
#define RdMulti         0xbf    //读出多个字节的指令代码
```

对小时寄存器操的命令字：0x84 为写入，0x85 为读出。写入的内容中，第 7 位是 12/24 小时标志。bit7＝1，12 小时模式，bit7＝0，24 小时模式。寄存器的第 5 位：AM/PM 定义，AP＝1 下午，AP＝0 上午。

DS1302 芯片的 V_{CC1} 是后备电池供电端，V_{CC2} 为主供电端。当 V_{CC2} 超过 V_{CC1} ＋ 0.2 V 时，由 V_{CC2} 为芯片内部电路供电。当 V_{CC2} 小于 V_{CC1} 时，将由 V_{CC1} 为芯片内部供电。

当大于 V_{CC2} 大于 V_{CC1} 时，可以通过 V_{CC2} 给 V_{CC1} 所接电池进行充电。DS1302 内置了充电控制电路，如图 10－11 所示。

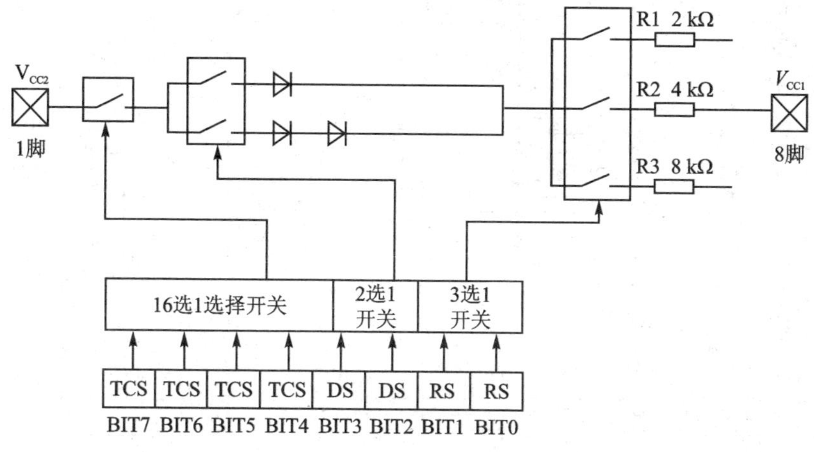

图 10－11　DS1302 芯片电源管理电路

从图中可以看到该部分电路由三级开关串联而成，其中第一级是 16 选 1 开关，由 TCS 位来控制。当选择 TCS＝1010 时，16 选 1 开关导通，TCS 是其他值时，该开关断开，无充电功能。

第二级是 2 选 1 开关，选择决定在充电回路中串入 1 只二极管还是 2 只二极管。当 DS＝01 时选择接 1 个二极管的支路，当 DS＝10 时选择接通 2 只二极管串联的支路。如果 DS＝00 或 DS＝11 时，本级开关断开，无充电功能。

第三级是 3 选 1 开关，用来选择充电回路中串入电阻的阻值的开关。串入的阻值取决于 RS 位，RS 位的值与串联电阻值的关系如表 10－4 所列。

表 10-4　RS 位与串联电阻值的关系

RS 位	电阻	典型值
00	没有	没有
01	R1	2 kΩ
10	R2	4 kΩ
11	R3	8 kΩ

10.3.2　用 DS1302 制作实时钟

上一小节对 DS1302 芯片的内部结构作了详细的介绍，为了要熟练掌握该芯片的使用，还需要使用该芯片进行实际的工作。以下就通过一个使用 DS1302 制作的实时钟来掌握该芯片的应用。

图 10-12 是使用 DS1302 制作的时钟电路图，使用了课题 2 介绍的硬件实验电路板中的 8 位数码管及其驱动电路，DS1302 芯片及其电池供电电路。

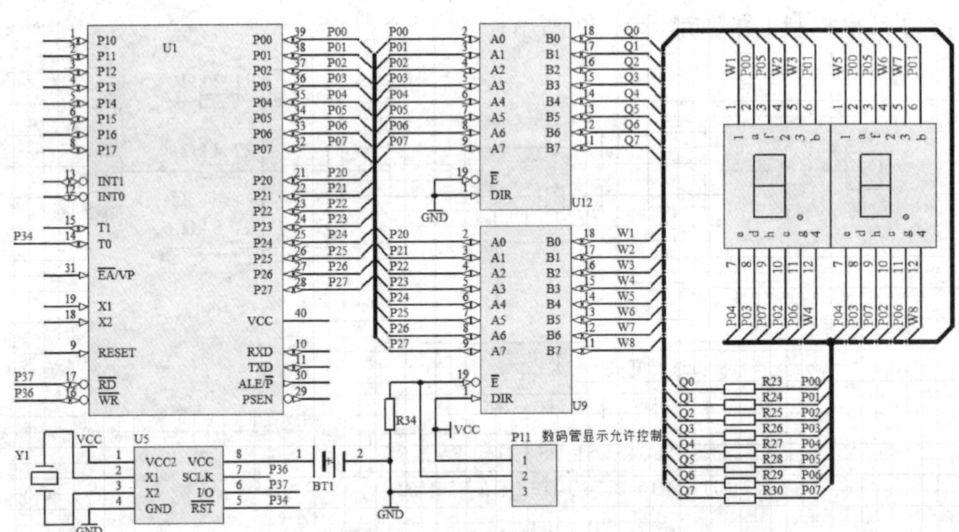

图 10-12　使用 DS1302 制作的时钟

【例 10-3】　使用 DS1302 制作时钟，写入 08 年 1 月 1 日 10 点 59 分 59 秒，然后不断读出 DS1302 的时、分、秒单元的值并显示在数码管上。

```
#include  "reg51.h"
typedef unsigned char uchar;
typedef unsigned int  uint;
uchar code BitTab[] = {0x01,0x02,0x04,0x08,0x10,0x20,0x40,0x80};
uchar code DispTab[] = {0xC0,0xF9,0xA4,0xB0,0x99,0x92,0x82,0xF8,0x80,
```

```
0x90,0x88,0x83,0xC6,0xA1,0x86,0x8E,0xFF,0xBF,0xFF,0xFF};
uchar DispBuf[8];                //8 字节的显示缓冲区
#define LSB   0x01
#define WrEnDisCmd      0x8e     //写允许/禁止指令代码
#define WrEnDat         0x00     //写允许数据
#define WrDisDat        0x80     //写禁止数据
#define WrChargCmd      0x90     //有关充电控制代码
#define ChargeCnt       0xab     //使能充电,串 2 只二极管 8 kΩ 电阻
#define OscEnDisCmd     0x80     //振荡器允许/禁止指令代码
#define OscEnDat        0x00     //振荡器允许数据
#define OscDisDat       0x80     //振荡器禁止数据
#define WrMulti         0xbe     //写入多个字节的指令代码
#define WrSingle        0x84     //写入单个字节的指令代码
#define RdMulti         0xbf     //读出多个字节的指令代码
sbit  cDat = P3^7;               //与数据线相连的 80C52 芯片的引脚
sbit  cClk = P3^6;               //与时钟线相连的 80C52 芯片的引脚
sbit  cRst = P1^2;               //与复位端相连的 80C52 芯片的引脚
#define DS1302_WP   0x8E
void Timer_initial(){
    TMOD = 0x01;                 //T0 工作于 16 位定时模式
    TH0 = (65536 - 2000)/256;
    TL0 = (65536 - 2000) % 256;  //定时时间为 1 100 个周期
    TR0 = 1;                     //定时器 T0 开始运行
    EA = 1;                      //总中断允许
    ET0 = 1;                     //定时器 T0 中断允许
}
void Timer0() interrupt 1
{   uchar tmp;
    static uchar Count;          //计数器,显示程序通过它得知现正显示哪个数码管
    TH0 = (65536 - 2000)/256;
    TL0 = (65536 - 2000) % 256;  //定时时间为 2 000 个周期
    tmp = BitTab[Count];         //根据当前的计数值取位值
    P2 = 0;
    P2 = tmp;                    //位码送 P2 口
    tmp = DispBuf[Count];        //根据当前的计数值取显示缓冲待显示值
    tmp = DispTab[tmp];          //取字形码
    P0 = tmp;                    //送出字形码
    Count ++ ;                   //计数值加 1
    if(Count == 8)               //如果计数值等于 6,则让其回 0
        Count = 0;
}
/* 延时程序 */
```

```
void mDelay(unsigned int Delay)
{   unsigned int i;
    for(;Delay>0;Delay--)
    {   for(i=0;i<124;i++)
        {;}
    }
}

//短延时程序,i调整延时时间
void uDelay(uchar i)
{   for(;i>0;i--)
    {;}
}
//将1字节的数据送入DS1302
void SendDat(uchar Dat)
{   uchar i;
    for(i=0;i<8;i++)
    {
        cDat=Dat&LSB;           //数据端等于tmp数据的末位值
        Dat>>=1;
        uDelay(10);
        cClk=1;
        uDelay(10);
        cClk=0;
    }
}
/*写入1个或者多个字节,第1个参数是相关命令
第2个参数是待写入的值
第3个参数是待写入数组的指针
*/
void WriteByte(uchar CmdDat,uchar Num,uchar *pSend)
{
    uchar i=0;
    cRst=0;
    uDelay(10);
    cRst=1;
    uDelay(10);
    SendDat(CmdDat);
    for(i=0;i<Num;i++)
    {   SendDat(*(pSend+i));
    }
    cRst=0;
```

```
}
/*读出字节,第 1 个参数是命令
  第 2 个参数是读出的字节数,第 3 个是保存数据的数组指针
*/
void RecByte(uchar CmdDat,uchar Num,uchar *pRec)
{
    uchar i,j,tmp;
    cRst = 0;                    //复位引脚为低电平
    uDelay(10);
    cClk = 0;
    uDelay(10);
    cRst = 1;
    SendDat(CmdDat);             //发送命令
    for(i = 0;i<Num;i++)
    {   for(j = 0;j<8;j++)
        {   tmp >>= 1;
            if(cDat)
                tmp|= 0x80;
            cClk = 1;
            uDelay(10);
            cClk = 0;
        }
        *(pRec + i) = tmp;
    }
    uDelay(10);
    cRst = 0;
}
void WrCmd(uchar CmdDat,uchar CmdWord)
{   uchar CmdBuf[2];
    CmdBuf[0] = CmdWord;
    WriteByte(CmdDat,1,CmdBuf);
}
void main()
{   uchar SendBuf[8] = {0x55,0x59,0x23,0x31,0x12,0x01,0x10,0x80};
    //发送数据缓冲区    秒,分,时,日,月,星期,年
    uchar RecBuf[8];                                //接收数据缓冲区
    Timer_initial();
    WrCmd(0x8e,0x80);
    WrCmd(WrEnDisCmd,WrEnDat);                      //写允许
    WrCmd(OscEnDisCmd,OscEnDat);                    //振荡器允许
    WrCmd(WrChargCmd,ChargeCnt);                    //充电控制
    WriteByte(WrMulti,8,SendBuf);                   //将预设的时间送入 DS1302
```

```
for(;;)
{    uchar cTmp;
    bit  WeekYear;
    RecByte(RdMulti,8,RecBuf);                    //
    cTmp = RecBuf[0] % 16;
    if(cTmp % 10<4)
        DateTime = 1;                             //显示年、月、日
    else
        DateTime = 0;                             //显示时、分、秒
    cTmp = (RecBuf[0]/16) * 10 + RecBuf[0] % 16;  //算出十进制表示的秒值
    cTmp = cTmp/10;
    if((cTmp % 2) == 0)
        WeekYear = 1;
    else
        WeekYear = 0;
    if(DateTime)
    {
        if(WeekYear)
        {
            DispBuf[0] = RecBuf[6]/16;            //年
            DispBuf[1] = RecBuf[6] % 16;
            DispBuf[2] = 18;
        }
        else
        {
            DispBuf[0] = 14;
            DispBuf[1] = RecBuf[5];               //星期
            DispBuf[2] = 19;
        }
        DispBuf[3] = RecBuf[4]/16;
        DispBuf[4] = RecBuf[4] % 16;              //月
        DispBuf[5] = 18;                          //
        DispBuf[6] = RecBuf[3]/16;
        DispBuf[7] = RecBuf[3] % 16;              //日
    }
    else
    {
        DispBuf[0] = RecBuf[2]/16;
        DispBuf[1] = RecBuf[2] % 16;              //时
        DispBuf[2] = 17;                          //第 3 位数码管显示"-"
        DispBuf[3] = RecBuf[1]/16;
        DispBuf[4] = RecBuf[1] % 16;              //分
```

```
            DispBuf[5] = 17;                        //第 6 位数码管显示"-"
            DispBuf[6] = RecBuf[0]/16;
            DispBuf[7] = RecBuf[0] % 16;            //秒
        }
    }
}
```

程序实现：该程序只能用硬件实验板来完成，不能用仿真实验板实现。输入源程序，命名为 clock.c，建立名为 Clock 的工程，加入源程序，编译链接正确后，将目标代码写入单片机芯片，运行后即可以看到 8 位数码管分时显示年、星期、日期和时分秒等信息。显示规律如下：10 s 时间中有 6 s 用于显示时、分、秒，它们之间用"－"间隔；余下的 4 s 显示年/星期、月、日，它们之间用空格间隔，首位交替显示年和星期，显示星期时首位显示字符"E"。

巩固与提高

1. 完成 AT24 芯片编程器的制作与调试。

2. 完成 93C46 芯片编程器的制作与调试。

3. 完成 DS1302 时钟的制作与调试。

4. 为 DS1302 时钟增加键盘功能，使用 P3.2～P3.4 所接按键实现时钟调整功能。

课题 11

应用设计实例

本章利用第 2 章中介绍的实验电路设计若干个简单但比较全面的程序，读者可以利用它们来做一些比较完整的“产品”，以便对使用 C 语言进行系统开发有一个比较完整的了解。

任务 1　交通灯的制作

交通灯控制电路如图 11－1 所示。由于控制 74HC595 需要用到 P4.4 引脚，因

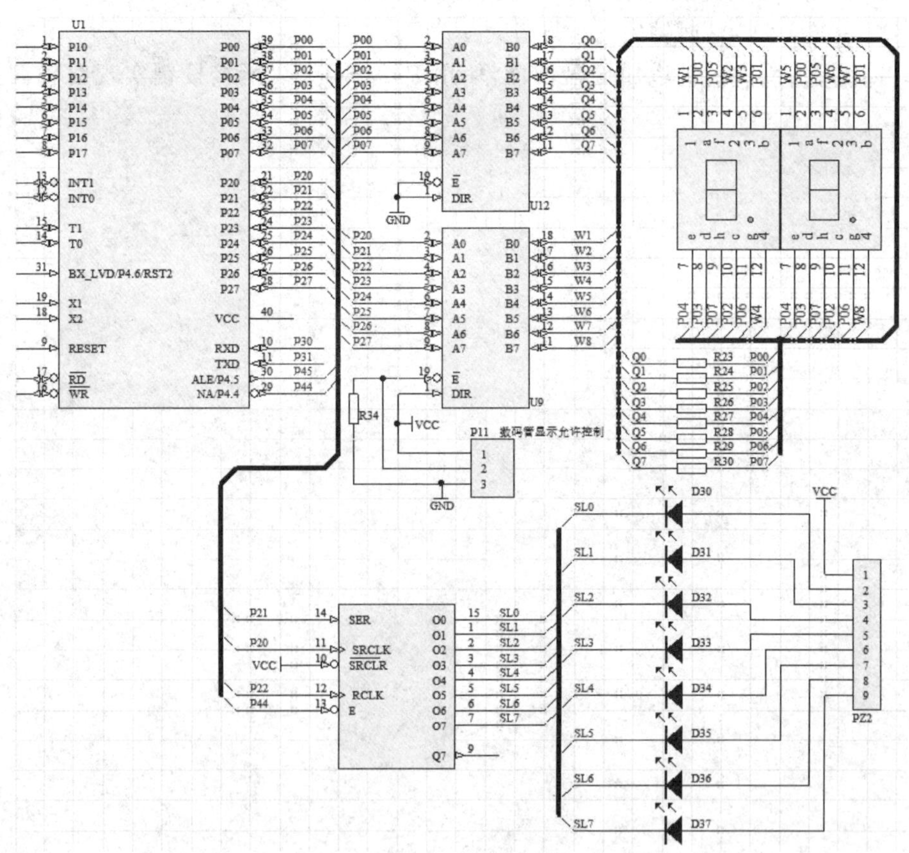

图 11－1　交通灯电路图

此这里的主控单片机使用 STC12C5A60S2。该单片机芯片与 89C52 单片机内核兼容,引脚兼容并将原 89C52 中的 PSEN、ALE 和 EA 引脚分别作为 P4.4、P4.5 和 P4.6 引脚来使用。74HC245 芯片驱动的 8 位数码管,其中前 3 位不使用,第 4 位用作调试时的状态显示,后 4 位分成两组,每组 2 位数码管,用于东西向红绿灯计时和南北向计时。单片机控制一片 74HC595 连接 8 个 LED,这 8 个 LED 被分成 2 组,其中东西方向(水平方向)主干道上和南北方向(竖直方向)主干道上各放置 3 个 LED,代表红、黄、绿三种颜色交通灯,人行道上各放置一个,代表人行道交通信号灯。灯的布置如图 11－2 所示。

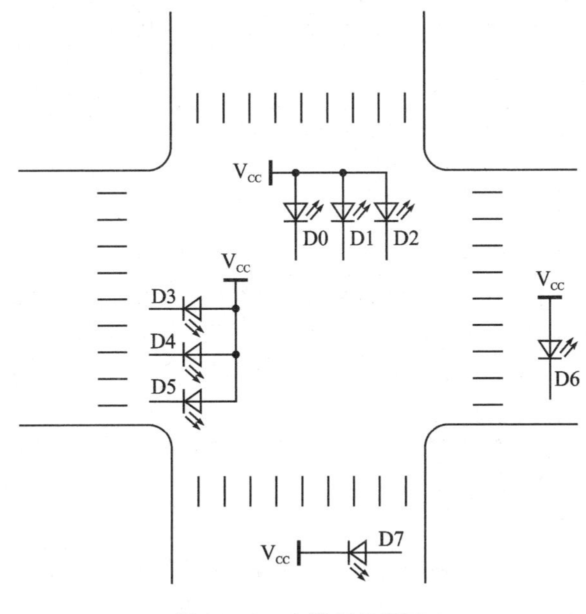

图 11－2　交通灯布置图

11.1.1　交通灯动作过程分析

本例中红绿灯按以下顺序运行,南北向绿灯亮 30 s,随即以 1 s 每次的速率闪烁 3 次,黄灯亮 2 s;东西向绿灯亮 20 s,随即以 1 s 每次的速率闪烁 3 次,黄灯亮 2 s,如此不断循环。在主路红、黄、绿灯切换时,人行道上的绿灯也作相应的变化。

能够实现这一要求的程序编写方法很多,这里介绍一种状态转移法,使用这种方法编程各阶段逻辑关系明确,各种设置灵活便于修改,不易出错。状态转移法借鉴了 PLC 编程中步进顺控指令及状态流程图,将复杂的逻辑控制分解为有限个不同的状态,每种状态有明确的工作任务(输出),各种状态之间的转换有明确的转移条件。在 PLC 编程时通常使用流程图来整理思路、帮助编写程序,有一些 PLC 编程软件可以直接输入流程图,但单片机编程软件绘图不便,因此常用列表的方法来编写整理思路、辅助编写程序。表格可分为 3 列,即状态编号,输出和转移条件。状态编号可直接用于程序编写,输出则是列出在该状态下应该做的工作,例如向 I/O 引脚送出数据、开启定时器等、开始计数等,而转移条件则明确一种状态向另一种状态转移的条件,如某引脚状态改变、定时时间到、计数值到等。

表 11-1 列出了红绿灯工作时的状态及其切换条件,各种状态下的输出。

表 11-1 控制状态转移表

状 态	输 出	转移条件
S0	南北向主道绿灯亮,红灯灭,黄灯灭;东西向主道红灯亮,黄灯灭,绿灯灭;南北向人行道绿灯亮;东西向人行道绿灯灭	S0→S1 条件:南北向绿灯亮定时时间到
S1	南北向主道绿灯闪,红灯灭,黄灯灭;东西向主道红灯亮,黄灯灭,绿灯灭;人行道绿灯均灭	S1→S2 条件:南北向绿灯闪烁计数次数到
S2	南北向主道黄灯亮,绿灯灭,红灯灭;东西向主道红灯亮,黄灯灭,绿灯灭;人行道绿灯均灭	S2→S3 条件:南北向黄灯亮定时时间到
S3	东西向主道绿灯亮,红灯灭,黄灯灭;南北向主道红灯亮,黄灯灭,绿灯灭;东西向人行道绿灯亮;南北向人行道绿灯灭	S3→S4 条件:东西向绿灯亮定时时间到
S4	东西向主道绿灯闪,红灯灭,黄灯灭;南北向主道红灯亮,黄灯灭,绿灯灭;人行道绿灯均灭	S4→S5 条件:东西向绿灯闪烁计数次数到
S5	东西向主道黄灯亮,绿灯灭,红灯灭;南北向主道红灯亮,黄灯灭,绿灯灭;人行道绿灯均灭	S5→S0 条件:黄灯亮定时时间到

11.1.2 程序编写及分析

【例 11-1】 编写程序,利用图 11-1 电路实现交通灯功能。

编写程序时,根据编程要求,写出各功能部分的子程序,例如数码管显示、定时器、计数器等,然后根据表 11-2 写出主程序,将各部分组合即可实现完整的功能。程序如下:

```
    #include "stc12.h"
    #include <intrins.h>
    typedef unsigned char uchar;
    typedef unsigned int  uint;
    #define Hidden 16
    uchar DispTab[] = {0xC0,0xF9,0xA4,0xB0,0x99,0x92,0x82,0xF8,0x80,0x90,0x88,0x83,
0xC6,0xA1,0x86,0x8E,0xFF};
    uchar BitTab[] = {0x01,0x02,0x04,0x08,0x10,0x20,0X40,0X80};
    uchar DispBuf[8] = {16,16,16,16,16,16,16,16};//
    //功能引脚定义
    uchar bdata OutDat;                //定义一个 bdata 型数据
    sbit     R1 = OutDat^0;            //南北向红、黄绿
```

```
sbit    Y1 = OutDat^1;
sbit    G1 = OutDat^2;
sbit    R2 = OutDat^3;                  //东西向红、黄绿
sbit    Y2 = OutDat^4;
sbit    G2 = OutDat^5;
sbit    L1 = OutDat^6;                  //南北向人行道上的灯
sbit    L2 = OutDat^7;                  //东西向人行道上的灯
//定义 74HC595 驱动引脚
sbit Dat = P2^0;
sbit Clk = P2^1;
sbit Cnt595 = P2^2;
sbit E = P4^4;
#define RCK Cnt595 = 0;_nop_();_nop_();_nop_();_nop_();Cnt595 = 1
/* 用于驱动 74HC595 芯片 */
void SendData(unsigned char SendDat)
{
    unsigned char i;
    for(i = 0; i<8; i ++ )
    {
        if((SendDat&0x80) == 0)
            Dat = 0;
        else
            Dat = 1;
        _nop_();
        Clk = 0;
        _nop_();
        Clk = 1;
        SendDat = SendDat << 1;
    }
}
/*
以下是定时器程序,用于实现数码管显示、74HC595 驱动、软件定时器
 */
uchar C100ms,C1s;
bit   b100ms,b1s;
bit   T1i = 0,T2i = 0,T1o = 0,T2o = 0;
uint  T1Num,T2Num;
bit   sMark;
bit   esMark;
void Timer1() interrupt 3
{
    static    uint        sCount;     //秒计数器
```

```
static    uchar    Count;
uchar tmp;
TH1 = (65536 - 2500)/256;
TL1 = (65536 - 2500) % 256;  //重置定时初值 2.5 ms
if(Count<3)                  //如果是驱动数码管前 3 位时,改为驱动 595 芯片
{    P0 = 0xff;              //消隐
     E = 1;                  //74HC595 允许控制
     SendData(~OutDat);      //向 74HC595 发送数据
     RCK;                    //存储寄存器输入允许
     E = 0;                  //74HC595 控制禁止
}
Else                         //后 5 位数码管正常驱动
{    tmp = BitTab[Count];    //根据当前的计数值取位值
     P2 = 0;
     P2 = P2|tmp;            //P2 与取出的位值相与,将某一位清 0
     tmp = DispBuf[Count];   //根据当前的计数值取显示缓冲待显示值
     tmp = DispTab[tmp];     //取字形码
         P0 = tmp;           //送出字形码
}
Count ++ ;                   //计数值加 1
if(Count == 8)               //如果计数值等于 8,则让其回 0
     Count = 0;
//数码管及 74HC595 控制结束
//如果有数码管闪烁的要求(黄灯闪烁)
if(esMark)
{    sCount ++ ;
     if(sCount> = 400)       //定时值 2.5 ms * 400 = 1 000 ms
     {    sCount = 0;        //清计数器
          sMark = 1;         //秒标志置 1
     }
}
else
     sMark = 0;
if(b100ms == 1)              //如果 b100ms 标志为 1
     b100ms = 0;             //清该标标志
if(b1s == 1)                 //如果 b1s 标志为 1
     b1s = 0;                //清该标志
if( ++ C100ms == 40)         //40 * 2.5 ms = 100 ms
{    C100ms = 0;             //清计数器
     C1s ++ ;                //C1s 计数器每 100 ms 加 1
     b100ms = 1;             //置位 b100ms 标志
}
```

```
    if(C1s == 10)                  //如果计数器 C1s 计到 10,1 s 时间到
    {   C1s = 0;                   //清计数器
        b1s = 1;                   //置位 b1s 标志
    }
    if(T1i)                        //如果定时器 T1 线包接通
    {   if(b100ms)                 //100 ms 时间到
            T1Num -- ;             //定时器 T1 计数值减 1
        if(T1Num == 0)             //如果计数值减到 0
        {   T1o = 1;               //定时时间到,输出接点接通
            T1i = 0;
        }
    }
    else
        T1Num = 0;
    if(T2i)
    {   if(b100ms)
            T2Num -- ;
        if(T2Num == 0)
        {   T2o = 1;
            T2i = 0;
        }
    }
    else
        T2Num = 0;
}
void initTmr1()
{
    TMOD = 0x10;
    TH1 = (65536 - 2500)/256;
    TL1 = (65536 - 2500) % 256;
    EA = 1;                        //开总中断
    ET1 = 1;                       //T1 中断允许
    TR1 = 1;                       //定时器 T1 开始运行
}

void  main()
{
    uchar   Status = 0;
    uchar   fCount = 0;
    initTmr1();
    P4SW|= 0xf0;
    E = 0;
```

```
for(;;)
{
    //以下是根据状态转移表的转移条件来编写状态的切换
    if((Status == 0)&&(T1o))          //状态 0 到状态 1 的切换条件：定时时间到
    {   T1i = 0;T1Num = 0;T1o = 0;
        Status = 1;                   //状态 1：南北向绿灯闪,开始计数
    }
    else if((Status == 1)&&(fCount >= 6))
    //状态 1 到状态 2 的切换条件：计数次数大于等于 6
    {   fCount = 0;                   //清计数器
        Status = 2;                   //状态 2：南北向绿灯灭,黄灯亮,开启 2 s 定时
    }
    else if((Status == 2)&&(T1o))  //状态 2 到状态 3 的切换条件：2 s 时间到
    {   T1i = 0;T1Num = 0;T1o = 0;
        Status = 3;            //状态 3：东西向绿灯亮,黄灯灭,红灯灭,开启 20 s 定时
    }
    else if((Status == 3)&&(T2o))  //状态 3 到状态 4 的切换条件：20 s 时间到
    {   T2i = 0;T2Num = 0;T2o = 0;
        Status = 4;                   //状态 4：东西向绿灯闪,计数
    }
    else if((Status == 4)&&(fCount >= 6))
    //状态 4 到状态 5 的切换条件：计数次数大于等于 6
    {   fCount = 0;
        Status = 5;                   //状态 5：东西向绿灯灭,黄灯亮,开启 2 s 定时
    }
    else if((Status == 5)&&(T2o))  //状态 5 到状态 0 的切换条件：2 s 时间到
    {   T2i = 0;T2Num = 0;T2o = 0;
        Status = 0;           //状态 0：南北向绿灯亮,黄灯灭,红灯灭。开启 30 s 定时
    }
    //以下根据状态转移表的输出项编写各状态的输出功能
    switch(Status)
    {
        case 0:                       //南北向绿灯亮
        {
            T1o = 0;T2o = 0;
            G1 = 1;Y1 = 0;R1 = 0; R2 = 1;
            Y2 = 0;G2 = 0;L1 = 1; L2 = 0;
            EA = 0;
            if(!T1i)                  //南北向定时
            {   T1i = 1;
                T1Num = 300;
            }
```

```
        if(!T2i)                          //东西向定时
        {   T2i = 1;
            T2Num = 350;
        }
        EA = 1;
        DispBuf[3] = 0;
        DispBuf[4] = (T2Num/10)/10;       //东西向红绿灯计时
        DispBuf[5] = (T2Num/10) % 10;
        DispBuf[6] = (T1Num/10)/10;       //南北向红绿灯计时
        DispBuf[7] = (T1Num/10) % 10;
        break;
    }
    case 1:                               //南北向绿灯闪 3 次
    {
        T1o = 0;T2o = 0;
        Y1 = 0; R1 = 0; R2 = 1;Y2 = 0;
        G2 = 0; L1 = 0; L2 = 0;
        if(!esMark)
        {   esMark = 1;
            fCount = 0;
        }
        if(sMark)
        {   sMark = 0;
            G1 = !G1;                     //绿灯闪烁
            fCount ++ ;
        }
        DispBuf[3] = 1;
        DispBuf[4] = (T2Num/10)/10;       //东西向红绿灯计时
        DispBuf[5] = (T2Num/10) % 10;
        DispBuf[6] = Hidden;
        DispBuf[7] = (6 - fCount)/2;
        break;
    }
    case 2:
    {   T1o = 0;T2o = 0;esMark = 0;
        G1 = 0;Y1 = 1; R1 = 0; G2 = 0;
        Y2 = 0; R2 = 1;L1 = 0;L2 = 0;
        if(!T1i)
        {   T1i = 1;
            T1Num = 20;                   //2 s 定时
        }
        DispBuf[3] = 2;
```

```
        DispBuf[4] = (T2Num/10)/10;       //东西向红绿灯计时
        DispBuf[5] = (T2Num/10) % 10;
        DispBuf[6] = Hidden;
        DispBuf[7] = T1Num/10 + 1;
        break;
    }
    case 3:
    {   T1o = 0;   T2o = 0;
        G1 = 0; Y1 = 0;R1 = 1;G2 = 1;
        Y2 = 0; R2 = 0;L2 = 1;L1 = 0;
        EA = 0;
        if(!T1i)
        {   T1i = 1;
            T1Num = 250;
        }
        if(!T2i)
        {   T2i = 1;
            T2Num = 200;
        }
        EA = 1;
        DispBuf[3] = 3;
        DispBuf[4] = (T2Num/10)/10;       //东西向红绿灯计时
        DispBuf[5] = (T2Num/10) % 10;
        DispBuf[6] = (T1Num/10)/10;       //南北向红绿灯计时
        DispBuf[7] = (T1Num/10) % 10;
        break;
    }
    case 4:
    {   T1o = 0;T2o = 0;
        G1 = 0; Y1 = 0;R1 = 1;
        R2 = 0; Y2 = 0; L1 = 0;L2 = 0;
        if(!esMark)
        {   esMark = 1;
            fCount = 0;
        }
        if(sMark)
        {   sMark = 0;
            G2 = !G2;
            fCount ++ ;
        }
        DispBuf[3] = 4;
        DispBuf[4] = Hidden;              //东西向显示器
```

```
            DispBuf[5] = (6 - fCount)/2;
            DispBuf[6] = (T1Num/10)/10;      //南北向红绿灯计时
            DispBuf[7] = (T1Num/10) % 10;
            break;
        }
        case 5:
        {   T1o = 0;T2o = 0;esMark = 0;
            G1 = 0;Y1 = 0;R1 = 1; G2 = 0;
            Y2 = 1; R2 = 0;L1 = 0; L2 = 0;
            if(!T2i)
            {   T2i = 1;
                T2Num = 20;
            }
            DispBuf[3] = 5;
            DispBuf[4] = Hidden;
            DispBuf[5] = T2Num/10 + 1;
            DispBuf[6] = (T1Num/10)/10;      //南北向红绿灯计时
            DispBuf[7] = (T1Num/10) % 10;
        }
        default:
            break;
        }
    }
}
```

程序实现：这个程序只能用硬件实验板来完成，不能用仿真实验板实现。输入源程序，命名为 traffic. c，建立名为 traffic 的工程，加入源程序，编译链接正确后，将目标代码写入单片机芯片，将标号为 P3 的选择端子全部插上短路块，运行后即可以看到交通灯按预定的要求显示。

程序分析：

(1) 软件定时器

在很多程序中往往需要使用定时、延时等功能，通常延时功能可以使用无限循环方式。但是采用无限循环方式有个问题，就是一旦进入了这个循环当中，CPU 就不能再做其他工作（中断处理程序除外），一直要等到循环结束，才能做其他工作，这往往难以满足实际工作需要。为此，可以使用定时器来实现“并行”工作，但是一般单片机仅有 2 个或 3 个定时器，不够使用；为此，可以使用软件定时器来完成延时、定时等工作。

很多应用中对于定时器的定时精度要求并不很高，只需要 10 ms、100 ms 甚至 1 s 就可以，这样就便于扩展软件定时器。本程序借鉴 PLC 定时器的用法，分别定义了软件定时器的线包（T1i）、定时器的输出触点（T1o）和定时时间设定变量

(T1Num)。在需要使用这些软件定时器时,只需要让线包(T1i)接通即置为 1,并设定需要定时的时间值。以 100 ms 精度的定时器为例,设定值为 0.1 s 的倍数,如设定为 10 则定时时间为 1 s。随后在程序中不断检测 T1o,如果 T1o 为 0,说明定时时间未到;如果 T1o 为 1,则说明定时时间已到。代码如下:

```
f(!T1i)
{   T1i = 1;
    T1Num = 10;     //延时 1 s
}
if(T1o)
{....这里放需要完成的工作
}
```

上面的程序行是使用软件定时器的代码,有关软件定时器的代码在定时器 TMR1 中实现。位变量 T1i 和 T1o,无符号字节型变量 T1Num 是全局变量,用以在调用软件定时器的函数和软件定时器处理函数之间进行数据传递。变量 C100ms 用作计数器,由于这里定时器 T1 每 5 ms 产生一次中断,因此变量 C100ms 从 0 计到 19 共 20 个数时,说明 100 ms 时间到,设定变量 b100ms 为 1。判断 T1i 是否为 1,如果为 1,则使变量 T1Num 减 1;如果变量 T1Num 为 0,说明定时时间到,则将变量 T1o 置为 1。代码如下。

```
if(T1i)
{   if(b100ms)
    {   T1Num--;
        if(T1Num == 0)
            T1o = 1;
    }
    else
      T1Num = 0;
}
```

有了这样的软件定时器以外,基本不再需要采用无限循环的延时方式,这会给编程带来很大的方便。因为它能使程序中各部分"并行"运行,也能使得编程者的思路与生产实践更接近,可以直接以"时间"为单位来进行思考,而不是将"时间"转化为一个内部计数量来进行思考。如果一个软件定时器不够使用,可以很简单地扩展出第 2 个,第 3 个,第 n 个软件定时器。如图 11-3 是软件定时器的流程图。

(2) 数码管及 74HC595 的驱动

通常编写程序时,74HC595 驱动会被安排在主程序中调用,但如果真的这样做的话,数码管的前 3 位会显示乱码。本例程序被放在了中断程序中,并且与数码管显示程序有时间上的相关性,驱动 74HC595 不会显示执行数码管显示程序。这是由于

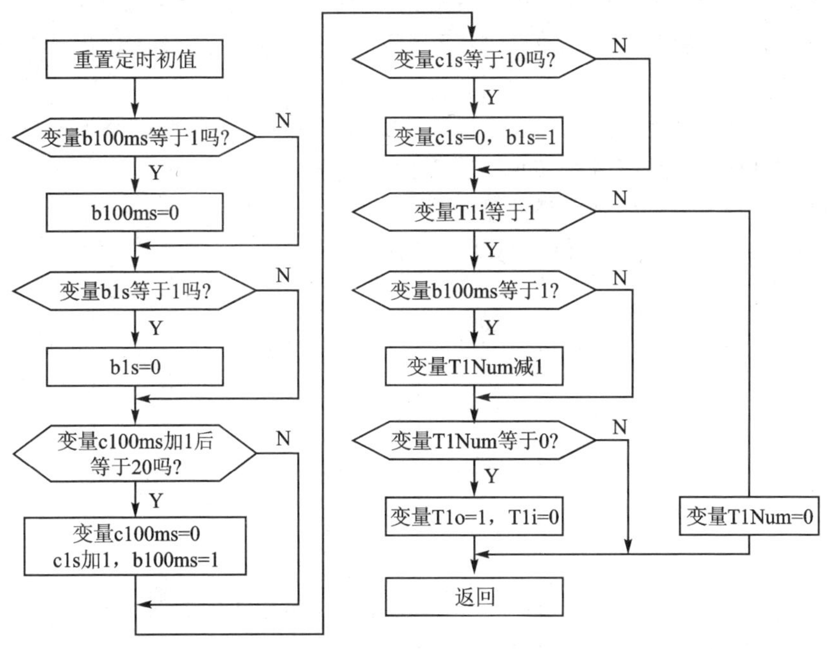

图 11-3　软件定时器流程图

引脚的限制，74HC595 的驱动用到了 P2 的 3 个引脚，即 P2.0、P2.1 和 P2.2，而这 3 个引脚同时也是 8 位数码管中前 3 位的位驱动。程序中相关代码如下：

```
if(Count<3)                        //如果是驱动数码管前 3 位时，改为驱动 595 芯片
{    P0 = 0xff;                    //消隐
     …驱动 74HC595 的代码
}
else                               //后 5 位数码管正常驱动
{    …数码管显示的代码
}
```

利用 8 位数码管驱动的代码略作修改，使用条件 if(Count<3)来判断当前是否正在显示前 3 位数码管，如果是的话，改为驱动 74HC595，同时将 0xff 送到 P0 口，这样 P2.0～P2.2 的变化不会令数码管有任何显示。而驱动 74HC595 而造成的 P2.0～P2.2 引脚状态的变化，也只在这 3 个时间段中出现，这样就解决了数码管前 3 位出现乱码的问题。

任务 2　模块化编程的实现

当编写的程序较小时，将所有的功能函数写在一个文件中是恰当的，这样编译、调试等都很方便。当编写的程序规模越来越大以后，程序的规模将急剧增加，再将所

有的源程序全部放在一个文件中就不合适了。这时应该将不同功能的函数分别写成文件，然后在一个项目中将它们集成起来进行编译，即采用模块化编程的方式来编程。

为学习模块化编程的方法，这里将一个实际产品移植到实验电路板上，利用实验电路板上的LCM和按键等来实现一个手持式编程器。

【例11-2】 编程实现手持式编程器。

如图11-4是手持式编程器的电路原理图。

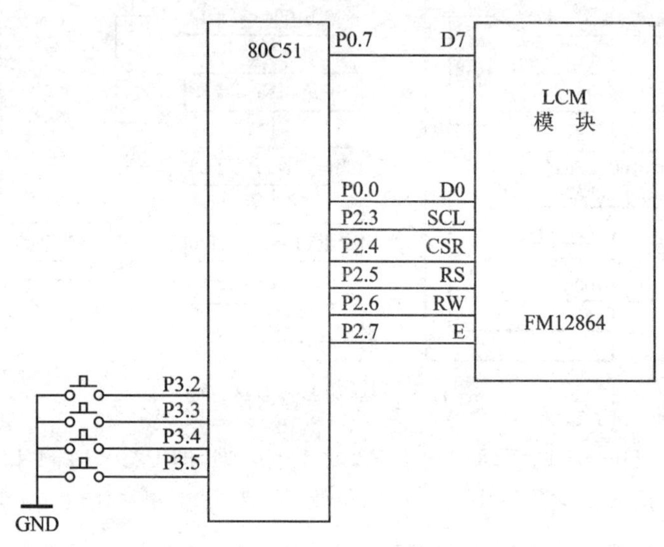

图11-4 手持式编程器电路原理图

由图可见，本编程器由4个按键和液晶显示器组成。P3.2～P3.5所接4个按键分别代表加1键(h)、减1键(i)、选择键(f)和回车键(8)。本设备用于对从设备进行通信，因此还有通信部分的电路，但因为与本例无关，图中就没有画出来。

11.2.1 功能描述

为便于读者自行练习这个例子，下面先详细说明其操作方法。

本编程器的用途是用于设置从设备的时间，从设备最多有64台，但每一台的地址都各不相同。只要在本编程器上设定好地址，就能对各从设备分别进行操作，互不干扰。如图11-5所示是开机后的界面，提示可以用“↑”“↓”修改地址，用“←”选择联机通信/地址设定功能。

地址设定完成后，按下“←”即可选择“联机通信”，如图11-6所示。

按提示，按下“↵”即可执行联机通信功能，如果通信正常，那么就会将从设备中的当前时间和预置时间读取过来，并且显示出来，如图11-7所示。

此时按“←”可以移动光标，当光标停于某个数字之下时，按“↑”“↓”即可修改这个数字，按下“↵”可以将设定好的时间送往从设备，发送成功，则显示如图 11－8 所示画面。

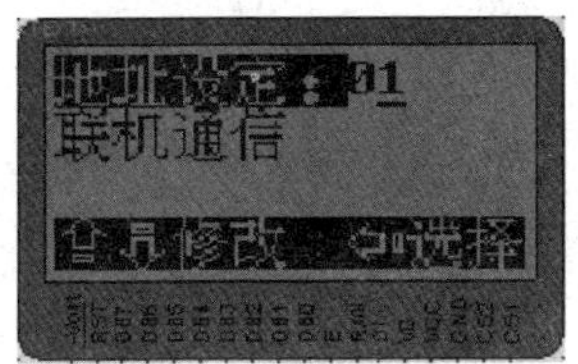

图 11－5　修改地址值

图 11－6　选择联机通信

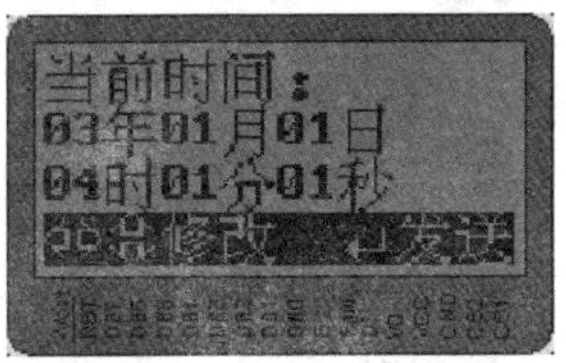

图 11－7　修改当前时间

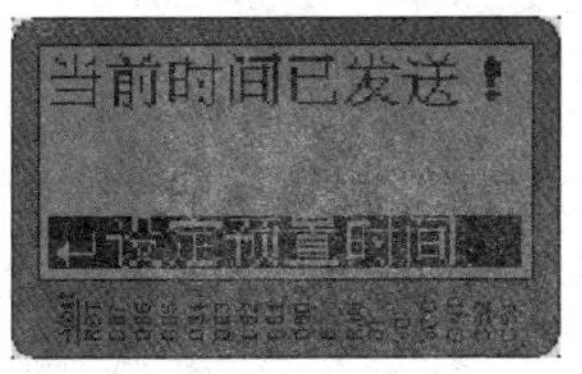

图 11－8　当前时间成功发送

按下“↵”进入预置时间的设定，此时，显示器上显示出的是读取到的从设备中的预置时间，按同样的方法可以修改这个时间，如图 11－9 所示。

设置完毕，用“↵”将预置时间送出，如果发送成功，则显示如图 11－10 所示界面，此时按“↵”可回到如图 11－5 所示界面，开始下一台设备的设置工作。

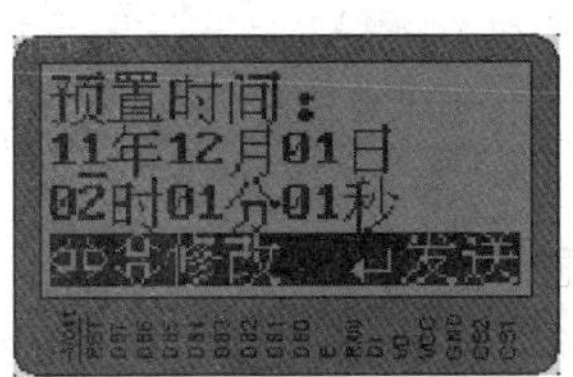

图 11－9　设定预置时间

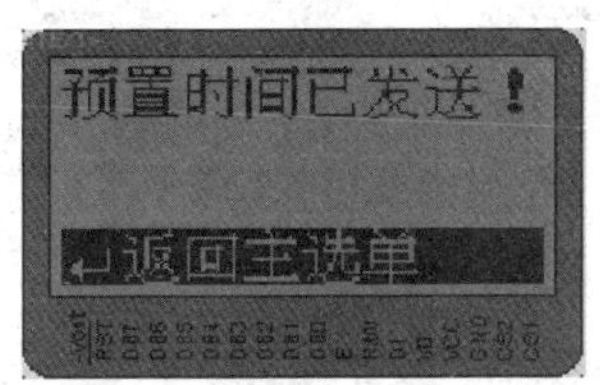

图 11－10　预置时间成功发送

为实现这些功能，需要用到 LCM 操作函数，按键处理函数，字符串处理函数，通信函数等。而且各部分函数的内容都较多，如果将这些函数全部放在一个文件中，会使文件很长，不便于调试，也不利于代码重用。这时，采用多模块编程方式就比较合理。

11.2.2　模块化编程的实现

本项目用了 3 个文件 main.c，lcm.c 和 fun.c 来实现全部功能，在组成同一个项目的所有文件中，有且只有一个文件中包含 main 函数。本例中 main.c 函数中包含了 main()函数。

在Keil软件中可以方便地进行模块化编程,只需要组成同一模块的各个文件逐一加入到同一个项目中即可,与实现单一文件编程并没有什么区别。如图11-11所示,分别双击各个待加入的文件,当所有文件全部加入完毕后,即建好一个多模块的项目。

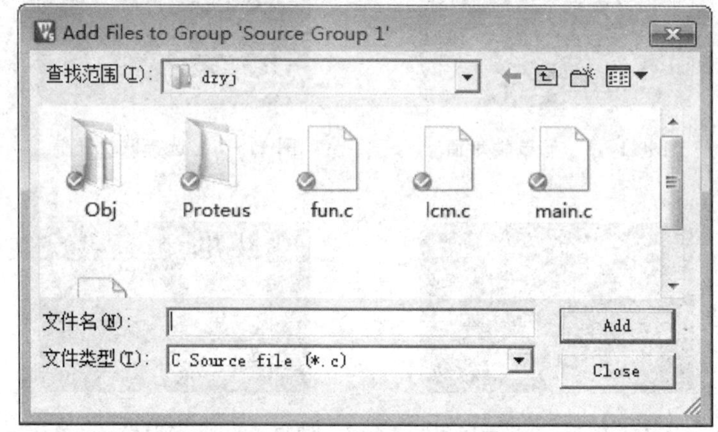

图11-11　将所有文件加入项目中

如图11-12所示是Keil中实现手持式编程器项目所包含的各个C源程序文件的结构图。

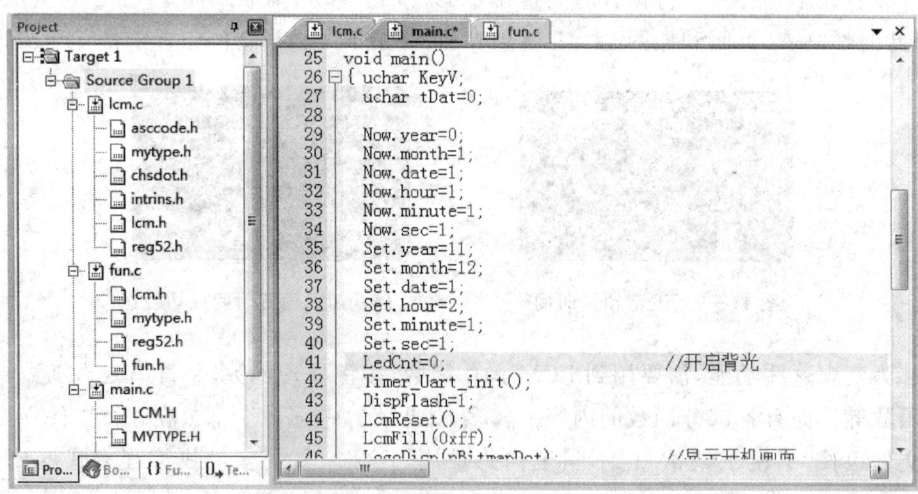

图11-12　模块化编程

main.c文件内容如下:

```
#include "lcm.h"
#include "lcm_logo.h"
```

```
#include "fun.h"
uchar flag;
bit  flash;                 //用于光标闪烁
bit  DispFlash;             //显示刷新,该位为1时允许显示,否则直接返回
uchar AddrChn = 1;          //地址
uchar status = 0;
struct Tim Now,Set;
//根据状态字的不同,发送相应数据,并且转入接收模式
void main()
{   uchar KeyV;
    uchar tDat = 0;
……
}
```

程序分析：

文件开头使用#include 预处理命令，将 lcm.h、Lcm_logo.h 和 fun.h 三个文件包含进来。其中 lcm.h 提供了对 LCM 操作的函数原型，而 fun.h 则提供了键盘操作、字符显示等自定义函数的函数原型。

查看 lcm.h 文件，可以看到，这个文件中提供了 6 个 LCM 操作函数。但是打开 lcm.c 文件，可以看到函数的数量远不止 6 个。那些存在于 lcm.c 文件中但不存在于 lcm.h 中的函数名，不能够被其他文件所调用。如在 lcm.c 中有函数：

```
void  WaitIdleL(void)
void  WaitIdleR(void)
```

但它们并没有出现在 lcm.h 中，因此，在 main.c 文件中就不能调用这两个函数。事实上，这两个函数仅仅是为 LCM 中的其他函数服务，它们并不需要也不应该被其他文件所调用。通过这样的方式，可以让复杂的操作拥有简单的接口。当编程者在其他应用中需要使用 LCM 时，只要把 lcm.c 和 lcm.h 两个文件复制过去并加入工程中，对这 6 个函数进行操作就可以，不必理会 lcm.c 中的其他函数。由此可见，模块化编程给代码的重用带来了很大的方便。

fun.h 文件内容如下：

```
#include "mytype.h"
#include <at89x52.h>
sbit    Key2 = P3^2;     //确定键
sbit    Key3 = P3^3;     //左箭头
sbit    Key4 = P3^4;     //上箭头
sbit    Key5 = P3^5;     //下箭头
#define  ENTER          0xfe
#define  LEFTARROW      0xfd
```

```
#define  UPARROW        0xfb
#define  DOWNARROW      0xf7
void     mDelay(uint DelayTim);
void     Timer_Uart_init();
void     UartSend(uchar Dat);
uchar    Key(uchar status);
void     KeyProc(uchar KeyV);
void     Comm(uchar Status);
void     DispComm();
void     DispCommErr();
void     DispSendNowTim();
void     DispSendSetTim();
void     DispNowTim();
void     DispSetTim();
```

fun.h 文件中定义了引脚及一些宏定义，列出了需要被其他文件调用的函数原型。

fun.c 文件内容如下：

```
#include "lcm.h"
#include "fun.h"
uchar code strXGFS[] = {49,50,46,47,51,40,41,42,0xff};
//"上箭头""左箭头""下箭头""右箭头"修改
uchar code strDZSD[] = {0,1,2,3,35,0xff};      //地址设定
uchar code strLJTX[] = {4,5,6,7,0xff};         //联机通信
……
bit       msMark;
extern  bit   flash;
extern  bit   DispFlash;
extern  uchar AddrChn = 10;
uchar NowStation = 1;
extern struct Tim Now,Set;
extern uchar status;
……
void KeyProc(uchar KeyV)
{   LedCntTim = 0;
    DispFlash = 1;                  //刷新显示
    if(KeyV == UPARROW)             //加 1 键按下
    {   ……
    }
    else if(KeyV == DOWNARROW)      //减 1 键按下
    {
```

```
        ……
    }
    else if(KeyV == LEFTARROW)          //选择键按下移位
    {   ……
    }
    else if(KeyV == ENTER)              //回车键按下
    {   NowStation = 0;
        if((status == 1)||(status == 2)||(status == 4))     //要求通信
        {   LcmFill(0);
            status ++ ;                 //不调用通信模块,直接模拟设置当前时间的状态
            NowStation = 1;             //进入修改状态
        }
        else                            //不要通信
        {   LcmFill(0);
            if(status == 3)
            {   status = 4; NowStation = 1;}
            if(status == 5)
                status = 0;
            if(status == 6)
                status = 0;
        }
    }
}
……
void DispComm()
{
    uchar cTmp1,cTmp2;
    if(!DispFlash)                      //如果 DispFlash = 0
        return;                         //直接返回
    PutString(strDZSD,0,0,0);           //用 select 来决定
    PutString(strLJTX,0,2,1);
    PutString(strXZZX,0,6,1);
    cTmp1 = AddrChn/10;
    cTmp2 = AddrChn % 10;
    AscDisp(cTmp1,80,0,0);
    AscDisp(cTmp2,88,0,0);
}
```

说明: 限于篇幅,这里没有提供全部代码,但是在配套资料中提供了完整的代码供读者测试。

程序实现: 该程序可以使用第 2 章的实验板来实现。输入源程序,命名为

HandProg.c,建立名为HandProg的工程,加入源程序,编译链接正确后,将目标代码写入单片机芯片,将FM12864I液晶显示模块插入J4,运行后,可看到液晶显示屏上显示的图形和文字,按下K19~K22键,即可实现手持式编程器的各项功能。

程序分析:

① 字符串函数中的数字表示该字符在小字库中的位置。例如:

```
uchar code strDZSD[] = {0,1,2,3,35,0xff};  //地址设定:
```

是用来产生"地址设定:"这4个汉字和1个符号,其中地、址、设、定4个字在字库中分别排列在第0、1、2、4位,":"字符在第35位。这个字库是将本项目所用到的所有汉字、字符抽取出来,生成字模,并将它们做成二维数组,保存在名为chsdot.h的文件中,并且在lcm.c文件中包含这个文件。该文件部分内容如下:

```
#include "mytype.h"
unsigned char code DotTbl16[][32] =          //数据表
{
//-- 地 --          0
      0x40,0x20,0x40,0x60,0xFE,0x3F,0x40,0x10,
      0x40,0x10,0x80,0x00,0xFC,0x3F,0x40,0x40,
      0x40,0x40,0xFF,0x5F,0x20,0x44,0x20,0x48,
      0xF0,0x47,0x20,0x40,0x00,0x70,0x00,0x00,
//-- 址 --        1
      0x10,0x20,0x10,0x60,0x10,0x20,0xFF,0x3F,
      0x10,0x10,0x18,0x50,0x10,0x48,0xF8,0x7F,
      0x00,0x40,0x00,0x40,0xFF,0x7F,0x20,0x40,
      0x20,0x40,0x30,0x60,0x20,0x40,0x00,0x00,
//-- 设 --        2
      0x40,0x00,0x40,0x00,0x42,0x00,0xCC,0x7F,
      0x00,0xA0,0x40,0x90,0xA0,0x40,0x9F,0x43,
      0x81,0x2C,0x81,0x10,0x81,0x28,0x9F,0x26,
      0xA0,0x41,0x20,0xC0,0x20,0x40,0x00,0x00,
//-- 定 --        3
      0x10,0x80,0x0C,0x40,0x04,0x20,0x24,0x1F,
      0x24,0x20,0x24,0x40,0x25,0x40,0xE6,0x7F,
      0x24,0x42,0x24,0x42,0x34,0x43,0x24,0x42,
      0x04,0x40,0x14,0x60,0x0C,0x20,0x00,0x00,
……
```

每个字符串以0xff结束,显示函数读到0xff,说明这个字符串已结束。

② 本例是一个工程实例的简化,没有加入通信部分,因此,在处理Enter键按下时,直接用了:

```
status++;          //不调用通信模块,直接进入下一个状态
```

来直接进入下一个状态,实际工程中,这里要调用一次通信处理函数,并且根据从设备返回的信息来决定进入设置状态还是进入错误显示状态。

11.2.3 模块化编程方法的总结

① 每个模块就是一个 C 语言文件和一个头文件的结合。

如将 LCM 操作的所有功能集中于 lcm.c 文件,将各种函数的声明提取出来,专门放在一个名为 lcm.h 文件中。如果其他文件需要用到 lcm.c 文件中的函数,只要将 lcm.h 文件包含进去就可以。

② 在头文件中,不能有可执行代码,也不能有数据的定义,只能有宏、类型,数据和函数的声明;

例:lcm.h 中是这样定义的:

```
#include "mytype.h"
#include <at89x52.h>
sbit CsLPin = P2^3;           //引脚定义
sbit CsRPin = P2^4;
sbit RsPin = P2^5;
sbit RwPin = P2^6;
sbit Epin = P2^7;
#define DPort P0              //宏定义端口
#define nop4    _nop_();_nop_();_nop_();_nop_()      //宏定义
/*以下是可以被其他文件调用的函数原型*/
void   LcmReset();
void   AscDisp(uchar AscNum,uchar xPos,uchar yPos,bit attr);
void   ChsDisp16(uchar HzNum,uchar xPos,uchar yPos,bit attr);
void   LcmFill(uchar FillDat);
void   PutString(uchar *pStr,uchar xPos,uchar yPos,bit attr);
void   LogoDisp(uchar *pLogo);
```

③ 头文件中不能包括全局变量和函数,模块内的函数和全局变量需在.c 文件开头冠以 static 关键字声明。

④ 如果一个头文件被多个文件包含,可以使用条件编译来避免重复定义。

打开 at89x52.h 文件,可以看到该文件的结构为:

```
#ifndef __AT89X52_H__
#define __AT89X52_H__
sfr P0       = 0x80;
sfr SP       = 0x81;
……
#endif
```

也就是首先判断是否存在__AT89X52_H__这个宏定义，如果没有这个宏定义，那么编译下面的程序行，否则其后的内容全部不被编译。在编译内容中，首先就是定义一个__AT89X52_H__宏，这样下次遇到这个文件时，就不再编译其中的内容，避免出现重复定义的错误。

如果我们将其中＃define __AT89X52_H__前加上//注释掉该行，再次编译，就会出现数10个错误：

```
D:\KEIL\C51\INC\ATMEL\AT89X52.H(15): error C231: 'P0': redefinition
D:\KEIL\C51\INC\ATMEL\AT89X52.H(16): error C231: 'SP': redefinition
……
```

即P0这个符号重复定义了，SP这个符号重复定义了，诸如此类的错误。

⑤ 如果有2个或者2个以上的文件需要使用同一变量，那么这个变量应在其中的任一个文件中定义，而在其他文件中用extern关键字说明。

例如，这个项目中main.c文件和fun.c函数用到多个相同的变量，并依赖于这些变量进行数据的传递，则其定义分别如下：

在main.c文件中：

```
bit      flash;              //用于光标闪烁
bit      DispFlash;          //显示刷新，该位为1时允许显示，否则直接返回
uchar    AddrChn = 1;        //地址
```

而在fun.c中则作如下说明：

```
extern   bit      flash;
extern   bit      DispFlash;
extern   uchar    AddrChn;
```

注意，在使用extern前缀进行说明时不可以对此变量赋初值，否则会产生错误。如果在fun.c文件中这样说明：

```
extern   uchar   AddrChn = 10;
```

则会产生如下编译错误：

```
*** ERROR L104: MULTIPLE PUBLIC DEFINITIONS
    SYMBOL: ADDRCHN
    MODULE: fun.obj (FUN)
```

即编译器认为定义了两个相同名字的变量ADDRCHN。

巩固与提高

1. 完成交通灯程序的制作与调试。

2. 为交通灯程序增加键盘功能，南北和东西两向分别增加一个按键，按下键后

如果本方向是红灯且距红灯切换时间大于 3 s,则红灯和另一方向绿灯同时以 1 s 为频率闪烁,3 次后,本方向切换为绿灯、另一方切换为红灯。如果按下键时本方向为绿灯,或者距红绿灯切换时间少于 3 s,则不进行任何操作。

参考文献

[1] 张迎新. 单片机初级教程——单片机基础. 北京:北京航空航天大学出版社,2002.

[2] 何立民. 单片机高级教程——应用与设计. 北京:北京航空航天大学出版社,2001.

[3] 肖洪兵. 跟我学用单片机. 北京:北京航空航天大学出版社,2002.

[4] Keil Software Getting Started with μVision2 and the C51 Microcontroller Development Tools.

[5] XICOR X5045 DATA SHEET.

[6] XICOR X5045 Application Note.

[7] ATMEL AT24C01A/02/04/08/16 DATA SHEET.

[8] Robert Rostohar. Implementing μVision2 DLL's for Advanced Generic Simulator Interface. Keil Elektronik GmbH. 2000.